河南省"十四五"普通高等教育规划教材

土木工程实验

TUMU GONGCHENG
SHIYAN

张 伟 郭二伟 杨为民 主编

U0194822

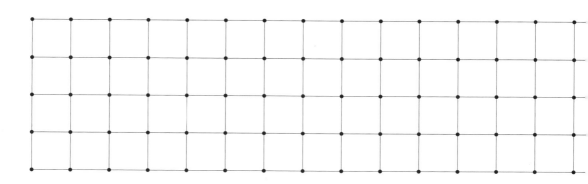

化学工业出版社

·北京·

内容简介

《土木工程实验》以适应大土木学科发展为前提，紧跟国家发展战略，紧扣一流本科专业、工程教育认证的要求，以《高等学校土木工程本科指导性专业规范》的标准为要求进行编写。全书内容主要包括土木工程实验概论、试验荷载与加载方法、结构试验量测技术、土木工程结构试验设计、模型试验、误差分析与数据处理、土木工程静载试验、工程结构的动载试验、结构抗震试验、土木工程材料实验、材料力学实验、土工试验、现场非破损检测技术、虚拟仿真实验等。

本书在阐述传统结构工程试验、材料实验、力学实验方法的基础上，介绍了国内外现在较新发展的实验理论及方法，注意理论与实践相结合，重点介绍实验方法与技能，内容精炼，重点突出，适应性强。

本书可供高等学校土木类专业本科生、研究生作为教学用书，也可供从事土木类专业技术人员和实验检测工程技术人员作为参考用书。

图书在版编目（CIP）数据

土木工程实验/张伟，郭二伟，杨为民主编 . —北京：化学工业出版社，2023.12

河南省"十四五"普通高等教育规划教材

ISBN 978-7-122-44855-2

Ⅰ.①土…　Ⅱ.①张…②郭…③杨…　Ⅲ.①土木工程-实验-高等学校-教材　Ⅳ.①TU-33

中国国家版本馆 CIP 数据核字（2023）第 238387 号

责任编辑：刘丽菲　　　　文字编辑：罗　锦　师明远
责任校对：王　静　　　　装帧设计：刘丽华

出版发行：化学工业出版社
　　　　　（北京市东城区青年湖南街 13 号　邮政编码 100011）
印　　装：河北鑫兆源印刷有限公司
787mm×1092mm　1/16　印张 19½　字数 498 千字
2024 年 10 月北京第 1 版第 1 次印刷

购书咨询：010-64518888　　　售后服务：010-64518899
网　　址：http://www.cip.com.cn

定　　价：58.00 元

《土木工程实验》编写团队

主　编：张　伟　郭二伟　杨为民

副主编：焦燏烽　陈　茜　朱俊锋

参　编：刘小敏　于英霞　张献文　郭　颖

前言

土木工程实验是一门实践性较强的课程，是研究和发展土木工程新结构、新材料、新工艺及检验新理论的重要手段，在大土木科学研究和技术创新等方面起着重要作用。目前，土木工程实验已成为土木工程专业必修课。

本书根据国家一流本科专业、工程教育认证的要求，并依据《高等学校土木工程本科指导性专业规范》为标准编写，注重理论与实践相结合，将最新规范规程标准要求，试验领域的新发展、新技术、新设备融入教材的相应章节，使读者全面地、系统地掌握土木工程结构试验与材料实验的基本方法与技能，以适应土木工程结构设计、施工、检测鉴定和科学研究工作的需要。

本教材具有以下特点：

1. 根据高等学校土木工程专业委员会制定的"土木工程实验"的课程教学大纲，按照国家和行业最新标准、规范编写而成。

2. 新形态教材。结合最新的数字融合技术，将二维码嵌入纸质教材，配置多种"数字资源"，打造立体化的教材，给不同的读者群体提供多样化的阅读体验。为了贯彻落实党的二十大精神，本书除了对土木工程实验近几年的新技术进行介绍以外，还通过实际案例介绍了我国土木工程实验的新技术、新成就，如冬奥会场馆的建设等。基于教学课程改革、结合河南省级虚拟实验教学项目，通过"虚实结合"的虚拟仿真实验教学方式，提升学习的互动性，提高学习效果。

3. 以学生为中心，每章设计有学习目标、知识总结，并给出详细的应用实例或试验示例，章后设置思考拓展等，帮助学生提高实际操作能力，培养学生解决实际工程问题的能力。

本书的编写，从大土木的角度出发，兼顾各专业的培养需求，使学生获得土木工程实验方面的基础知识和基本技能，掌握结构试验、建材实验、力学实验、工程检测和鉴定、虚拟仿真实验的方法，以及根据实验数据作出科学的分析和结论的能力，为今后从事工程设计、施工、检测和科学研究打下良好的基础。

本书由张伟、郭二伟、杨为民主编。参与编写的有张伟（第4章）、郭二伟（第1章、第2章、第14章）、杨为民（第3章、第12章）、焦燏烽（第13章）、陈茜（第7章）、朱俊锋（第5章）、刘小敏（第10章、第11章）、于英霞（第8章）、张献文（第9章）、郭颖（第6章）。

由于编者的水平与实践经验有限，书中难免有不当之处，敬请广大师生和读者批评指正。

编者

目录

030　　第3章　结构试验量测技术

第 1 章
土木工程实验概论

本章数字资源

教学要求
知识总结
拓展阅读
在线题库
课件获取

 **学习目标**

了解土木工程实验的主要任务。

掌握土木工程实验的作用和分类。

了解土木工程实验的发展方向。

1.1　土木工程实验的应用与发展

土木工程实验分为土木工程材料的实验和土木工程结构的试验。[1] 土木工程实验是研究和发展土木工程结构计算理论和设计的重要手段。一方面，可以测试建筑材料的力学性能（承载力、变形、刚度等），另一方面，可以验证不同的工程结构或结构构件（梁、板、柱等）的基本计算理论。

随着经济与技术的发展，大跨空间、超高、超限等复杂结构体系不断涌现，这些复杂结构的计算理论和设计方法，都需要大量的土木工程实验数据支撑。特别是钢筋混凝土结构、钢结构、桥梁工程和隧道工程等的国家设计规范、理论计算和参数设置大都以土木工程实验数据为基础。近几年来，有限元数值模拟技术的飞速发展，推动了结构分析计算方法的发展，对于复杂结构及构件性能大都先采用数值模拟方法进行初步的分析判断，为结构试验打下良好的基础。但由于实际工程结构的复杂性和整个生命周期中可能遇到的各种风险（地震、台风、爆炸和撞击等极端工况），土木工程实验研究仍是解决复杂问题最有效的手段之一。例如在施工阶段可能留下的结构初始缺陷和安全隐患，在使用阶段结构受灾和结构老化所产生的各种损伤积累、钢结构的疲劳、桥梁振动或颤振等诸多问题，为寻求合理的设计方法，保证结构有足够的使用寿命和安全储备，只有通过土木工程实验所得数据，才能支撑其研究分析。

结构试验技术的不断进步，促使结构试验由简单构件试验向整体结构试验发展。目前，各种结构的伪静力试验、拟动力试验和振动台试验所应用的电液伺服液压加载技术等已打破了原有静载和动载试验的界限，能够准确地再现各种实际荷载工况作用。随着各种智能化传感器技术、数据快速传输的5G技术、高速智能采集技术及分析处理技术的飞速发展，土木工程实验的数据采集也更加便捷准确。

因此，实验技术是土木工程学科解决设计理论和施工问题的重要手段之一。

中国建筑工程试验研究中心建设的反力墙试验测试平台（见图1.1），反力墙呈L形、总长66.7m、最高25.5m，反力地板面积为3800m^2；配置有40余套各种规格的静态加载作动器和动态加载作动器，可满足8层或高度达25m的足尺建筑物的双向拟动力、拟静力加载试验和阻尼器的动态加载试验以及高速冲击加载试验，是全球规模最大的反力墙与反力地板试验系统。中国建筑工程试验研究中心联合哈尔滨工业大学、中建科工历经10年自主研制了万吨级多功能试验系统（见图1.2），加载平台尺寸6m×4m，净加载空间9.1m（长）×6.6m（宽）×10m（高），垂向最大加载能力10800t，水平纵向最大加载能力±600t、最大位移±1500mm，水平横向最大静态加载能力±900t、动态加载能力±600t、最大加载速度±1500mm/s，绕水平 X、Y 轴最大转角±2°，绕 Z 轴最大转角±10°，是全球加载能力最

---

❶ 本书涉及材料力学相关的为"实验"，结构相关的为"试验"，统称为"土木工程实验"。

强、加载空间最大、加载功能最全、控制技术最先进的工程结构试验系统。中国建筑工程试验研究中心自主研发的可组装式多功能盾构管片力学性能实验系统（见图 1.3），最大外径 20.5m，内径 16.5m，可根据需要进行模块化组装、拆卸，可进行直径 3～15m 的单环、双环及三环盾构管片原型结构多维多向力学性能实验，该实验系统总体上达到国内先进水平，部分达到国际领先水平。

图 1.1　反力墙试验测试平台

图 1.2　万吨级多功能试验系统

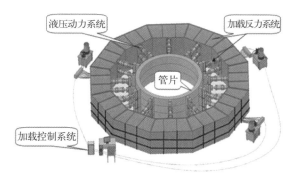

图 1.3　可组装式多功能盾构管片力学性能实验系统

　　试验检测技术的发展和现代科学技术的发展密切相关，尤其是各类学科的交叉发展和相互融合。近几年光纤传感器量测技术和 5G 通信技术的结合是最新发展方向。在大跨度桥梁、超高层建筑、超高大坝和矿山等工程的健康监测技术的开发研究中，综合运用了光纤传感技术、无线传输技术、GPS 卫星跟踪监控等多项新技术，并已在港珠澳大桥、杭州湾大桥、苏通大桥、黄埔大桥等重要工程上实施与应用，对这些工程的安全健康使用发挥了重要作用（见图 1.4 和图 1.5）。另外在无损检测方面，混凝土结构雷达、红外线热成像仪、非接触多视角跟踪测量系统等新技术的出现为结构损伤检测和监测开辟了新的途径。

　　展望未来，大数据、云平台及人工智能的发展应用，将大大拓展传统实验技术研究的范围和深度。如数字化和智能化技术可以提高测试的效率；绿色环保技术可促进绿色环保型测试设备和方法的发展；高效高精度技术则可助力快速测试设备和方法的发展，进一步提高测试结果的准确性和可靠性；个性化定制化实验技术可满足不同工程需求和场景定制化方案需求。再如人工智能的深度学习自动诊断技术和结构模态参数识别方法，可应用于结构状态评估和危险预警。土木工程实验新技术发展趋势体现了工程界对更高质量、更安全、更环保、更智能的工程建设的追求。

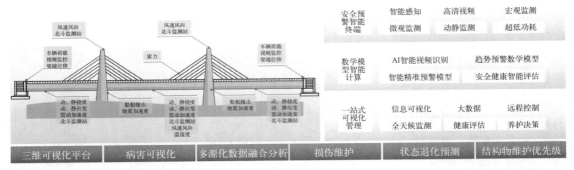

图 1.4   桥梁全生命周期健康监测系统

图 1.5   公路管养驾驶舱

1.2   土木工程实验目的和任务

1.2.1   研究性试验

研究性试验是以创新性和基础性研究为目的，通过结构或构件试验为复杂结构或新结构寻求更合理的设计分析方法，或者为一种新材料、新结构和新技术制定国家规范等。研究性试验根据研究的目的和任务不同，可以分为几类。

（1）验证结构或构件的计算理论，寻求更合理的设计方法

在土木工程结构设计中，为了得到准确的、方便的计算方法，首先进行结构的概念设计，然后对结构形式、荷载工况、材料本构关系等做一定的简化和假定，通过试验数据，验证其计算理论，再寻求合理的设计方法，最终应用于实际工程中。例如轻质高强混凝土受弯构件斜截面抗剪强度计算方法，在大量的试验研究后，得出了安全包络线，并分析得到了半理论的经验公式（见图 1.6）。

（2）为大型复杂结构或特种构件提供设计依据

对于实际工程中处于不同条件的大型复杂结构或特种结构，例如海洋石油平台、核电站、仓储结构、网壳结构、大型机场等，仅应用理论分析的方法是不够的，还要通过结构试

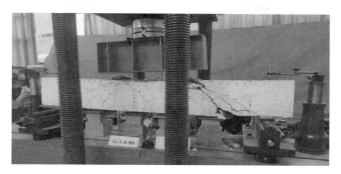

图 1.6　轻质高强混凝土梁抗剪试验

验的方法进行验证，为实际工程提供设计依据。比如，北京大兴国际机场航站楼、塔台、机库等结构物均为抗风敏感建筑，其主体结构和围护结构的风荷载确定事关建筑安全，研究团队先后完成了北京大兴国际机场航站楼、东塔台、东航机库、南航机库等项目风洞试验和风振分析工作，为值机候机、空中交通指挥、飞机维护等各工种相关建筑结构的抗风设计提供荷载取值依据。此外为保障航站楼屋面围护结构的安全，对屋面夹层结构进行了节段模型风洞试验（见图 1.7）。

考虑到机场屋盖跨度极大，积雪在风力作用下飘移可能形成不均匀堆积，给屋盖安全带来威胁。为此，研究团队完成了航站楼的雪荷载模拟试验，得出的屋面积雪分布系数为结构抗雪设计提供了基础的计算资料（见图 1.8）。

图 1.7　北京大兴国际机场风洞试验

图 1.8　北京大兴国际机场航站楼积雪飘移试验

（3）为应用新材料、新结构、新技术进行的试验研究

随着材料学科及结构体系多样性的发展，各种新材料、新结构和新技术的应用，都需要试验数据的支撑和验证，确保实际工程的安全可靠。如 2016 年长沙北辰三角洲横四路采用超高性能混凝土全预制拼装而成的跨街天桥（见图 1.9），采用了 400MPa 超高性能混凝土，这种新型混凝土超薄、轻质而又强韧无比，使桥梁上部结构重量减轻了近 1/3，全长 70.8m 的桥梁只需 2 个桥墩，主跨增加到了 36.8m；若使用普通混凝土，至少需要 5 个桥墩作支撑。该项目做了大量的新型材料力学性能实验和结构模型试验，实验结果为超薄大跨桥梁结构的设计和施工提供了可靠依据。

1.2.2　生产性试验

生产性试验是以服务于实际工程为目的，以实际工程结构为对象，通过试验或检测的数据判断是否符合国家规范或设计标准，并作结论性的意见和相关技术指导。主要分为以下

图 1.9   长沙超高性能混凝土天桥

几类：

（1）验证采用新技术的结构试验和竣工验收试验

对重大工程建设中所采用的新结构、新材料和新工艺，在设计阶段，需进行预研试验研究；在施工前，针对施工难点需进行现场操作工艺试验，在实际工程建成后，还需要进行实际荷载试验，综合评定结构的设计和施工质量的可靠性。如 2022 年建成的广州市红莲大桥（图 1.10），全长 1782m，主桥长 912m，采用双塔双索面混合梁斜拉桥型，主塔高 180m，飞跨珠江水系龙穴南水道的主桥跨度达 580m，同时搭载多回路高压电缆、燃气、通信和输水等过江市政管道，是目前我国同类型多功能斜拉桥中跨度最大的。为了验证设计和解决施工难点，对红莲大桥进行了缩尺模型试验。大桥竣工验收前，用实际车辆进行了静荷载和动荷载试验。

图 1.10   广州市红莲大桥

（2）对古建筑和具有纪念意义的近代建筑及公共建筑做可靠性鉴定

古建筑大多都出现了不同程度的老化损伤，有些已经处于危险期。《中华人民共和国文物保护法》规定，这类建筑物不能随便拆除而只能进行加固和保护，并要求保持原有历史面貌。通过对古建筑进行可靠性鉴定，给出加固处理方案。如西安建筑科技大学采用高延性混凝土加固技术加固云南民族特色建筑吊脚楼，高延性混凝土具有高强度、高韧性、高抗裂性能和高耐损伤能力，拉伸性能可达普通混凝土的 200 倍，也被称为"可弯曲的混凝土"。按照 1∶2 比例"仿真"的吊脚楼，在振动台上输入逐级增长的地震波，当振动台输入地震波达到 9 度罕遇时，这栋建筑仍屹立不倒，有力地验证了高延性混凝土加固技术可大幅度提高该类结构的整体性和抗震性能（见图 1.11）。

（3）为建筑物的改扩建、加层或改变使用功能等设计提供依据

对建筑物进行改扩建、加层或改变使用功能时，结构的荷载、结构体系及受力情况等发生相应的改变，理论计算和以往经验无法确保结构的安全可靠时，通常需要进行现场检测和荷载试验以确定结构健康状况，为改扩建的设计提供试验数据支撑。对于年代久远，缺乏原有建筑物结构设计资料和图纸时，更要进行现场的检测及鉴定，并进行实际荷载试验，通过测定结构现有的实际承载能力，为工程改扩建提供实测依据。2008 年汶川地震之后，进行了大量的建筑结构加固改造试验，如图 1.12 为 BC 框架结构消能减震加固模型振动台试验。

图 1.11　高延性混凝土加固云南吊脚楼振动台试验　　图 1.12　BC 框架结构消能减震加固模型振动台试验

（4）处理工程突发灾害或事故

通过现场检测和试验，为灾害或事故鉴定及处理提供依据。一些在建造或使用过程中发现有严重缺陷（如过度变形和裂缝等）的水坝、桥梁或建筑物，或遭受地震、雪灾、风灾、水灾、火灾、爆炸等而严重损伤的结构，往往需要通过对建筑物的现场检测，了解实际受损程度和实际缺陷情况，进行计算分析，判断其实际承载力并提出技术鉴定和处理意见。2020年技术人员对白溪水电站震后结构进行抗震鉴定，对大坝、溢洪道、厂房、反调节池等水工建筑物及在建工程进行加密检查，并对大坝监测自动化数据采集、坝体历史位移数据进行分析研判，检查水库大坝坝体、面板、坝顶、坝肩等情况，各水工建筑物工况，排水沟供水、泄水等情况，认定白溪水库可正常使用（见图 1.13）。

（5）产品质量检验

对预应力锚具、高强拉杆、桥梁支座和伸缩装置、桥梁拉索、抗震支座等重要部件产品，以及预制构件厂或大型工程现场成批制作的预制构件，在出厂和进场前均应按国家相关标准要求进行抽样检验，以保证其产品质量合格。如北京大兴国际机场采用了国内首创的层

图 1.13　白溪水电站抗震鉴定

间隔震技术，建成后的机场航站楼，是全球最大的单体隔震建筑。建研院减隔震技术研究中心完成了机场 1238 套隔震支座和弹性滑板支座以及 144 套黏滞阻尼器的检测和试验工作（见图 1.14），保证了机场减隔震产品满足相关标准和设计的要求。为保障了新机场项目主体结构的安全性、坚固性、稳定性，采用预应力筋将整个混凝土结构连成为一个整体。预应力筋为新机场混凝土结构的"强筋壮骨"，采用预应力技术使得工程技术含量明显增加，且有较好的经济效益和社会效益（见图 1.15）。

因此，生产性试验针对具体工程项目或构件所要解决的实际工程问题，为工程建设和使用提供安全可靠的数据。

图 1.14　黏滞阻尼器检测试验

图 1.15　大型预应力群锚锚具试验

1.3　实验方法的重要性和意义

随着人类社会发展，人们对住房的需求不断提高，住房形式经历了地坑-窑洞-土房-木结构-砖混结构-钢筋混凝土结构-钢结构-混合结构的发展历程，结构形式更加多样，安全性不断地提高，同时，复杂性大大提高，建造技术难度越来越大。

"土木工程实验"作为一门专业技术实验课程，一方面可以为新材料、新结构和新技术的应用推广，提供强有力的数据支撑和指导工作；另一方面，可以为新理论或设计方法提供试验指导，起到相互促进的作用。

为了规范各种试验检测方法，保证试验结果准确无误，国家颁布各种结构的试验和检测方法标准及规程。应该说这是试验技术和测试技术上的进步，进一步推动了土木工程向前发展。经过标准试验方法得到的试验数据，可以共建共享，减少重复性试验。

1.4　土木工程实验的分类

本节仅介绍结构试验部分。

1.4.1　按试验对象的尺寸分类

（1）原型试验

原型试验的对象是实际工程结构的足尺结构或足尺构件。原型试验一般用于生产性试验。

原型试验中一类为原物试验，例如核电站安全壳加压整体性能试验、工业厂房结构的刚度及变形试验、楼板屋盖的承载能力试验、在高层建筑上进行风振测试和通过环境随机振动测定结构动力特性等。原型试验中另一类为足尺结构或构件的试验，试验对象是一根梁、一根柱、一块板或一个屋架之类的足尺构件，可以设计制作后在实验室内试验，也可以在现场进行试验。

为满足工程结构抗震研究的需要，国内外已开展大量的构件抗震性能试验，随着大型试验设备及先进测试技术的发展，目前各国都重视对结构整体性能的试验研究。通过对足尺结构进行试验，可以对结构构造、构件之间的相互作用、结构的整体刚度以及结构破坏阶段的实际工况等进行全面观测了解，如湖南大学开展的世界首例足尺全装配式混凝土结构抗震试验（图 1.16）。房屋共 3 层，结构的总高度为 9.75m，建筑面积 285m^2，试验准备了 3 块共计 5.3t 的配重钢板，通过安装在房屋顶部的电液伺服激振器以结构自振频率激励结构共振，分别模拟 6、7、8、9 度地震烈度下房屋的受力性能。试验中布置了一系列的加速度、位移及应变传感器，获得了大量足尺装配结构抗震性能的试验数据。又如东南大学开展的足尺试验（图 1.17），两层预制装配式混凝土夹心墙板结构，长 3.8m，宽 3m，总高 6.2m，共由 6 块楼板和 8 块墙板组成，均为厚度为 200mm 的预制混凝土夹心板，角钢作为墙板和楼板的钢筋网架封闭式外框预埋在混凝土中，其中东西立面的墙板开有门洞和窗洞，墙板与墙板之间和墙板与楼板之间的连接均采用高强螺栓和镀锌连接件进行连接，抗震设防烈度为 8 度，设计基本加速度为 0.2g，抗震等级为二级，场地类别为 II 类。

图 1.16　足尺三层全装配式混凝土
结构抗震试验

图 1.17　足尺两层预制装配式混凝土
夹心墙板振动台实验

（2）模型试验

结构的原型试验具有费用高、周期长、危险性大的特点，当进行原型结构试验在物质上或技术上存在一定困难，或在初步设计方案阶段进行探索性试验测试时，都可以采用按原型结构缩小的模型进行试验。

① 相似模型试验

模型是依据原型并按照一定比例关系设计制作的试验结构或构件，它具有实际结构的全部或部分特征，只是尺寸比原型小。

模型的设计制作与试验都需要根据相似理论进行。采用适当的比例尺和相似材料制成试验对象，再施加相似荷载，能使模型重现原型结构的实际工作状态。根据相似理论即可由模型试验结果推算实际结构的工作情况，即要求几何相似、力学相似和材料相似等。

② 缩尺模型试验

缩尺模型试验即小构件试验，在结构试验中常常采用。它有别于模型试验，采用小构件进行试验时，可不考虑相似理论及缩尺对试验结果的影响，即试验不要求满足严格的相似条件，而是直接采用试验结果与理论计算进行对比，验证设计假定与计算方法的正确性，并认为这些结果所证实的一般规律与计算理论可以推广到实际结构中去。

1.4.2　按试验荷载性质分类

（1）静力试验

静力试验是土木工程结构试验中最常见的基本试验，使用频率最高。静力试验是研究结构或构件在静力荷载作用下的静力响应的试验。静力荷载主要通过重物或加载设备来实现。根据加载制度的不同，静力试验分为单调静力加载试验和低周反复静力加载试验两种。

结构单调静力加载试验的加载过程是荷载从零开始逐步增加，分级加载到试验目标或结构破坏为止，在相对短时间段内完成试验加载的全过程。

为了研究结构或构件的抗震性能，常采用静力试验的方式模拟地震作用。采用控制荷载或控制变形（位移）的周期性反复（推、拉）静力荷载，区别于单调加载试验，称为"低周反复静力加载试验"，也叫"伪静力试验"或"拟静力试验"，是国内外结构抗震试验中采用较多的一种形式。

静力试验最大的优点是加载设备简单，荷载可以分级缓慢施加，并可以随时停下来仔细观察结构变形和裂缝的发展，破坏概念和破坏现象最明确、最清晰。对于承受动力荷载的结构，一般在动力试验前先进行静力试验，了解其在静力荷载下的工作特性。静力试验的缺点是不能反映应变速率对结构性能的影响，与真正的结构动力响应还有很多差距。拟动力试验是在静力试验基础上发展的，将计算机与加载器联机，可以弥补静力加载试验的不足，但设备昂贵，性价比不高，应用较少。

（2）动力试验

结构动力试验是研究结构或构件在动力荷载作用下的动力响应的试验。如研究工业厂房结构在吊车或动力设备作用下的动力响应，吊车梁的疲劳强度与疲劳寿命问题，桥梁结构在车辆运动时的动力响应，隧道结构在列车高速运动时的动力响应，高层建筑和高耸结构在风载作用下的风振问题，结构（高速）爆炸、（低速）冲击或撞击问题等。

在结构抗震性能的试验中，最为理想的是直接施加动力荷载进行试验。目前，抗震动力试验在实验室常采用电液伺服加载设备或地震模拟振动台等设备进行；对于现场或室外的动力试验，常利用环境随机振动试验测定结构动力特性模态参数。此外，还可以利用人工爆炸产生人工地震或直接利用天然地震对结构进行试验。

动力试验最大的优点是能反映应变速率对结构性能的影响，尤其是加速度对结构的影响，是真实荷载和真实的动力响应。动力试验的加载设备往往比较复杂，测试设备要求更加精确的高速采样，测试操作技术要求也较高。

1.4.3　按试验时间分类

（1）短期荷载试验

结构和构件承受的静力荷载往往是长期作用的。由于试验条件、时间和测试方法等原因，加载过程在相对较短的时间内完成的称为短期荷载试验，即施加的荷载从零开始施加到预定值或结构破坏，整个试验时间只有几分钟、几小时或几天。

结构动力试验，如结构疲劳试验，需要加载几百万次循环，整个加载过程仅在几天内完成，与实际长年累月的工作条件有很大差别。对于爆炸、地震等特殊荷载作用时，整个试验加载过程只有几秒甚至是几微秒或几毫秒，试验实际上是瞬态的冲击过程。这种短期荷载试验不能代替长期荷载试验，对由于各种客观因素或技术限制所产生的不利影响，在分析试验结果时必须加以考虑并进行修正。

（2）长期荷载试验

对于结构在长期荷载作用下的性能，如混凝土结构的收缩、徐变、预应力结构中预应力筋的松弛等，都必须进行静力荷载的长期试验。试验将连续几个月、几年或几十年，通过试验最终获得结构变形随时间变化的规律。长期荷载试验一般需在实验室内进行，对实际结构或构件进行长期、系统的观测，所积累和获得的数据资料可应用于研究结构的实际工作性能，也可以进一步完善结

图 1.18　近百年的沥青滴漏试验

构理论。如 1927 年，澳大利亚昆士兰大学教授托马斯·帕内尔的沥青滴漏试验，为世界最久科学试验，持续时间近 100 年（见图 1.18）。

1.4.4　按试验场地分类

（1）实验室结构试验

对于在实验室内进行的试验，由于具备良好的工作条件，可以采用高精密和灵敏的仪器设备，具有较高的准确度，甚至可以保持恒温、恒湿等特殊环境，消除不利因素的影响，减少次要因素，突出主要因素，所以特别适合于进行研究性结构试验。实验室试验的对象可以是原型结构或模型结构，试验可以加载到结构破坏。

（2）现场结构试验

现场结构试验是指在生产或施工现场进行的实际结构或构件的试验，常用于生产性试验，试验对象是正在使用的已建结构或将要投入使用的新结构或构件。与室内试验相比，现场试验受到客观环境条件的影响，不宜使用高精度的仪器设备进行观测，且试验的方法也比较简单，试验精度较差。如高速公路建设中路面结构的性能只能通过现场实测；特大型桥梁的性能，尤其是动力响应，只有通过现场实桥试验才能测得，室内试验无法代替。2020 年，北京市建设工程质量第一检测所采取锚桩联合堆载的方法，完成了北京城市副中心站综合交

通枢纽工程地基工程抗压静载试验。桩径分为 1000mm 和 2400mm，桩长 77.5m，抗压试验最大加载吨位为 7000t，其中锚桩法提供 4800t，堆载法提供 2200t；抗拔试验最大加载吨位达到 4000t。抗压承载力和抗拔承载力检测的加载吨位目前均居全国首位（见图 1.19）。

图 1.19   地基工程抗压静载试验

1.5   土木工程实验的基本过程

土木工程实验一般过程可分为四个阶段：实验策划与论证、实验准备、实验加载、实验资料整理分析与总结。下面以土木工程结构试验为例说明。

1.5.1   试验策划与论证阶段

土木工程结构试验是一项细致而复杂的工作，任何一个环节考虑不全面，都会直接影响试验结果或试验的正常进行，甚至导致试验失败或危及人身、设备安全。试验策划主要依据试验目的、研究内容和明确的具体任务，列出任务清单，并查阅相关资料，包括已做过的类似试验、试验内容、试验方法及试验结果等，避免重复试验。在查询的基础上确定试验目的和内容，然后对涉及试验内容的每一个环节进行具体策划。对于研究性试验，应提出试验的主要影响参数、试件数量，并根据实验室的量测仪器和加载设备条件，确定试件的尺寸和量测项目，再通过反复论证和比较，最后提出试验方案。试验方案是经过精心策划的指导试验的技术文件。

（1）试验目的。要明确试验的预期成果或结论需要哪些数据和资料支撑（如荷载-挠度曲线图，弯矩-曲率变化图，结构或构件的开裂荷载、裂缝发展及宽度、破坏荷载、极限荷载，各种荷载下的应力-应变关系等），进一步确定计划要开展哪些试验，并详细列出相应的量测项目。

（2）试件设计与制作技术要求。根据试验目的，依据所用材料的实测力学性能，进行初步计算分析或有限元数值模拟，根据加载设备吨位或行程，设计试件的最大承载力（不能超过设备最大吨位的 85%）和最大变形（不能超过设备最大行程的 90%），并绘制试件施工详图和进行试件编号（包含关键参数信息）。施工详图中应考虑支座、加载、量测等要求，试件内埋设预埋件的形式和位置，量测结构或构件的应变或变形的传感元件（如应变片）的预埋或粘贴位置，试件原材料、制作工艺、制作精度、养护条件等方面的技术要求。

（3）试件的支承要求、加载装置。对于试件的支承要求、加载装置要有详细的技术说明，包括试件安装图、支座设计图、加载装置和加载点连接构造详图（如需加工转换连接件，要提前出图加工），采用 CAD 或 BIM 技术进行试件加载预拼装，确保试件的顺利安装。

（4）加载方法。对采用的加载方法应根据试验要求确定加载顺序。

（5）量测要求。按比例绘制量测仪表布置图，需详细注明不同仪表的安装位置，仪表名称及编号，包括温度补偿仪片的布置。同时需附有仪表布置及选用的数值分析依据，尤其是验证计算方法的新结构，在布置和选用仪表前，对其内力分布、最大应力和最大变形值应做出估算，作为布置和选用仪表量程时的依据。不经计算盲目进行试验，不仅会使试验无法进行或中断，还会导致仪器的严重损坏。为保证仪器读数的准确无误，在试验前对仪表必须进行率定和校准，对测读人员必须进行培训和试读。

（6）安全措施。试验项目负责人要对试验设备仪表和人身安全有充分的预案，包括安全标志、安全帽、护目镜等。例如应对预应力混凝土结构在张拉试验和试件临近破坏时锚具弹出、高大试件的平面外失稳、脆性构件破坏的突发性导致坍塌等问题有充分预案。

（7）参加试验人员的组织分工及试验进度计划。

（8）经费预算、消耗材料用量、所需设备仪表清单。

（9）辅助性试验内容。辅助性试验主要指测定试验结构所用材料的力学性能指标等。材料的实际力学性能（强度、变形、开裂）是用以估算试件的最大承载力、最大变形以及分析处理试验结果时所必需的原始资料，根据估算的最大承载力和最大变形才能选用合适量程（控制在 20%～80% 范围）的加载设备及量测仪表，因此制订方案时应列出材料试验的项目、试样尺寸、试样数量及制作要求。

1.5.2　试验准备阶段

试验准备阶段要占全部试验工作的大部分时间，工作量最大。试验准备工作的好坏直接影响到试验能否顺利进行和能否获得预期的试验结果。试验准备工作是一项复杂而细致的工作，必须考虑周到，不可疏忽大意。

（1）试件的制作

试验研究人员应亲自参加试件制作，以便掌握有关试件制作情况的第一手资料。试件的制作质量直接影响试验结果，例如试件尺寸偏差，钢筋混凝土结构的强度等级、钢筋位置、箍筋的尺寸，钢结构的焊缝，砌体结构的灰缝厚度及砂浆强度等都是理论计算的主要参数，制作时均要按设计图纸要求操作。

在制作试件时还应注意材料试样的留取。试样必须真正代表试验结构的材料特征，无论是钢材还是混凝土，用于测定材性的试样必须与试验结构取自同一批材料。因为基本材性的测定对分析试验结果特别重要，是理论计算的基本参数，所以在留取试样时必须严格按照相应标准进行，保证试样的真实性和代表性。

当试件制作结束后，应立即按试验方案确定的试件编号在试件上进行编号，以免不同组别的试件相互混淆。

在试件制作过程中应记录施工日志，注明试件制作日期、原材料情况、配合比、水灰比、养护情况、箍筋实际尺寸、保护层厚度、预埋铁件位置等，凡试件制作过程中的一切变动，均应详细如实记录。这些原始资料都是试验结果分析的主要依据。

（2）试件的安装就位

试件安装就位的关键是力求试件的支承条件与计算简图一致。如为满足滚动、铰支座和嵌固这三种支承条件而设置支座装置。对于支墩和地基应作验算，若为土基应夯实，最好能经过预压以减少试验过程中的沉降变形，否则会严重影响挠度量测数据的精确度。

（3）安装加载设备及其要求

① 安装加载设备应与试验加载方案中的荷载图式和计算简图一致。

试件的荷载图式是根据试验目的确定的在试验结构上的荷载布置形式。荷载形式有集中荷载、均布荷载、集中与均布混合荷载、水平荷载和垂直荷载等。因此，安装加载设备时的荷载形式应与试验结构设计时的计算简图和荷载图式相一致。

若由于试验条件限制，原先确定的荷载图式实施有困难时，或者为了加载方便，可以采用等效荷载的原则改变加载图式。所谓等效荷载原则是改变后的加载图式所产生的最大内力值和整体变形应与原加载图式相同或相接近。采用等效荷载时必须注意，当满足强度等效时，整体变形条件可能不完全等效，必须对实测变形进行修正，当弯矩等效时，需验算剪力对试件的影响。

② 试验荷载是通过加载设备产生的，加载设备应满足下列要求：

安装加载设备时，传力方式和作用点明确，不应影响试验结构自由变形，在加载过程中不影响试验结构受力。

荷载值准确稳定，对于静载试验，荷载值不随时间、外界环境和结构变形而发生改变。

对于静载试验，要求能方便地加载和卸载，而且能控制加载、卸载速度。加载设备的加载值应大于最大试验荷载值。

可用于结构试验的加载设备有许多种，充分了解加载设备的性能特点是正确选用的前提。

加载设备安装前必须经过计量率定，合格者方可使用。

（4）加载设备和量测仪表的率定

对加载设备的配套测力计、力传感器、油压表及所有量测仪表均应按计量技术规程和相应法规进行率定，各仪表的率定记录均应归入试验原始记录中。应以加载设备配套的仪表率定结果作为试验加载的依据，凡误差超过标准规定的仪表不得使用。

（5）量测仪表的安装、调试

仪表的安装位置、测点编号、测点在应变仪或记录仪表上的通道号均应按试验方案中的仪表布置图实施。如有变动，应随时作记录以免相互混淆，否则将给最后试验结果分析带来许多困难。仪表调试过程中发现有问题的测点，尽可能采取补救措施。

（6）辅助性试验

对试验方案中要求留取的同条件材料试样，应在加载试验之前进行其力学性能的测定，根据实测数据验算试验结构的最大破坏荷载和最大变形，进一步确认加载设备的最大加载值和量测仪表的最大量程。对试验周期长、试件组数较多的系统性试验，尤其是混凝土结构试验，为使材性试件与试验结构的龄期尽可能一致，辅助试验也常常与正式试验同时穿插进行。所有材性试验数据记录应及时得出试验结果，并归入试验原始记录档案中，作为最后试验结果分析的主要参数依据。

1.5.3　试验加载阶段

试验加载是整个试验过程中的中心环节，应按规定的加载程序和量测顺序进行。重要的量测数据应在试验过程中随时整理分析并与事先估算的数值作比较，发现有反常情况时应及时查明原因，找出原因后再继续加载。

在试验过程中结构所反映的外观变化是分析结构性能的珍贵资料，对节点的松动和任何异常变形，混凝土结构裂缝的出现与发展，特别是结构的破坏情况都应作详细的记录和描述。量测仪表的读数固然十分重要，如对主要控制截面的应变和挠度测量值，尤其是试验过程中发生的突变，应随时监控，对结构的外观变化一定要安排专人观察。

试件破坏后要拍照并测绘破坏部位及裂缝，必要时从试件上切取部分材料测定其力学性能。破坏的试件在试验结果整理分析完成之前不要过早地处理掉，以备进一步核查时使用。在准备工作阶段和试验阶段应每天记录工作日志，作为备忘录归入试验资料档案。

1.5.4　试验资料整理分析和总结阶段

试验资料的整理分析一般包括两个部分工作：

（1）将所有的原始资料收集整理并完善归档

① 任何一个试验研究项目，都应有一份详细的原始试验数据记录，连同试验过程中的试件外观变化观察记录，仪表设备率定数据记录，材料力学性能试验结果，试验过程中各阶段的工作日志等，经查实后收集完整，不得丢失。

② 对于试验量测数据记录及记录曲线，应由负责记录人员签名，不能随便涂改，以保证数据的真实性和可靠性。

（2）数据处理和试验结论

从各种量测仪表获取的量测数据和记录曲线，一般不能直接解答试验任务书中所提出的问题，它们只是试验的原始数据，必须对这些数据进行各种运算处理和必要的修正才能得出试验结果。

对试验结果所能得出的规律和一些重要现象作出解释，将试验值和理论值进行分析比较，找出产生差异的原因，并得出结论，撰写试验研究报告。报告中对试验中发现的新问题应提出建议和进一步研究的计划。对于鉴定性试验应根据现行规范和国家标准作出是否安全可靠的结论。

 思考拓展

1.1　结构试验在结构理论发展中的作用是什么？

1.2　土木工程结构试验的任务是什么？

1.3　生产性试验通常解决哪些问题？

1.4　工程结构试验大致可分为哪几个阶段？

1.5　试验加载测试阶段应注意哪些问题？

1.6　简述你对工程结构测试技术发展的了解。

第 2 章
试验荷载与加载方法

本章数字资源

教学要求
知识总结
拓展阅读
在线题库
课件获取

学习目标

掌握常用的加载方法。
掌握不同加载方法的区别。
掌握合理设计加载方案的方法。

2.1　概述

2.1.1　试验荷载的基本概念

工程结构上的作用分为直接作用与间接作用。直接作用主要是指直接作用于结构的荷载，包括结构自重和作用在结构上的外力；间接作用主要是指引起结构附加变形和约束变形的原因，如温度变形、地基不均匀沉降和材料蠕变、松弛产生的变形等。直接作用又分为静荷载作用和动荷载作用两类，静荷载作用是指对结构不考虑加速度响应的直接作用，动荷载则是指对结构要考虑加速度响应的直接作用。

工程结构的主要功能是承担荷载。研究结构在直接作用或间接作用下的结构性能是试验分析的主要任务。根据不同的试验目的，在工程结构上再现所受的荷载称为试验荷载。试验荷载大多数是以模拟的方式（或等效方式），还原真实的荷载作用和作用方式，使截面或部位产生的内力与变形与实际等效或相近。产生模拟荷载的方法很多，模拟试验荷载的加载方式直接关系到试验目的和试验荷载性质（即静荷载或动荷载）。

在试验准备阶段，需确定荷载类型、荷载性质、加载位置、使用荷载值（开裂、屈服、破坏）等，还需确定加载方式和加载方法。

2.1.2　动荷载作用

对于建筑结构承受动力作用的结构性能试验，需施加动荷载。由于结构形式和研究目的存在较大差异，动荷载作用方式和动荷载大小有很大差别（见图 2.1）。

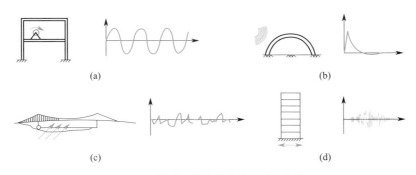

图 2.1　作用在结构物上的几种动荷载

在测试结构疲劳性能的疲劳试验时，多采用匀速脉动荷载。荷载振动形式有正弦、余弦、三角形、梯形或几种形式的叠加。荷载幅值可以采用等幅的，也可以是变幅的。荷载频率根据实测荷载频率或根据研究目的设定特点频率。但要注意荷载频率应避免结构发生共振。

在测试结构或构件的动力特性时，多采用自由振动或强迫振动，也可利用风和周围环境的微小振动引起结构振动，测定结构的动力特性。图 2.1（a）为测定结构动力特性时采用电机振动模拟动荷载。

测试结构在实际动荷载下的动力响应时，需通过激振设备再现各种实际的动荷载［见图2.1（b）～（d）］，如风、潮汐、爆炸、冲击、地震等，可以实现室外原型结构试验，也可用于室内缩尺模型结构试验。

在测试结构或构件的抗震性能时，一般可对结构或构件施加多次反复循环荷载模拟地震作用，获得结构的荷载-变形滞回曲线，进一步获得耗能能力、延性性能等；也可通过振动台模拟地震作用，将地震波输入振动台，对模型结构进行地震作用模拟试验。

在测试风荷载作用下结构或构件的动力响应时，可以在室外现场进行结构测试，可以在实验室采用风机进行简易试验，而更精确的风荷载试验，需要在风洞实验室进行缩尺模型结构试验。

2.1.3　静荷载作用

静荷载作用就是模拟作用在结构或构件上的各种荷载，如自重、设备、机具和活荷载等，模拟加载方法很多，主要有重物直接加载和通过加载设备加载两大类。可用于模拟静荷载的加载设备有液压、气压、机械和电液伺服加载系统以及与它们配套的各种试验装置等。国家已出台相关规范：《混凝土结构试验方法标准》（GB/T 50152）和《建筑结构检测技术标准》（GB/T 50344），试验加载应按标准规定进行，根据试验目的制订试验方案，试验方案宜包括下列内容：试验目的、试件方案、加载方案、量测方案、判断准则、安全措施等。

下面将介绍常用的静荷载和动荷载作用加载方法。

2.2　重物加载法

重物加载是利用物体本身的重量施加在结构或构件上作为荷载。在实验室内可以采用的重物有专门制作的标准铸铁砝码、秤砣、混凝土试块、水箱等。在室外现场试验时可以就地取材，如砖、袋装砂、袋装石、袋装水泥、废构件、钢锭等。重物荷载可以直接加在结构或构件上，也可以通过杠杆作用间接加在试件或构件上。重物加载的优点：荷载值稳定，且易于控制，不会因结构或构件的变形而减少，而且不影响结构或构件的自由变形，特别适用于长期荷载、小荷载和均布荷载试验。

2.2.1　重物直接加载试验

重物荷载可直接堆放于结构或构件的表面（如板、梁）作为均布荷载（见图 2.2），或置于吊（托）盘上通过吊杆（钢丝绳、锁链、钢拉杆）挂在结构上形成集中荷载（见图2.3），此时吊杆与荷载盘的自重应计入第一级荷载。

重物加载应注意的几个问题，当采用铸铁砝码、砖块、袋装水泥等作均布荷载时应注意重物尺寸和堆放距离（见图 2.2）。当采用砂、石、土等松散颗粒材料作为均布荷载时，切勿连续松散堆放，宜采用袋装堆放，以防止砂、石材料摩擦角引起拱作用而产生卸载以及砂、石、土重量随环境湿度不同而引起的含水率变化，造成荷载不稳定。

利用水作均布荷载（见图 2.4）是一种简易方便而且又十分经济的加载方法。加载时可直接用自来水管放水，水的相对密度为 1，从标尺上的水深就可知道荷载值的大小，卸载也方便，可采用虹吸管原理放水卸载，特别适用于网架结构和平板结构加载试验。缺点是全部承载面被水掩盖，不利于布置仪表和观测。当结构产生较大变形时，要注意水荷载的不均匀性所产生的影响。

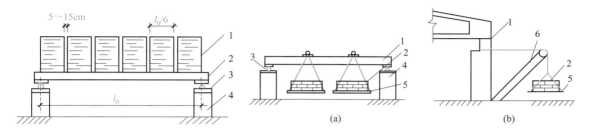

图 2.2 重物堆放作为均布荷载
1—重物；2—试验板；3—支座；4—支墩

图 2.3 重物堆放作为集中荷载
1—试件；2—重物；3—支座；4—支墩；5—吊篮；6—滑轮

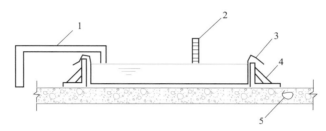

图 2.4 用水作均布荷载
1—水管；2—标尺；3—防水层；4—周边围挡；5—实验试件

2.2.2 杠杆重物加载方法试验

重物作集中荷载时，常采用杠杆原理将荷载值放大几倍（图 2.5）。杠杆应保证有足够的刚度，杠杆比一般不宜大于 5，三个作用点应在同一直线上，避免因杠杆变形导致放大的比例失真（力矩变小），保持荷载稳定、精准。杠杆可以采用 H 型钢、槽钢、钢轨或焊接钢桁架等。杠杆反力支撑点可用重物、桩基础、墙或梁等支承（图 2.6）。杠杆支撑转轴的摩擦力小，不影响转动，可以用轴承或对转轴磨损镀铬处理，减小摩擦力。用重物加载进行结构破坏试验时，应特别注意人员和仪器安全。在加载试验结构的底部均应有保护措施，可以放置橡胶轮胎、防护网等，防止突然倒塌，造成事故。

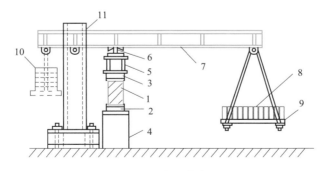

图 2.5 杠杆加载方法
1—试件；2—支座；3—分配梁支座；4—支墩；5—分配梁；6—加载支点；
7—杠杆；8—重物；9—荷载盘；10—杠杆平衡重；11—荷载锚固支架

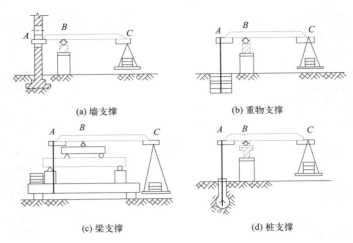

(a) 墙支撑　　　　　　　　　(b) 重物支撑

(c) 梁支撑　　　　　　　　　(d) 桩支撑

图 2.6　杠杆加载的支承方法

2.3　气压加载法

气压加载依据加压方式可分为正压加载和负压加载两种，正压加载是利用气泵对空气加压，进而对结构施加荷载。因空气自重较小，可以忽略，尤其是对加均布荷载较为适合。直接通过压力表或压力传感器显示加载荷载值，加载、卸载方便，并可产生较大的荷载，可达 $50 \sim 100 \mathrm{kN/m^2}$。图 2.7(a) 为用气泵加压空气加载的设备。负压加载是利用真空泵将试件物下面密封室内的空气抽出，形成真空，依靠外面的大气压施加给试件均布荷载，如图 2.7(b)，由真空度计算得到加载荷载值，一般多用于气密性试验。

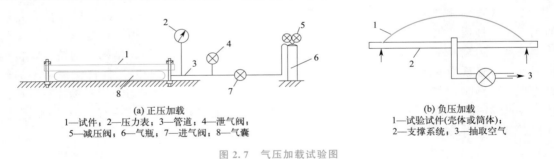

(a) 正压加载
1—试件；2—压力表；3—管道；4—泄气阀；
5—减压阀；6—气瓶；7—进气阀；8—气囊

(b) 负压加载
1—试验试件(壳体或筒体)；
2—支撑系统；3—抽取空气

图 2.7　气压加载试验图

2.4　机械加载法

常用的机械加载机具有绞车、卷扬机、手拉葫芦、电动葫芦、机械千斤顶和弹簧等。

绞车、卷扬机、手拉葫芦和电动葫芦等主要用于远距离或对高层结构物施加拉力。连接定滑轮可以改变加载力的方向，连接滑轮组可以提高加载拉力，连接测力计或力传感器可以测量加载数值（如图 2.8 所示）。

弹簧和机械千斤顶均适用于长期荷载试验，产生的荷载相对比较稳定。机械千斤顶是利用蜗轮、蜗杆机构传动的原理施加推力，可用力传感器测定其加载值，设备简单、操作方便。弹簧加载采用千分表量测弹簧长度的变化量确定弹簧的加载值。在弹性范围内，弹簧变形与力值

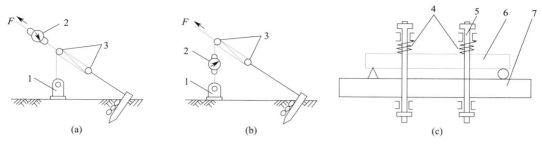

图 2.8 机械机具加载试验图

1—绞车或卷扬机；2—测力计；3—滑轮；4—弹簧；5—螺杆；6—试件；7—台座或反弯梁

符合线性关系，通过万能试验机可以率定。注意：当试件产生变形会自动卸载时，随时量测弹簧的变形值，应及时拧紧螺帽调整加力，保持荷载不变，如图 2.8(c)。

2.5 液压加载法

液压加载是目前应用最广泛的试验加载方法。它的最大优点是利用液压油的压力使液压千斤顶产生较大的荷载，试验操作安全方便。带有伺服阀的千斤顶还可对试件进行疲劳试验。对于大型整体结构试验，当要求加载点数较多时，需注意多点加载的同步协调性。

2.5.1 液压加载系统

液压加载系统通常是由油泵、油管系统、千斤顶、加载控制台、加载反力架和试验台座等组成，如图 2.9 所示。

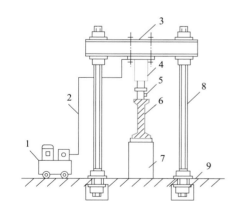

图 2.9 液压加载系统装置

1—油泵；2—油管；3—钢梁；4—千斤顶；5—力传感器；6—试件；7—支墩；8—立柱（丝杆）；9—台座

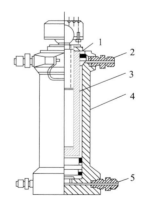

图 2.10 液压加载千斤顶

1—密封丝杆；2—出（进）油管；3—活塞；4—油缸；5—进（出）油管

液压加载千斤顶（图 2.10）通常为加载而专门设计制造，具有较高的精度，分为手动和电动油泵供油两种。工作压力一般在 10～72MPa 范围内。加载时，需要保压时，可以配置稳压器。在进行多点同步加载试验时，可配置分油器（又称三通），同时供给几个千斤顶使用。在进行推、拉双向试验时，需配置双作用换向阀。

竖向加载试验时，试验台座承受千斤顶传递给加载架的竖向反力，是整个加载系统中的重要组成部分。水平加载试验时，反力墙承受加载系统的水平反力。图 2.11 为一个大型结构实验室的整体式反力系统。由于试验台座和反力墙为加载设备提供反力作用，必须保证有足够的承载力，有足够大的刚度，避免反力系统的变形造成试验结果的误差。目前，最大的反力系统是中国建筑工程试验研究中心建设的反力墙试验测试平台（图 1.1），反力墙呈 L 形、总长 66.7m、最高 25.5m，为整体结构物进行试验研究提供了有利试验条件。

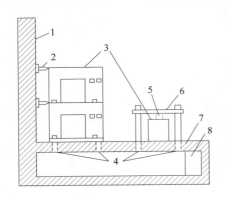 

图 2.11　整体式反力系统

1—反力墙；2—作动器；3—试件；4—固定孔；5—千斤顶；6—反力架；7—试验台座；8—箱式通道

当试验荷载较小时，可用一个刚度很大的钢梁、钢桁架代替试验台座 [图 2.12（a）]，在工地现场试验时，通常采用重物来平衡千斤顶的反力 [图 2.12（b）]。有的试件也可以采用卧位试验 [图 2.12（c）]，专门设计钢结构反力架，但在构件的下面专门设置滚动机构，克服试件重量产生的摩擦力影响。加载千斤顶亦可采用手动液压千斤顶。

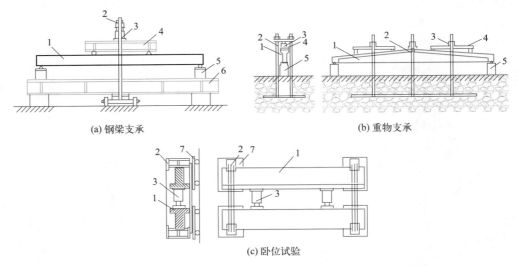

图 2.12　非台座支承方式

1—试件；2—反力架；3—加载器；4—分配梁；5—支墩；6—平衡重物；7—滚动轴

2.5.2　大型液压加载试验机

（1）长柱压力试验机

大型结构试验机是一种比较完善的液压加载系统。比较典型的是结构长柱试验机如图

2.13 所示，用以进行梁、柱等的受压、受弯和受剪试验。该设备的构造和加载原理与一般材料试验机相同。由于大型结构试验的需要，反力架高度可达 10m 以上；加载值可达 10000kN 以上。国内目前最大的大型结构试验机是中国建筑工程试验研究中心自主研制的万吨级多功能试验系统（图 1.2）。加载平台尺寸 6m×4m，净加载空间 9.1m(长)×6.6m(宽)×10m(高)，垂向最大加载能力 108000kN，水平纵向最大加载能力±6000kN、水平横向最大静态加载能力±9000kN。

（2）多功能液压加载试验机

这种液压加载试验机具有拉、压、剪三种试验加载功能，称为多功能试验机，如图 2.14 所示。试验系统垂向主作动器加载能力为 40000kN，水平方向有一个加载能力为 4000kN 的剪切试验用作动器，两侧各有一个 2000kN 垂向作动器，以满足多节点建筑结构试验。承受 40000kN 的主反力横梁可以实现无级升降。4000kN 水平作动器和两个 2000kN 垂向作动器均有升降油缸将其垂向升降，两个 2000kN 垂向作动器还可以在水平方向移动。试验台底部有运输系统将试件运进及运出，试验台主体高度为 14m。

图 2.13　结构长柱试验机

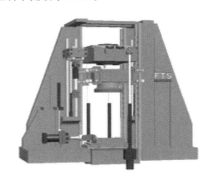

图 2.14　多功能试验机（北京工业大学）

2.5.3　电液伺服液压系统

电液伺服加载设备是目前最先进的加载设备。由于电液伺服技术可以较为准确地控制位移和作用力，所以迅速地被应用在结构试验加载系统上，用以模拟各种试验荷载，特别是地震、海浪等荷载对结构物的作用影响，对实物结构或模型进行加载试验，以研究结构的承载力和变形特征。

（1）电液伺服加载系统的工作原理

电液伺服加载系统主要采用了电液伺服阀对高压油路进行闭环控制，获得高精度的荷载控制和位移控制。其主要组成是电液伺服加载器（或称伺服千斤顶）（图 2.15）、控制系统和油源三大部分，它可以将荷载、位移直接作为控制参数，

图 2.15　电液伺服加载器构造示意图

试验过程中可精确控制，并在试验过程中进行控制量的自由、平稳切换。电液伺服液压系统工作原理如图 2.16 所示。

电液伺服液压系统的闭环回路见图 2.17，其中的关键元件是电液伺服阀（图 2.18），它是由电信号指令到液压油运作的转换控制元件。所谓闭环控制就是在试验时以电参量（通常是指控制器发出的电压信号）通过伺服阀去控制高压油的流量，推动液压作动器执行元件（千斤顶的活塞）发生相应的动作。同时，传感器检测出的加载试件的参数（位移、荷载、

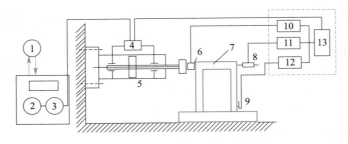

图 2.16 电液伺服液压系统工作原理

1—冷却系统；2—电机；3—调压油泵；4—电液伺服阀；5—液压加载器；6—荷载传感器；7—试验结构或构件；
8—位移传感器；9—应变传感器；10—荷载调节器；11—位移调节器；12—应变调节器；13—伺服控制器

应变）经传感器转换后以电参量随时与设定的控制电参量进行比较，得出的差值信号经调整放大后，控制电液伺服阀再推动液压作动器执行元件，使其发生相应的动作。

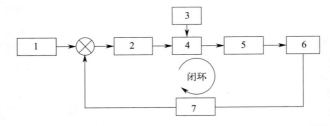

图 2.17 电液伺服液压系统的基本闭环回路

1—指令信号；2—调整放大系统；3—油源；4—伺服阀；5—作动器；6—传感器；7—反馈系统

（2）电液伺服阀的工作原理

电液伺服阀是电液伺服加载系统的核心元件，安装于液压作动器上。其工作原理是：在电液伺服闭环回路中由设定值和反馈的电量差值经调整放大后，输入伺服阀的线圈中使带拔杆的磁铁产生偏转，关闭一侧的喷油孔（图 2.18 中的右侧喷油孔），高压油流向下面的滑阀。在高压油的推动下，滑阀移动，使执行元件的一个控制口（图 2.18 中的 C_2）和高压油管接通，执行元件的另一个控制口（图 2.18 中的 C_1）和回油管接通，此时执行元件（作动器）的活塞即向相应方向移动，与此同时，滑阀的移动带动拔杆的反馈弹簧片，使之产生恢复力。当恢复力和由电流输入引起的偏转力相等时，拔杆回到中心位置，滑阀不再移动。

电液伺服阀是极其精密的元件，价格昂贵。它对液压油的型号（一般要求♯46 耐磨液压油）和清洁度要求很高，不可随便乱用，对环境温度和油温都有所限制，对系统的操作和维护要求有较高的技术。

（3）控制系统

控制系统由液压控制器、电参量控制器、计算机等组成。其中液压控制器主要控制液压源的启动和关闭；电参量信号控制器主要控制荷载、位移等参量的转换；计算机主要控制显示和自动控制。

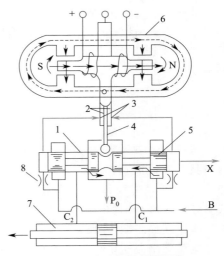

图 2.18 电液伺服阀原理图

1—阀套；2—挡板；3—喷嘴；4—反馈杆；
5—阀芯；6—永久磁铁；7—加载器；8—单向阀

2.6　地震模拟振动台

2.6.1　模拟振动台试验的基本概念

　　地震模拟振动台是一种将各种加速度的地震波直接输入振动台，对结构进行动力加载试验的一种先进的抗震试验设备，其特点是具有自动加载控制和数据采集及数据处理功能，采用了闭环伺服液压控制技术，并配合先进的振动测量仪器，使结构抗震试验水平提到了一个新的水平。

　　为了深入研究整体结构或结构构件在地震作用下的抗震性能，特别是在强地震作用下结构或构件进入非弹性阶段的变形性能，20世纪70年代以来，国内外先后建成了一批大中型的地震模拟振动台，在模拟振动台上进行结构物的地震模拟试验，以求得地震反应对结构的影响。表2.1为国内近年来建设的地震模拟振动台性能及技术参数。

表 2.1　国内部分模拟地震振动台的性能和技术参数

设施所属单位	台面、尺寸/(m×m)	台重/t	最大载重/t	频率范围/Hz	激振力/kN	最大振幅/mm	最大速度/(mm/s)	最大加速度/g	激振方向
同济大学(1990)	4×4	10	15	0.1~50	200×2 135×2 150×4	±100 ±50 ±50	1000 600 600	1.2 0.8 0.7	X、Y、Z
中国建筑科学研究院抗震所(2004)	6.1×6.1	37	60	0~50	—	±150 ±250 ±100	±1500 ±1200 ±800	1.5 1.0 0.8	X、Y、Z
东南大学(南京)(2008 年 MTS)	4×6	20	30	0.1~50	1000	±250	600	1.5	X
北京建筑大学(2019)	5×5	30	240	2		±400 ±400 ±200	±1200 ±1200 ±1000	1.5 1.5 1.2	X、Y、Z
中国建筑工程试验研究中心(2022)	9.1×6.6	10800	10800	0-2	600	±500	±1500	—	X、Y

2.6.2　地震模拟振动台的组成和工作原理

　　（1）振动台台体结构

　　振动台台面是有一定尺寸的钢质平板结构。台体自重和台身结构与承载的试件重量及使用频率范围有关。一般振动台都采用钢结构，控制方便、经济而又能满足频率范围要求，模型重量和台身重量之比以不大于 2 为宜。

　　振动台必须安装在重量很大的基础上，基础的重量一般为可动部分重量或激振力的 20倍以上，可以改善系统的高频特性，并可以减小对周围建筑和其他设备的影响。

　　（2）液压驱动和动力系统

　　液压驱动系统向振动台施加巨大的推力，基本是采用电液伺服系统来驱动。振动台有单向（水平或垂直）、双向（水平+水平或水平+垂直）或三向（二向水平+垂直）运动，各向加载器的推力取决于可动质量的大小和最大加速度的要求。

　　液压加载器上的电液伺服阀根据输入信号（周期波或地震波）控制进入加载器液压油的

流量大小和方向，从而由加载器推动台面在垂直轴或水平轴方向上产生相应的运动。

液压动力部分是一个巨大的液压功率源，能供给所需要的高压油流量，以满足巨大推力和台身运动速度的要求。大型振动台都配有大型蓄能器组，根据蓄能器容量的大小使瞬时流量可为平均流量的 $2\sim10$ 倍，它能产生具有极大能量的短暂的突发力，以便模拟地震产生的随机振动。

（3）控制系统

地震模拟振动台有两种控制方法：一种是模拟控制；另一种是数字控制。

① 模拟控制方法有位移反馈控制和加速度信号输入控制两种。在单纯的位移反馈控制中，由于系统的阻力小，很容易产生不稳定现象，可在系统中加入加速度反馈，增大系统阻尼从而保证系统稳定。与此同时，还可以加入速度反馈，以提高系统的反应性能，由此可以减少加速度波形的畸变。为了能使直接得到的强地震加速度记录推动振动台，在输入端可以通过二次积分，同时输入位移、速度和加速度三种信号进行控制，如图 2.19 所示。

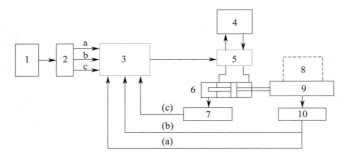

图 2.19　地震模拟振动台加速度控制系统图

a、b、c—信号输入；(a)、(b)、(c)—信号反馈；1—加速度、位移输入；2—积分器；3—伺服放大器；4—油源；
5—伺服阀；6—作动器；7—位移传感器；8—试件；9—振动台；10—加速度传感器

② 数字控制方法是为了提高振动台控制精度，采用计算机进行数字迭代的补偿技术，实现台面地震波的再现。试验时，振动台台面输出的波形是期望再现的某个地震记录或模拟设计的人工地震波。为消除误差，可由计算机根据台面输出信号与系统本身的传递函数（频率响应）求得下一次驱动台面所需的补偿量和修正后的输入信号。经过多次迭代，直至台面输出反应信号与原始输入信号之间的误差小于预先给定的量值，完成迭代补偿并得到满意的期望地震波形。

（4）测试和分析系统

测试系统除了对台身运动进行控制而测量位移、加速度外，还对试验模型进行多点测量，一般是测量位移、加速度和应变等。位移测量多数采用差动变压器式和电位计式的位移计，加速度测量采用应变式加速度计、压电式加速度计。

2.7　产生动荷载的其他加载方法

2.7.1　惯性力加载法

在结构动力试验中，惯性力加载是利用物体质量在运动时产生的惯性力对结构施加动荷载。按产生惯性力的方法通常分为冲击力、离心力两类。

（1）冲击力加载

冲击力加载的特点是荷载作用时间极短，在它的作用下使被加载结构产生自由振动，适用于进行结构动力特性的试验。冲击力加载方法有初位移法和初速度法两种。

① 初位移加载法

初位移加载法也称为张拉突卸法。如图 2.20(a) 所示，对于大型结构，在试验结构上拉钢丝绳，使结构变形而产生初始位移，然后突然释放拉力，使试验结构自由振动。在加载过程中当拉力达到足够大时，事先连接在钢丝绳上的钢拉杆被拉断而形成突然卸载，通过调整拉杆的承载能力，即可设置不同的拉力，进而获得不同的初位移。

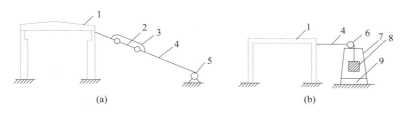

图 2.20　张拉突卸法

1—试验结构；2—钢拉杆；3—保护索；4—钢丝绳；5—绞车；6—滑轮；7—支架；8—重物；9—减振隔层

对于小模型，可采用图 2.20(b) 的方法，通过钢丝绳悬挂重物对模型施加水平拉力，剪断钢丝绳造成突然卸载。优点是结构自振时荷载已不存在于结构，没有附加质量的影响。但仅适用于刚度不大的结构才能以较小的荷载产生初始位移。拉力的大小一般按所需的最大振幅计算求得。要注意的问题是如何使结构仅在一个平面内产生振动，要避免拉力点的偏差而使结构在平面外振动产生干扰。

② 初速度加载法

初速度加载法也称突加载法。如图 2.21，利用摆锤或坠物的方法使结构受到水平或垂直的冲击，瞬时产生初速度，同时获得冲击荷载。作用力的总持续时间应该比结构的自振周期尽可能短些，冲击作用在瞬间完成（钢球与钢球的碰撞时间大约 $3 \sim 50 \mu s$），引起的振动是整个初速度的函数，而不是力大小的函数。

当用如图 2.21(a) 的摆锤进行激振时，设计摆锤和建筑物具有相同的自振周期，摆锤的运动就会使框架结构共振，产生自由振动。

使用图 2.21(b) 的方法时，坠物将附着于结构一起振动，并且坠物的跳动又会影响结构自由振动，同时有可能使结构受到局部损伤。此时冲击荷载的大小要按结构强度计算，保持结构在弹性范围内振动，不致使结构产生过度的应力和变形。

用垂直坠物冲击时，重物取结构自重的 0.1%（指试验对象跨间），落重高度 $h \leqslant 5m$，为防止重物回弹再次撞击和局部受损，拟在落点处，设置缓冲层措施，如铺设 $10 \sim 20cm$ 的砂垫层。

（2）离心力加载

离心力加载是利用旋转产生的离心力对结构施加简谐振动荷载。其特点是运动具有周期性，作用力的大小和频率可以调节，使结构产生强迫振动。

2.7.2　电磁加载法

电磁加载法的工作原理是在磁场中通电的导体将受到与磁场方向相垂直的作用力。在磁场（永久磁铁或励磁线圈）中放入动圈，通入交变电流即可产生交变激振力，驱动振动台或

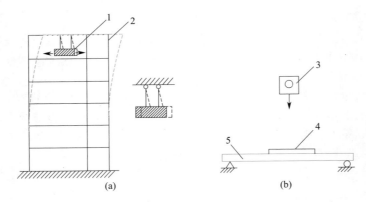

图 2.21　用摆锤或坠物法施加冲击力荷载

1—摆锤；2—框架结构；3—坠物；4—缓冲层；5—试件

使固定于动圈上的顶杆（激振器）做往复推拉运动，推动试件做强迫振动。若在动圈上通一定方向的直流电，则可产生静荷载。电磁加载设备构造见图 2.22。

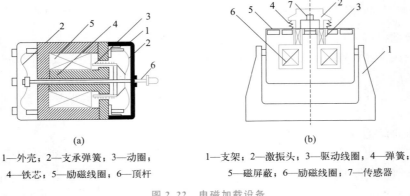

1—外壳；2—支承弹簧；3—动圈；　　　　1—支架；2—激振头；3—驱动线圈；4—弹簧；

4—铁芯；5—励磁线圈；6—顶杆　　　　5—磁屏蔽；6—励磁线圈；7—传感器

图 2.22　电磁加载设备

2.7.3　现场动力试验的其他激振方法

结构动力试验的加载需要比较复杂的设备，在实验室内易于实现，而在野外现场试验时，往往受到各方面条件的限制，难以实现。因此需要更简单的室外试验方法。

（1）人激振动加载法

在试验中发现，可以利用人体自身在结构物上的有规律的活动，即使人的身体做与结构自振周期相同的运动，产生足够大的惯性力，形成适合做共振试验的振幅。对于自振频率比较低的结构，完全能够满足试验测试要求。

经试验测试，一个体重约 70kg 的人，使其质量中心做频率为 1Hz、振幅为 150mm 的前后运动时，将产生大约 0.2kN 的惯性力。由于在 1% 临界阻尼共振时的动力放大系数为 50，则有效作用力大约为 10kN。

利用此方法曾在一座 15 层的钢筋混凝土结构上做过振动测试：加载人员开始运动几周后结构振动就达到最大值，之后人员停止运动，让结构做自由振动，从而获得了结构的自振周期和阻尼系数。

（2）人工爆炸激振法

在试验结构附近场地进行人工爆炸，利用爆炸产生的冲击波对结构进行瞬时激振，使结构产生强迫振动。

（3）环境随机振动激振法

在结构动力试验中，还可以采用环境随机振动激振法。

环境随机振动激振法也称脉动法。在试验观测中，发现建筑物经常处于微小而不规则的振动之中。这些微小而不规则的振动来源于微小的地震活动、机器运作、车辆行驶等，它们使地面存在着连续不断的运动，其运动的幅值极为微小，而它所包含的频谱是相当丰富的，故称为地面脉动。

由于地面脉动使建筑物经常处于微小而不规则的脉动中，通常称为建筑物脉动，因此可以利用脉动现象来分析测定结构的动力特性，它不需要任何激振设备，又不受结构形式和大小的限制，从结构脉动反应的时程曲线中即可识别出全部模态参数。

2.8　荷载试验加载辅助设备

2.8.1　加载框

由于试验结构及构件的形式多变，加载方式也不一致。如隧道模型、箱形结构或壳体结构等的试验，常设计一些专用的加载辅助装置，如图 2.23 为采用加载框进行隧道拱形受压试验。目前，最大的可组装式加载框是中国建筑工程试验研究中心自主研发的可组装式多功能盾构管片力学性能实验系统（图 1.3）。

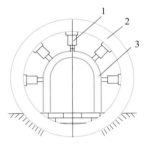

图 2.23　加载框

1—千斤顶；2—加载框；
3—试件

2.8.2　分配梁

当用一个千斤顶施加 2 个集中荷载或模拟均布荷载时，常通过分配梁来实现，如图 2.24 所示。为保证每个加载点有明确的荷载值，分配梁应为单跨简支形式，一般采用槽钢、工字钢、H 型钢或钢桁架，要求刚度足够大，重量尽量小。配置不宜超过两层，以免加载时失稳。

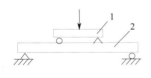

图 2.24　分配梁加载示例

1—分配梁；2—试件

拓展阅读：打破钢筋连接技术垄断。

 思考拓展

2.1　试验荷载的基本概念是什么？试验荷载与实际结构荷载有何区别？产生试验荷载的方法有哪些？对加载设备有哪些基本要求？

2.2　重物加载通常采用哪两种方法？对这两种方法有何具体要求？

2.3　液压加载系统由哪几部分组成？电液伺服加载的关键技术及其优点是什么？

2.4　惯性力加载方法有冲击力和离心力两种，其中冲击力加载方法有哪两种？

2.5　模拟地震振动台目前采用了哪两种控制技术？

第 3 章
结构试验量测技术

本章数字资源

教学要求
知识总结
拓展阅读
在线题库
课件获取

学习目标

掌握电阻应变片的基本原理与粘贴使用技术。

掌握各种电测传感器的工作原理、适用范围以及优缺点，为试验观测设计、仪表选择提供必要的知识准备。

了解常用机械仪表的工作原理。

掌握仪器设备的选择依据及数据采集系统的构成部分。

3.1　概述

土木工程结构试验不仅要了解结构的外观状态，而且要取得评定结构性能的定量数据，才能了解结构的真实工作性能，或为创立新的计算理论提供依据。

精确定量数据的获取取决于量测仪表和量测技术的先进性。量测仪表和量测技术的发展反映了一个国家国民经济和科学技术的发展水平，对各领域的科技创新都有着重要的意义，在土木工程学科领域尤为重要。

结构试验量测技术一般包括：量测方法、量测仪器、量测误差分析三部分。各个不同专业领域都有自己的量测内容和与之相应的量测方法及量测仪器。对于土木工程学科领域的结构试验研究，主要量测的内容有：外部作用（主要是外荷载及支座反力等）和外部作用下的结构反应（如位移、挠度、应力、应变、曲率、裂缝、自振频率、振型、阻尼等）。这些量测数据的取得需要人们正确选择量测仪器和掌握量测方法。

随着科学技术的不断发展，先进的量测仪器不断出现。从最简单的逐个读数、手工记录数据的仪表，到计算机快速、连续自动采集数据并进行数据处理的量测系统，种类繁多、原理各异。因此，试验技术人员除对被测参数的性质和要求有深刻理解外，还必须对有关量测仪表的原理、应用功能和使用要求有所了解，才有可能正确选择仪表并掌握使用技术，取得更好的使用效果。

3.2　量测仪表的基本概念

3.2.1　量测仪表的基本组成

无论是一个简单的量具还是一套高度自动化的量测系统，尽管在外形、内部结构、量测原理及量测精度等方面有很大差别，但作为量测设备，都应具有三个基本组成部分：感受部分、放大部分、显示记录部分。其中感受部分直接与被测对象联系，感受被测参数的变化并转换给放大部分。放大部分将感受部分的被测参数通过各种方式（如机械式的齿轮、杠杆、电子放大线路或光学放大等）进行放大。显示记录部分将放大后的量测结果，通过指针或电子数码管、屏幕等进行显示，或通过各种记录设备将试验数据或曲线记录下来。这就是量测仪表工作的全过程。

一般机械式仪表三部分都在同一个仪表内。而电测仪表的三部分常常是分开的三个仪器设备，其中感受部分将非电量的量测数据转换为电量，称为传感器。目前市场上有各种用途的传感器产品可以选购，但也可根据试验目的和特殊需要自行设计制作。放大器及记录仪器则大部分属于通用仪器设备，有现成的产品可供选用。

3.2.2 量测仪表的基本量测方法

土木工程结构试验所用量测仪表一般采用偏位测定法显示定量数据。偏位测定法根据量测仪表发生的偏转或位移定出被测值，下面提到的百分表、双杠杆应变仪及动态电阻应变仪都属于偏位法。还有部分量测仪表采用零位测定法显示定量数据。零位测定法用已知的标准量去抵消未知物理量引起的偏转，使被测量和标准量对仪器指示装置的效应保持相等，指示装置指零时的标准量即为被测物理量。大家熟悉的称重天平就是零位测定法的例子，常用的静态电变应变仪也属零位测定法。一般来讲，零位测定法比偏位测定法更精确，尤其是采用电子量测仪表将被测值和标准值的差值经放大数千倍后，可达到很高的精度。

3.2.3 量测仪表的主要性能指标

① 量程：仪器能测量的最大输入量与最小输入量之间的范围称为仪表的量程或量测范围。

② 刻度值：仪器指示装置的最小刻度所指示的测量数值。

③ 精确度（精度）：仪器指示值与被测值的符合程度。

目前国内外还没有统一表示仪表精度的方法，常以最大量程时的相对误差来表示精度，并以此来确定仪表的精度等级。例如一台精度为 0.2 级的仪表，意思是测定值的误差不超过满量程的 $\pm 0.2\%$。

④ 灵敏度：仪器的灵敏度是指单位输入量所引起的仪表示值的变化。对于不同用途的仪表，灵敏度的单位也各不相同，如百分表的灵敏度单位是 mm/mm，测力传感器的灵敏度单位是 $\mu\varepsilon$/kg。有些仪表的灵敏度还有另外的含义，使用时应查阅其说明书。

⑤ 分辨率：使仪器输出量产生能观察出变化的最小被测量。

⑥ 滞后：仪表的输入量从起始值增至最大值的测量过程称为正行程，输入量由最大值减至起始值的测量过程称为反行程。同一输入量正反两个行程输出值间的偏差称为滞后。常以满量程中的最大滞后值与满量程输出值之比表示。

⑦ 零位温漂和满量程热漂移：零位温漂是指当仪表的工作环境温度不为 20℃时零位输出随温度的变化率。满量程热漂移是指当仪表的工作环境温度不为 20℃时满量程输出随温度的变化率。

它们都是温度变化的函数，一般由仪表的高低温试验得出其温漂曲线并在试验值中加以修正。

除上述性能外，对于动态试验量测仪表的传感器、放大器及显示记录仪器等各类仪表需考虑下述特性。

① 线性范围：保持仪器的输入量和输出信号为线性关系时，输入量的允许变化范围。在动态量测中，对仪表的线性度应严格要求，否则量测结果将会产生较大的误差。

② 频响特性：指仪器在不同频率下灵敏度的变化特性。常以频响曲线（一般以对数频率值为横坐标，以相对灵敏度为纵坐标）表示。在进行高频动态量测时，应将使用频率限制在频响曲线的平坦部分以免引起过大的量测误差。对于传感器，提高其自振频率将有助于增加使用频率范围。

③ 相移特性（或称相位特性）：振动参量经传感器转换成电信号或经放大、记录后在时间上产生的延退叫相移。若相移特性随频率而变化，则对于具有不同频率成分的复合振动将

引起输出电量的相位失真。常以仪器的相频特性曲线来表示其相移特性。在使用频率范围内，输出信号相对于信号的相位差应不随频率改变而变化。

此外，由传感器、放大器、记录器组成的整套量测系统还需注意仪器相互之间的阻抗匹配及频率范围的配合等问题。

3.2.4　量测仪表的选用原则

① 符合量测所需的量程及精度要求。在选用仪表前，应先对被测值进行估算。一般应使最大被测值在仪表的 2/3 量程范围内，以防仪表超量程而损坏。同时，为保证量测精度，应使仪表的最小刻度值不大于最大被测值的 5%。

② 动态试验量测仪表，其线性范围、频响特性以及相移特性等都应满足试验要求。

③ 对于安装在结构上的仪表或传感器，要求自重轻、体积小，不影响结构的工作。特别要注意夹具设计是否合理正确，不正确的夹具安装将使试验结果带有很大的误差。

④ 同一试验中选用的仪器仪表种类应尽可能少，以便统一数据的精度，简化量测数据的整理工作，避免差错。

⑤ 选用仪表时应考虑试验的环境条件，例如在野外试验时仪表常受到风吹日晒，周围的温、湿度变化较大，宜选用机械式仪表。此外，应从试验实际需求出发选择仪器仪表的精度，切忌盲目选用高精度、高灵敏度的仪表。一般来说，测定结果的最大相对误差不大于 5% 即满足要求。

⑥ 选用量测应变仪表时，还应考虑被测对象所使用的材料来确定标距的大小。标距直接影响应变量测数据的可靠性和精确度。

⑦ 近几年数字化量测仪表发展很快，选用仪表时尽可能选用数字化仪表。

各类仪表各有其优、缺点，不可能同时满足上述要求，因此选用仪表的原则应首先满足试验的要求。

3.3　仪表的率定

率定是为了确定仪表的精确度或换算系数，减小误差，而将仪表示值和标准量进行比较。率定后的仪表按国家规定的精确度划分等级。

用来率定仪表的标准量应是经国家计量机构确认、具有一定精确度等级的专用率定设备产生的。率定设备的精确度等级应比被率定的仪器高。常用来率定液压试验机荷载度盘示值的标准测力计就是专用率定器。当没有专用率定设备时，可以用和被率定仪器具有同级精确度标准的"标准"仪器相比较进行率定。所谓标准仪器是指精确度比被率定的仪器高，但不常使用，因而其度量性能保持不变，认为其精确度是已知的仪器。此外，还可以利用标准试件来进行率定，即把尺寸加工非常精确的试件放在经过率定的试验机上加载，根据此标准试件及加载后产生的变化求出安装在标准试件上的被率定仪表的刻度值。此法的准确度不高，但较简便，容易做到，所以常被采用。

为了保证量测数据的精确度，仪器的率定是一件十分重要的工作。所有新生产或出厂的仪器都要经过率定。正在使用的仪器也必须定期进行率定，因为仪器经长期使用，其零件总有不同程度的磨损，或者损坏后经检修的仪器，零件的位置会有变动，难免引起示值的改变。仪器除需定期率定外，在重要的试验开始前，也应对仪器进行率定。

按国家计量管理部门规定，凡试验用量测仪表和设备均属于国家强制性计量率定管理范围，必须按规定期限率定。

3.4 应力、应变量测

3.4.1 应力、应变量测的基本概念

应力量测是结构试验中重要的量测内容。了解构件的应力分布情况，特别是结构控制截面处的应力分布及最大应力值，对于建立强度计算理论或验证设计是否合理、计算方法是否正确等，都有重要的价值。利用应力量测数据还可了解结构的工作状态和强度储备。

直接测定材料应力比较困难，目前还没有较好的方法，一般是借助于测定应变值，然后通过材料的应力-应变关系曲线或方程换算为应力值。例如钢材的应力-应变关系在弹性阶段是线性的，服从胡克定律，钢试件在弹性阶段的应力可由测得的应变乘以钢材的实测弹性模量得出；对于混凝土材料，由于其应力-应变关系是非线性的，且随不同强度等级和不同骨料而存在差异，测得应变值后需在试验前实测的相同材料的曲线上找出相应的应力值。因此，在试验前测定试件材料的曲线也是材料基本性能实验的内容之一。

3.4.2 应变的测量方法

测定应变的方法，一般常用应变计测出试件在一定长度范围 l（称为标距）内的长度变化 Δl，再计算出应变值 $\varepsilon = \Delta l / l$。测出的应变值实际是标距范围 l 内的平均应变。因此，对于应力梯度较大的结构或混凝土等非均质材料，都应注意应变计标距 l 的选择。结构的应力梯度较大时，应变计标距应尽可能小；但对混凝土结构，应变计的标距应大于 $2\sim3$ 倍最大骨料粒径；对砖石结构，应变计的标距应大于 6 皮砖；在做木结构试验时，一般要求应变计标距不小于 20cm；对于钢材等均质材料，应变计标距可取小一些。应变量测方法很多，表 3.1 列出了几种常用的应变量测方法的仪器构造及主要性能。其中最常用的是电阻应变计及接触式引伸仪。电阻应变计将应变（非电量）转换为电阻的变化（电参量），从而将电测非电量引入土木工程结构试验，使结构试验的量测技术产生了质的变化。

表 3.1 几种常用的应变量测方法的仪器与主要性能

序号	使用仪表	工作原理	主要性能	特点	使用要求
1	机械式仪表 双杠杆应变仪	当滑动刀口 6 随结构位移 Δl 时，杠杆 5 绕 O 转动，推动指针（第二杠杆）3 转动，在度盘 2 上指示。仪器放大倍数 $K = bc/ad$，则应变 $\varepsilon = \Delta l / l = $ 读数差值 $/(Kl)$	标距 $l = 20$mm，把固定刀口改向装入，可改为 10mm，加上放大尺可得大于 20mm 的多种标距；放大率 K 通常为 1000 左右，刻度值：0.001mm	标距可调，使用方便，可重复使用，适应性强；量程有限，超过需调整，最多只能调三次，安装需一定技术	仪器误差应不大于 1.0%；非金属材料测点应贴金属薄片保护刀口并防止失灵；安装夹持力要适当；螺钉夹具固定时，可能产生第二个固定点，使标距不明确，最好采用弹簧固定

序号	使用仪表		工作原理	主要性能	特点	使用要求
2	机械式仪表	手持应变仪	结构变形前后分别将固定于两个刚性杆 3 上的脚尖 1 插入预定的两个粘贴测点的脚标 5 内,读数差值即 Δl,$\varepsilon = \Delta l / l$	标距 l:50～250mm 多种; 刻度值:0.01mm 和 0.001mm 两种	无需固定量测,可多次使用;标距大,精度高,使用简便,特别适合于大标距和测点密集处的测量。但量测要有一定的技术和经验	位移计要求不低于 1 级,量程 1mm 以上;测点上应粘贴脚标;每次量测时施力和姿势应一致。每次使用前应在标准杆上校对
3		百分表应变装置	两个固定在测点上的脚标 2,一个固定位移计 1,一个固定刚性杆 3,结构变形即由位移计测出	标距 l:任意选择;刻度值:0.01mm 和 0.001mm 两种	精度高,标距可调至很大,特别适合大标距的量测,如砌体结构等	位移计要求不低于 1 级,脚标应粘贴牢固,被测表面有曲率变化的不宜采用
4	电测仪器	电阻应变式引伸传感器	两个 Z 形刀片 6 粘贴在测点上,结构变形时,卡在刀片上的弹簧片 4 由于弹簧支撑 5 的作用或测点的位移产生弯曲,使电阻片输出信号(全桥连接)	标距 l:10～20mm;阻值:120Ω;灵敏系数:2.0	体积小,重量轻,使用灵活,没有应变计粘贴的影响,可重复使用	精度要求同应变计,使用前应先率定
5	电测传感器	差动电阻式传感器	两端头随结构测点相对移动,使刚性杆 2 也相对移动,引起电阻丝 R_1、R_2 的阻值改变,接成半桥互补,即产生信号输出。可埋在混凝土中,也可把两端焊在钢筋上	混凝土应变传感器,标距:100mm、250mm 两种;分度值:6$\mu\varepsilon$,钢筋应变传感器可测直径ϕ20～ϕ40 钢筋应变	可埋在大体积钢筋混凝土内,引出导线遥测,可用电阻应变仪量测,不能重复使用	埋设时应固定牢固,保持位置和方向准确
6		电感式应变传感器	两刀口 1,随结构相对位移后,铁芯 3 在线圈 2 内位置改变,电感发生变化,其变化与 Δl 呈线性关系	小标距:1～10mm;大标距:20～100mm;分度值:5$\mu\varepsilon$	对温、湿度变化的适应性较好;可在高压液体中量测;量程大;精度高。但安装技术较复杂	安装固定压力要适当,仪器误差应不大于 1.0%

续表

序号	使用仪表	工作原理	主要性能	特点	使用要求
7	电测传感器 弦式应变传感器	活动刀口 1 随试件位移 Δl，使钢弦 3 频率改变，通过线圈 2 输出频率信号，改变值与 Δl 呈线性关系	标距：20mm、50mm、100mm；分度值：$2\mu\varepsilon$	量测不受湿度及长导线影响；工作稳定可靠；安装较复杂，对有弯曲变形表面量测需要修正	安装要求正确，固定压力要适当，防止倾斜，误差要求不大于 1.0%
8	混凝土应变计	预埋在混凝土内，水泥块 1 随混凝土变形，使钢片 3 产生应变，反映到应变片 2 输出信号；虚线为防水处理包扎层	标距：50mm、100mm、200mm，可以自制、自行调节	浇筑混凝土前预埋混凝土内，引出导线，防水性能好，应变反应灵敏，并可消除弯曲影响，但只能使用一次	预埋时应固定正确、牢固，浇筑混凝土时应小心勿碰断，并注意引出导线，导线应加套管并加防水处理

由于电子仪器的高速发展，电测法不仅具有精度高、灵敏度高、可远距离量测和多点量测、采集数据快速、自动化程度高等优点，而且便于将量测仪器与计算机连接，为采用计算机控制和分析处理试验数据创造了有利条件。在结构试验中，非电量转换为电量的方式很多，包括电阻式、振弦式、电磁感应式、压电式、电容式等各种转换元件。其中电阻应变计是最基本的传感转换元件。它不仅可以量测应变，而且还可利用位移、倾角、曲率、力等参量与应变的相关关系，加上一些机械弹性元件制成各种量测传感器。因此，对电阻应变计的工作原理应了解和掌握。

3.4.3　电阻应变片的工作原理

由物理学可知，金属电阻丝的电阻 R 与长度 l 和截面面积 A 有如下关系：

$$R = \rho l / A \tag{3.1}$$

式中　R——电阻，Ω；

　　　ρ——电阻率，$\Omega\cdot mm^2/m$；

　　　l——电阻丝长度，m；

　　　A——电阻丝截面面积，mm^2。

当电阻丝受到拉伸或压缩后，如图 3.1 所示，其长度、截面面积和电阻率都随之发生变化，其电阻变化规律可由式(3.1) 两边取对数然后再进行微分得到：

$$dR/R = dl/l - dA/A + d\rho/\rho \tag{3.2}$$

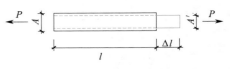

图 3.1　电阻丝的电阻应变原理

式中　dl/l——电阻丝长度的相对变化，即应变；

　　　dA/A——电阻丝截面面积的相对变化；

　　　$d\rho/\rho$——电阻率的相对变化，由于 $d\rho/\rho$ 非常小，一般可以忽略不计。

根据材料的变形特点，可设 $\mathrm{d}l/l=\varepsilon$，$\mathrm{d}A/A=-2\nu\varepsilon$，于是，式 (3.2) 可写为

$$\mathrm{d}R/R=(1+2\nu)\varepsilon \tag{3.3}$$

令

$$K_0=1+2\nu \tag{3.4}$$

于是有

$$\mathrm{d}R/R=K_0\varepsilon \tag{3.5}$$

式中　ν——电阻丝材料的泊松比；

　　　　K_0——电阻丝的灵敏系数。

对某一种金属材料而言 ν 为定值，K_0 为常数。

式 (3.5) 就是利用电阻丝量测应变的理论根据。当金属电阻丝用胶贴在构件上与构件共同变形时，ε 即代表构件的应变。式 (3.5) 说明电阻丝感受的应变和它的电阻相对变化呈线性关系。

3.4.4　电阻应变计的构造和性能

电阻应变计的构造如图 3.2 所示。为使电阻丝更好地感受构件的变形，电阻丝一般做成栅状。基底使电阻丝和被测构件之间绝缘并使丝栅定位。覆盖层保护电阻丝免受划伤并避免丝栅间短路。应变片电阻丝一般采用直径仅为 0.025mm 左右的镍铬或康铜细丝，端部用引出线和量测导线连接。

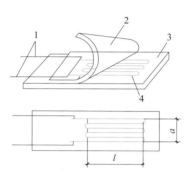

图 3.2　电阻应变计构造示意
1—引线；2—覆盖层；
3—基底；4—电阻丝栅

电阻应变片主要有下列几项性能指标。

① 标距 l：电阻丝栅在纵轴方向的有效长度。

② 使用面积：以标距 $l\times$ 丝栅宽度 a 表示。

③ 电阻值 R：一般按 120Ω 设计。用非 120Ω 应变计时，应进行修正。

④ 灵敏系数 K：电阻应变片的灵敏系数 K 值一般比单根电阻丝的灵敏系数 K_0 小，由于应变片的丝栅形状对灵敏度的影响，一般用抽样法试验测定 K 值，通常 $K=2.0$ 左右。

⑤ 应变极限：应变计保持线性输出时所能量测的最大应变值。主要取决于金属电阻丝的材料性质，也与制作及粘贴用胶有关。一般情况下为 $1\%\sim3\%$。

⑥ 机械滞后：试件加载和卸载时应变片 $(\mathrm{d}R/R)$-ε 特性曲线不重合的程度。

⑦ 零漂：在恒定温度环境中电阻应变计的电阻值随时间的变化。

⑧ 蠕变：在恒定的荷载和温度环境中，应变计电阻值随时间的变化。

⑨ 绝缘电阻：电阻丝与基底间的电阻值。

其他还包括横向灵敏系数、温度特性、频响特性等性能。横向灵敏系数指应变计对垂直于其主轴方向应变的响应程度，它对主轴方向应变的量测准确性有一定影响，可通过改进电阻应变计的形状等方面减小横向灵敏度，如箔式应变计和短接式应变计 [图 3.3(a)，(c)] 的横向灵敏度接近于零。应变计的温度特性指金属电阻丝的电阻随温度变化以及电阻丝和被测试件材料因线膨胀系数不同引起阻值变化所产生的虚假应变，又称应变片的热输出。由此引起的测试误差较大，可在量测线路中接入温度补偿片来消除这种影响。在进行动态量测时，应变计的响应时间约为 $2\times10^{-7}\mathrm{s}$，可认为应变片对应变的响应是立刻的，其工作频响随不同的应变计标距而异，当 $l=100\mathrm{mm}$ 时，$f=25\mathrm{kHz}$ 左右。

应变计出厂时，应根据每批电阻应变计电阻值、灵敏系数、机械滞后等指标对其名义值的偏差程度将电阻应变片分成若干等级标注在包装盒上；使用时，根据试验量测的精度要求选定所需电阻应变计的规格等级。

除绕丝式电阻应变片外，还有各种不同基底、不同丝栅形状、不同金属电阻材料的应变计（图3.3）。各生产厂家均有详细列出规格性能的产品目录供选用。使用时，根据试验量测的精度要求选定所需电阻应变计的规格等级。

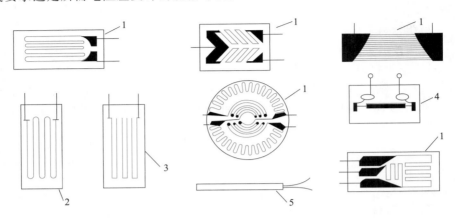

图 3.3　各种电阻应变计

1—箔式电阻应变计；2—丝绕式电阻应变计；3—短接式电阻应变计；4—半导体应变计；5—焊接电阻应变计

3.4.5　电阻应变仪的测量电路

电阻应变片的金属电阻丝的 K_0 值在 1.7～3.6，制成电阻应变计后，K 值一般在 2.00 左右，机械应变一般在 10^{-3}～10^{-6} 范围内，其 dR/R 约为 2×10^{-3}～2×10^{-6}，这样微弱的电信号很难直接检测出来，必须依靠放大仪器将信号放大。电阻应变仪是电阻应变计量测应变的专用放大仪器。根据电阻应变仪工作频率范围可分为静态应变仪和动态应变仪。静态应变仪本身带有读数及指示装置，做多点量测时，需配用预调平衡箱，通过多点转换开关或自动转换，依次将各测点与应变仪接通，逐点量测。动态应变仪需将动态应变仪量测的放大信号接入记录仪器后才能得到量测值；一台动态应变仪上有多路放大线路，当进行多点量测时，每一测点接通一路放大线路同时进行量测。

电阻应变仪由测量电路、放大器、相敏检波器和电源等部分组成。其中测量电路涉及电阻应变片和电阻应变仪之间的连接方法，试验研究人员应对其测量原理有基本的了解才能进行实际操作。放大器、相敏检波器等的电路结构，应变仪的使用人员仅需一般了解即可。

测量电路的作用是将应变计的电阻变化转换为电压或电流的变化，一般采用惠斯通电桥和电位计式两种测量电路，后者仅用于动态参量的量测。

惠斯通电桥由四个电阻 R_1、R_2、R_3、R_4 作为四个桥臂组成电路（图3.4）。在电桥的 A、C 端输入电压 U 后，若四个桥臂的电阻值满足下式：

$$R_1/R_2 = R_3/R_4 \qquad (3.6)$$

则电桥 B、D 端的输出电压 U_{BD} 为零，此时称为电桥平衡。若四个桥臂电阻不满足式(3.6)，则在 B、D 端就有电压输出。

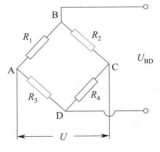

图 3.4　惠斯通电桥

若 R_1、R_2、R_3、R_4 为电阻应变计，由于试件应变 ε 引起 dR/R 的变化后，B、D 端输出的电压可由电工学求出。在电桥初始平衡，桥臂电阻满足

$R_1/R_2＝R_3/R_4$ 的前提下，当各桥臂电阻变化时，引起的输出电压增量 ΔU_{BD} 为

$$\Delta U_{BD}=\frac{R_1 R_2}{(R_1+R_2)^2}\left(\frac{\Delta R_1}{R_1}-\frac{\Delta R_2}{R_2}-\frac{\Delta R_3}{R_3}+\frac{\Delta R_4}{R_4}\right)U \qquad (3.7)$$

若使 $R_1＝R_2$，$R_3＝R_4$ 则 ΔU_{BD} 为

$$\Delta U_{BD}=\frac{U}{4}\left(\frac{\Delta R_1}{R_1}-\frac{\Delta R_2}{R_2}-\frac{\Delta R_3}{R_3}+\frac{\Delta R_4}{R_4}\right) \qquad (3.8)$$

在选用电阻应变计时，不难使 $R_1＝R_2$，$R_3＝R_4$；（R_1 和 R_2，R_3 和 R_4 阻值差的允许范围为 $\pm 0.5\%R$）。

将 $K\varepsilon＝dR/R$ 代入式（3.8）得：

$$\Delta U_{BD}=KU(\varepsilon_1-\varepsilon_2-\varepsilon_3+\varepsilon_4)/4 \qquad (3.9)$$

式中，ε 为各应变片所感受的试件应变，若为压应变，需以 $-\varepsilon$ 代入。由式（3.9）可看出，ΔU_{BD} 与四个电阻应变片所测应变值的代数和成正比。当需要单独量测某一点的应变时，可令 $R_3＝R_4＝$ 常数，将 R_3、R_4 接为仪器内部的精密无感电阻，仅将两个电阻应变计接入 AB 及 BC 两个桥臂，此时电桥输出端的输出电压为：

$$\Delta U_{BD}=\frac{U}{4}\left(\frac{\Delta R_1}{R_1}-\frac{\Delta R_2}{R_2}\right)=\frac{KU}{4}(\varepsilon_1-\varepsilon_2) \qquad (3.10)$$

为了将由电阻应变计的温度特性而引起的热输出消除，可将量测试件应变的电阻应变片（称工作片）接入 AB 桥臂，将另一片性能相同的电阻应变片贴在和试件相同的材料上，置于相同的温度环境且不承受荷载，其阻值变化只反映电阻应变片的热输出，将其接入 BC 桥臂，由式（3.10）可知，它正好抵消了工作片的热输出。这种接桥方法称为半桥量测。接入 BC 桥臂的电阻应变片称为温度补偿片，一片温度补偿片可以补偿若干个工作片。

当四个桥臂都接入电阻应变计时，称为全桥量测。此时，利用式（3.9），将处于拉、压应变状态的电阻应变片恰当地接入桥臂，可提高量测的灵敏度。例如在量测位移、倾角、加速度的传感器中，常用弹性悬臂梁的应变来反映这些参量，当按图 3.5 所示方法布片和接桥时，仪器读数将比用半桥量测时增大 4 倍。

表 3.2 给出了电阻应变计的各种布置和接桥方法，不仅适用于各种传感器，也适用在试验结构上。例如测定钢筋的 σ-ε 曲线时，常用 2 或 3 接法，以消除试件初始弯曲对量测结果的影响；又如一外力未知的弹性压弯构件，当需单独分辨出轴力或弯矩对截面应力的影响时，可按 2、3 或 8、9 方式布片和接桥。

静态应变仪一般采用"零位测定法"进行测量。当电阻应变计产生应变，电桥失去平衡有电流输出时，输出信号经放大器输入指示仪表，调节电位器 R_s 使电桥重新平衡（图 3.6）。R_s 滑动触点的位移与应变的大小成正比。仪器的 R_s 调节旋钮上已按某一灵敏系数值（如 $K＝2$）直接用应变值刻度。为适应不同灵敏系数的电阻应变片，根据式（3.9），可调节电位器 R_k 以改变供桥电压 U，使 R_s 上所刻的应变值适合不同 K 值的电阻应变片。R_k 称为灵敏系数调节旋钮。在使用电阻应变仪时，应将 R_k 旋钮置于相应应变片 K 值的位置。

实际测量桥路由于受接触电阻、导线电阻等的影响，即使精心选用了电阻值相同的电阻应变计的布置与桥路连接方法，各桥臂电阻总有差异；此外，电桥中分布的电容和电感，对电桥平衡也有影响。因此电桥中还设置了电阻调平衡电路和电容调平衡电路。

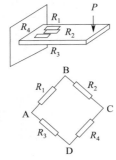
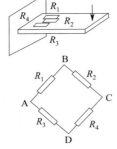

图 3.5　传感器中电阻应变片的布片和接桥　　　　图 3.6　电桥输出的零位测定法

所有上述桥臂端接线柱 A、B、C、D 电位器调节旋钮 R_s、灵敏系数调节旋钮 R_k、电阻调平衡旋钮及电容调平衡旋钮都在电阻应变仪的面板或后板上，测试人员要懂得操作。

动态应变仪多用偏位法量测，没有电位器 R_s 和灵敏系数调节电位器 R_k。每台动态应变仪上都给出了标准应变信号的标定电阻作为整理记录曲线时的标准尺度。在试验开始前，调好应变仪的放大倍率，在记录纸上标出与标准应变信号相应的长度（图 3.7）。动态应变仪的电桥部分是一单独的电桥盒，用电缆与应变仪主体相连。

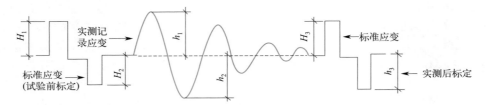

图 3.7　动态应变仪实测记录波形与标准应变标定曲线

表 3.2　电阻应变计的布置与桥路连接方法

序号	受力状态及其简图	工作片数	电桥形式	电桥线路	温度补偿	测量电桥输出	测量项目及应变值	特点
1	轴向拉（压）	1	半桥		另设补偿片	$U_{BD}=\dfrac{1}{4}UK\varepsilon$	拉（压）应变 $\varepsilon_r=\varepsilon$	不易清除偏心作用引起的弯曲影响
2	轴向拉（压）	2	全桥	$U=\dfrac{1}{4}UK\varepsilon$ 另设补偿片	$U_{BD}=\dfrac{1}{2}UK\varepsilon$	拉（压）应变 $\varepsilon_r=2\varepsilon$	输出电压提高 1 倍，可消除弯曲影响
3	轴向拉（压）	2	半桥		互为补偿	$U_{BD}=\dfrac{1}{4}UK\varepsilon(1+\nu)$	拉（压）应变 $\varepsilon_r=(1+\nu)\varepsilon$	输出电压提高到（1+ν）倍，不能消除弯曲影响

续表

序号	受力状态及其简图	工作片数	电桥形式	电桥线路	温度补偿	测量电桥输出	测量项目及应变值	特点
4	轴向拉(压)	4	半桥		互为补偿	$U_{BD}=\dfrac{1}{4}UK\varepsilon(1+\nu)$	拉(压)应变 $\varepsilon_r=(1+\nu)\varepsilon$	输出电压提高到$(1+\nu)$倍,能消除弯曲影响且可提高供桥电压
5	轴向拉(压)	4	全桥		互为补偿	$U_{BD}=\dfrac{1}{2}UK\varepsilon(1+\nu)$	拉(压)应变 $\varepsilon_r=2(1+\nu)\varepsilon$	输出电压提高到$2(1+\nu)$倍且能消除弯曲影响
6	拉伸	4	全桥		互为补偿	$U_{BD}=UK\varepsilon$	拉应变 $\varepsilon_r=4\varepsilon$	输出电压提高到4倍
7	弯曲	2	半桥		互为补偿	$U_{BD}=\dfrac{1}{2}UK\varepsilon$	弯曲应变 $\varepsilon_r=2\varepsilon$	输出电压提高1倍且能消除轴向拉(压)影响
8	弯曲	4	全桥		互为补偿	$U_{BD}=UK\varepsilon$	弯曲应变 $\varepsilon_r=4\varepsilon$	输出电压提高到4倍且能消除轴向拉(压)影响
9	弯曲	2	半桥		互为补偿	$U_{BD}=\dfrac{1}{4}UK(\varepsilon_1-\varepsilon_2)$	两处弯曲应变之差 $\varepsilon_r=\varepsilon_1-\varepsilon_2$	可测出横向剪力V值 $V=\dfrac{EW}{a_1-a_2}\varepsilon_r$ 式中,E为弹性模量;W为截面抵抗矩
10	扭转	1	半桥		另设补偿片	$U_{BD}=\dfrac{1}{4}UK\varepsilon$	扭转应变 $\varepsilon_r=\varepsilon$	可测出扭矩M_t值 $M_{t0}\dfrac{E}{1+\nu}\varepsilon_r$
11	扭转	2	半桥		互为补偿	$U_{BD}=\dfrac{1}{2}UK\varepsilon$	扭转应变 $\varepsilon_r=2\varepsilon$	输出电压提高1倍可测剪应变 $\gamma=\varepsilon_r$

实测动应变根据实测记录波形按下式计算:

$$\varepsilon_s = h_1 \varepsilon_b / H_1 \qquad\qquad (3.11)$$

式中　ε_s——实测应变值；

　　　ε_b——标定应变值；

　　　h_1——实测波高（图 3.7）；

　　　H_1——标定波高（图 3.7）。

随着电子技术的发展，各种新型的动、静态电阻应变仪不断涌现，如 JM3812 多功能静态应变测试系统（图 3.8），特别适合测点分布相对集中的工程测试场合。系统支持单台 USB 接口直接连接测试及多台之间通过总线级联组网测试。系统采用基于 ZigBee 协议的自组织、自恢复网

图 3.8　JM3812 多功能静态
应变测试系统

络，网络具有极高的可靠性。每台设备都具有无线路由功能，设备间传输距离视距 500m，可以很方便地组成大型强健的无线测试网络，通过无线路由传输距离可达数十公里，特别适合大型桥梁等结构物的测试。

3.4.6　电阻应变计的使用技术

电阻应变量测作为电测方法，具有许多优点，但是应严格按照要求操作使用，才能发挥其优点，否则将适得其反。

（1）应变计粘贴技术

应变计是传感元件，粘贴质量的好坏对测量数据影响很大，粘贴技术要求十分严格，要求测点基底平整、清洁、干燥；黏结基底的电绝缘性、化学稳定性及工艺性能良好，粘贴强度高（剪切强度不低于 3～4MPa），温湿度影响小。选用的应变计规格型号应尽量相同；粘贴前后阻值不改变；粘贴干燥后，敏感栅对地绝缘电阻一般不低于 500MΩ；应变线性好，滞后、零漂、蠕变等要小，保证应变能正确传递。粘贴的具体方法及步骤列于表 3.3。

表 3.3　电阻应变计粘贴技术

顺序	工作内容		方法	要求
1	应变片检查筛选	外观检查	借助放大镜肉眼检查	应变片应无气泡、霉斑、锈点，栅极应平直、整齐、均匀
		阻值检查	用万用电表检查	应无短路或断路
2	测点处理	测点检查	检查测点处表面状况	测点应平整、无缺陷、无裂缝等
		打磨	用 400 目砂皮或磨光机打磨	表面平整、无锈、无浮浆等，并不使断面减少
		清洗	用棉花蘸丙酮或酒精等清洗	棉花干擦时无污染物
3	应变计粘贴	胶打底	用环氧树脂或 AB 胶水	胶层厚度 0.05～0.1 mm，硬化后用 600～800 目砂纸磨平
		定位	用铅笔在测点上画出纵横中心线	画线应与应变方向一致
		上胶	用镊子夹应变计引出线，在背面上一层薄胶，测点也涂上薄胶，将片对准放上	测点上十字中心线与应变计上的标志应对准
		挤压	在应变计上盖一小片玻璃纸，用手指沿一个方向滚压，挤出多余胶水	胶层应尽量薄，并注意应变计位置不滑动
		加压	快干胶粘贴，用手指轻压 1～2min，其他则采用适当方法加压 1～2h	胶层应尽量薄，并注意应变计位置不滑动

续表

顺序	工作内容		方法	要求
4	固化处理	自然干燥	在室温 15℃以上,湿度 60％以下 1～2 天	胶强度达到要求
		人工固化	气温低、湿度大,则在自然干燥 12h 后,用人工加温(红外线灯照射或电热吹风)	加热温度不超过 50℃,受热应均匀
5	粘贴质量检查	外观检查	借助放大镜肉眼检查	应变计应无气泡、粘贴牢固、方位准确
		阻值检查	用万用电表检查应变计	无短路和断路
		绝缘检查	用万用表检查应变计与试件绝缘度	一般量测应在 50MΩ 以上,恶劣环境或长期观测应大于 500MΩ
			接入应变仪观察零点漂移	不大于 $2\mu\varepsilon/15min$
6	导线连接	引出线绝缘	应变计引出线底下贴胶布或胶纸	保证引出线不与试件形成短路
		固定点设置	用胶固定端子或用胶布固定电线	保证电线轻微拉动时,引出线不断
		导线焊接	用电烙铁把引出线与导线焊接	焊点应圆滑、丰满、无虚焊等
7	防潮防护		根据环境条件,贴片检查合格并接线后,加防潮、防护处理。防护一般用胶类防潮剂浇注或加布带绑扎	防潮剂必须覆盖整个应变计并稍大 5mm 左右;防护应能防机械损坏

（2）温度补偿技术

粘贴在试件测点上的应变片所反映的应变值,除了试件受力的变形外,通常还包含试件与应变片受影响而产生的变形和由于试件材料与应变片的温度线胀系数不同而产生的变形等。这些由于"温度效应"所产生的应变称为"视应变",属于虚假应变。结构试验中常采用温度补偿方法加以消除。常用的消除温度影响的方法有两种:

① 温度补偿应变片法

选一个与试件材质相同的温度补偿块,用与试件工作应变片相同的应变片及相同的工艺粘贴,量测时放在试件同一温度场中,用同样导线连接在桥路的工作桥臂上,如图 3.9 所示。根据电桥邻臂输出相减的原理,达到温度效应所产生的应变得以消除的目的。这个粘贴在温度补偿块上,只发生温度效应的应变片,称为温度补偿应变片。这种方法称为温度补偿应变片法。

一个温度应变片可以补偿一个工作应变片,称单点补偿;也可以连续补偿多个工作应变片,称为多点补偿。这要根据试验目的要求和试件材料不同而定。如钢结构,材料的导热性较好,应变片通电后散热较快,可以一个补偿应变片连续补偿 10 个应变片;混凝土等材料散热性能差,一个补偿应变片连续补偿的工作应变片不宜超过 5 个,最好使用单点补偿。

② 应变片温度互补偿法

某些结构或构件检测,存在着机械应变值相同,但应变符号相反的情况。比例关系已知,温度条件又相同的 2 个或 4 个测点,可以将这些应变片按照符号不同,分别接在相应的邻臂上,这样在等臂的条件下,既都是工作应变片,又互为温度补偿,如图 3.10 所示。但图示接法不适用于混凝土等非均质材料。

以上两种方法都是通过桥路连接方法实现温度补偿的,又统称为桥路补偿法。

此外,还有温度自补偿应变片法,即使用一种敏感栅的温度影响能自动消除的特殊应变片,目前国外已有应用于测定混凝土内部应力的大标距自补偿应变片。

（3）应变测点的布置

在了解了应变量测方法和各种量测应变仪器的特性后,要进一步考虑如何布置应变测点,还需要对试验结构有初步的理论分析。测点一般布置在最不利截面的应力最大处,如最大弯矩截面的上、下表面;剪力最大截面的中间高度处或弯矩、剪力同时都较大处。对于钢

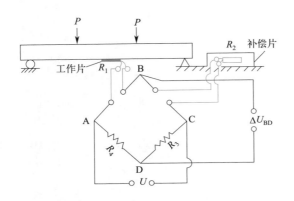
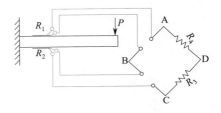

图 3.9　温度补偿应变片法桥路连接示意图　　　　图 3.10　工作片应变片温度互补偿法桥路

筋混凝土结构，受拉区混凝土在出现裂缝后便逐渐退出工作，应在受拉区主筋上布置应变片。可采用预埋应变片及预埋木块两种方法。预埋应变片是在浇筑混凝土之前将应变片贴在钢筋上，应变片及其引出导线应作防水防潮等妥善处理，防止应变片受潮后绝缘电阻下降而失效，造成不可弥补的测点损失。在做应变片防水保护时还应注意使钢筋和混凝土之间黏结力的损害范围尽可能小。预埋木块是用小木块在欲贴应变片处留出位置，待混凝土达到强度后取出木块，贴上电阻应变片。此方法较稳妥，缺点是木块形成的空洞将损失一部分混凝土计算面积。

　　板壳结构上各点均受双向应力，且主应力方向一般未知，每个测点应布置 3 个应变计。若采用电阻应变片，则可用各种应变花（图 3.11）。

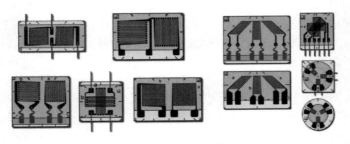

图 3.11　电阻应变花

　　应变花中各应变片之间的夹角已在制造时准确固定，使用极为方便。测得各应变片的应变值后，根据变形条件和广义胡克定律，可求出各点的主应力、剪应力及主应力的方向：

$$\sigma_{\max} = \frac{E}{1-\mu}A + \frac{E}{1+\mu}\sqrt{B^2+C^2}$$

$$\sigma_{\min} = \frac{E}{1-\mu}A - \frac{E}{1+\mu}\sqrt{B^2+C^2}$$

$$\tau_{\max} = \frac{E}{1+\mu}\sqrt{B^2+C^2}$$

$$\theta_P = \frac{1}{2}\arctan\frac{C}{B} \tag{3.12}$$

　　式中，E、μ 为材料的弹性模量和泊松比；A、B、C 为随不同应变片夹角而异的系数。表 3.4 列出了几种常用应变花的系数值。

　　四片直角和四片等角的应变花多一片应变片，可任选其中三片的应变值算出主应力及剪应力，另一片用作校核。

表 3.4　由应变花计算应力的系数

应变花		A	B	C
名称	形式			
三片直角		$\dfrac{\varepsilon_1+\varepsilon_2}{2}$	$\dfrac{\varepsilon_1-\varepsilon_2}{2}$	$\dfrac{2\varepsilon_2-\varepsilon_1-\varepsilon_3}{2}$
三片等角		$\dfrac{\varepsilon_1+\varepsilon_2+\varepsilon_3}{3}$	$\dfrac{2\varepsilon_1-\varepsilon_2-\varepsilon_3}{3}$	$\dfrac{\varepsilon_2-\varepsilon_3}{\sqrt{3}}$
四片等角		$\dfrac{\varepsilon_1+\varepsilon_3}{2}$	$\dfrac{\varepsilon_1-\varepsilon_3}{2}$	$\dfrac{\varepsilon_2-\varepsilon_3}{\sqrt{3}}$
四片直角		$\dfrac{\varepsilon_1+\varepsilon_2+\varepsilon_3+\varepsilon_4}{4}$	$\dfrac{\varepsilon_1-\varepsilon_3}{2}$	$\dfrac{\varepsilon_4-\varepsilon_2}{2}$

当板壳结构本身及荷载都对称时，通常只需在半跨内布置测点，另半跨仅需布置一些重要测点用来校核和比较（图 3.12）。板壳试验时，均布荷载常加在结构的上表面，因此可将测点布置在结构的下表面，或将荷载位置在局部稍加调整，在上表面留出位置布置测点。

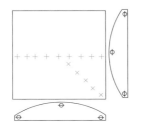
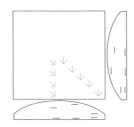

图 3.12　板壳结构应变检测点布置

当结构处于弹性阶段时，可借助测定截面的应变分布来确定该截面的内力。此时只需在截面上布置与未知内力（如轴力 N，x 方向的弯矩 M_x，y 方向的弯矩 M_y）数量相等的应变片便可，但是为了消除由于荷载或材料不均匀性引起的偏心影响以及校核用，通常至少布置两个对称测点，如图 3.13 所示。由材料力学的基本公式根据测得的应变值可计算出截面内力：

拉、压截面［图 3.13(a)］：

$$N=\left(\frac{\varepsilon_1+\varepsilon_2}{2}\right)EA \tag{3.13}$$

压弯或拉弯截面［图 3.13(b)］：

$$N=\frac{EA}{h}(\varepsilon_1 y_2+\varepsilon_2 y_1) \tag{3.14}$$

$$M=\frac{EI}{h}(\varepsilon_2-\varepsilon_1) \tag{3.15}$$

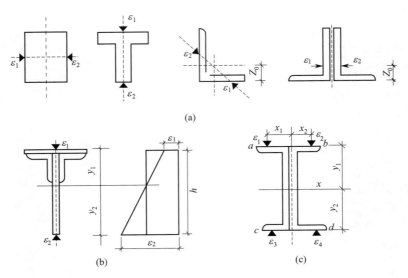

图 3.13　测定截面内力时应变测点的布置

　　式中，E 为结构材料的弹性模量；A 为截面面积；I 为截面惯性矩；其他如图中所示。对于承受轴力 N 及 M_x、M_y 双向弯矩的截面 [如图 3.13(c)所示]，可由下面的 4 个方程式中任选 3 式算出所测 N、M_x、M_y，另一式可作校核用。

$$\varepsilon_1 = \frac{N}{EA} - \frac{M_x}{EI_x}y_1 - \frac{M_y}{EI_y}x_1$$

$$\varepsilon_2 = \frac{N}{EA} - \frac{M_x}{EI_x}y_1 - \frac{M_y}{EI_y}x_2$$

$$\varepsilon_3 = \frac{N}{EA} + \frac{M_x}{EI_x}y_2 - \frac{M_y}{EI_y}x_1$$

$$\varepsilon_4 = \frac{N}{EA} + \frac{M_x}{EI_x}y_2 + \frac{M_y}{EI_y}x_2$$

(3.16)

　　进行桁架及框架试验时，测定结构内力分布应变片布置各有不同。桁架的上弦杆除承受轴力外还受弯矩影响，需测定三个以上截面的应变；下弦杆和腹杆仅承受轴力，测定两个靠近端部截面的应变即可 [如图 3.14(a)所示]。对于框架结构，其框架柱的弯矩为直线分布时，可布置测定两个截面的应变；框架梁的弯矩为折线分布时需量测 3 个截面的应变 [如图 3.14(b)所示]。

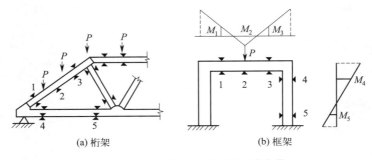

(a) 桁架　　　　　　　　　(b) 框架

图 3.14　确定结构内力的应变测点布置

上述确定结构内力的方法只适用于处于弹性阶段的结构。对于钢筋混凝土构件，因材料的工作性能与弹性工作相差很远，很难从截面的应变来确定内力。但由截面应变可确定构件轴线上零反弯点的位置，从而得出超静定梁或框架的内力图形。在估计的反弯点位置附近截面两侧各布置 1～2 个应变计，即可找出弯矩为零的位置，即反弯点的位置（图 3.15）。

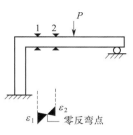

图 3.15 确定零反弯点应变测点布置

对于公路和铁路桥涵、核反应堆压力容器等大体积混凝土结构，常常要量测混凝土内部的应力分布，需要用埋入式应变计（图 3.16）。使用各种埋入式应变计，应注意埋入应变计与混凝土材料之间的刚度及热膨胀的匹配问题，否则会引起应力集中及过大的热应力输出使量测值失真。

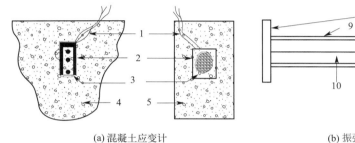
(a) 混凝土应变计

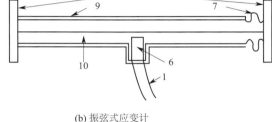
(b) 振弦式应变计

图 3.16 各种埋入式应变计

1—导线；2—防水层；3—埋入式应变计；4—试件；5—材质相同混凝土；
6—激振线圈；7—波纹管；8—端板；9—管体；10—钢弦

3.5 位移量测

测量结构的位移能反映结构的整体变形和结构总的工作性能。通过位移测定，不仅可了解结构的刚度及其变化，还可区分结构的弹性和非弹性性质。结构任何部位的异常变形或局部损坏都能在位移上得到反映。因此，在确定测试项目时，首先应考虑结构构件的整体变形，即位移的量测。

位移量测的主要内容为某一特征点（一般为跨中或集中荷载下位移最大处）的荷载-位移曲线以及各特征荷载值下构件纵轴线的位移曲线（图 3.17）。

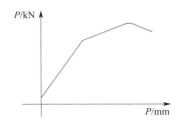
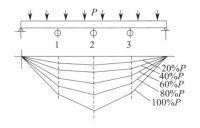

图 3.17 结构的位移曲线

图 3.18 为各种位移量测仪表。其中常用的是百分表、电子百分表（又称应变式位移传感器）及线性差动电感式位移计（LVDT）等。当位移值较大时，可用多圈电位器。水准仪

和经纬仪也是量测大位移的方便工具，它们便于做多点和远距离量测。分度值 1mm 的标尺和磁尺等也可用于大位移的量测。利用激光量测高耸结构物顶端位移是一种非接触式量测方法，在动力试验中用它量测位移亦很方便。近几年来，在大型桥梁施工监控和健康监测中，推广应用远距离测量位移的全站仪［图 3.18(e)］，其主要特点是长焦距望远镜、高精度水准仪和经纬仪组合并附有数据存储系统。图 3.18(f) 所示的 GPS 卫星跟踪位移测量系统，其主要特点是通过卫星远距离实时监测结构的位移变化，适用于大跨度桥梁的安全健康监测，具有更先进的卫星跟踪系统。

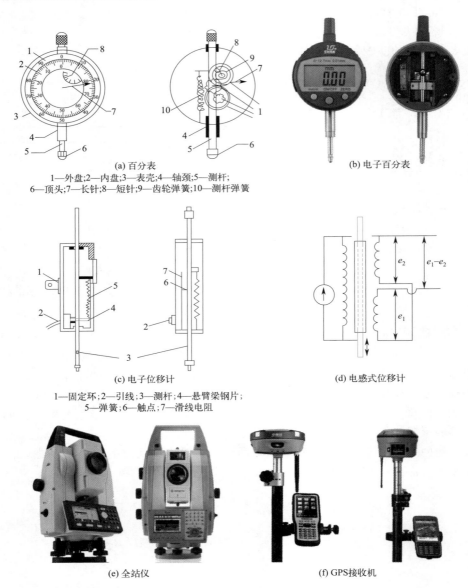

(a) 百分表
1—外盘；2—内盘；3—表壳；4—轴颈；5—测杆；
6—顶头；7—长针；8—短针；9—齿轮弹簧；10—测杆弹簧

(b) 电子百分表

(c) 电子位移计
1—固定环；2—引线；3—测杆；4—悬臂梁钢片；
5—弹簧；6—触点；7—滑线电阻

(d) 电感式位移计

(e) 全站仪

(f) GPS接收机

图 3.18   各种量测位移仪表

选用位移量测仪表时，应参考事先估算的理论值以防量程不够或精度不满足要求。

量测结构位移时需特别注意支座沉降的影响。例如在做简支梁静载试验时［图 3.19 (a)］，当荷载较大时，试验梁下的地面将产生图 3.19(b) 所示的变形，支承点 A、B 处的地面变形以及支座装置和支墩等的间隙都会使试验梁的支座向下沉降，测得的跨中挠度包含了支座沉降［图 3.19(c)］，需将它们扣除。因此，在量测位移时，必须在支座处布置位移计，以便在整理试验结果时加以修正。当试验场地的地面未经很好处理时，还应注意支座及跨中附近的地面变形对仪表固定点的影响。

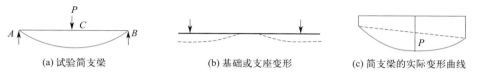

| (a) 试验简支梁 | (b) 基础或支座变形 | (c) 简支梁的实际变形曲线 |

图 3.19　支座沉降对位移量测的影响

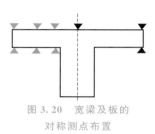

对于宽度大于 60cm 的梁或单向板，试验时结构可能因荷载在平面外方向的不对称而引起转动变形，应在试件两侧布置两列位移量测仪表（图 3.20）。

量测构件的挠度曲线时，沿构件长度方向应至少布置 5 个位移计。对于板壳结构，应沿两个方向分别布置位移测点。

对于拱或刚架结构，还需测量支座处的水平位移；对于桁架结构，一般还需测定上弦杆出平面方向的水平位移，以观测出平面失稳情况。

图 3.20　宽梁及板的
对称测点布置

3.6　其他变形量测

除应变和位移外，截面转角、曲率、节点相对滑移等变形性能都是结构分析的重要资料。可用基本仪表和各类转换元件配以不同的附件及夹具制成传感器进行测定。图 3.21 所示为用千分表和电阻应变片配以不同的附件量测变形。在掌握了量测的基本方法之后，试验研究人员可针对量测要求，扩充各种传感元件的使用范围，自行设计制造各类传感器。

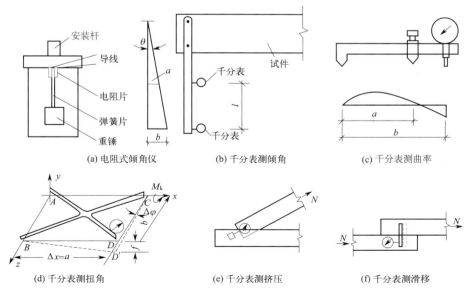

| (a) 电阻式倾角仪 | (b) 千分表测倾角 | (c) 千分表测曲率 |

| (d) 千分表测扭角 | (e) 千分表测挤压 | (f) 千分表测滑移 |

图 3.21　各种测变形的传感器

3.7   裂缝量测

监测钢筋混凝土结构或构件的裂缝发生，以及裂缝的宽度、长度随荷载的发展情况，对于确定开裂荷载、研究结构的破坏过程，尤其是研究预应力结构的抗裂及变形性能等都十分重要。

目前最常用来发现裂缝的方法，是在构件表面刷一薄层石灰浆，然后借助放大镜用肉眼观察裂缝。为便于记录和描述裂缝的发生部位，可在构件表面上划分 50mm×50mm 左右的方格。当需要更精确地确定开裂荷载时，可在受拉区连续搭接布置应变计，以监测第一批裂缝的出现（如图 3.22 所示），当出现裂缝时，跨裂缝的应变计读数就会发生异常变化。由于裂缝出现的位置不易确定，往往需要在较大的范围内连续布置应变计，因而将占用过多的仪表，提高试验费用。近来发展了用导电漆膜发现裂缝的方法。将一种具有小电阻值的弹性导电漆在经过仔细清理的拉区混凝土表面涂成长 100～200mm、宽 10～12mm 的连续搭接条带，待其干燥后接入电路，当混凝土裂缝宽度扩展达 1～5μm 时，随混凝土一起拉长的漆膜就出现火花直至烧断。也可沿截面高度以一定的间隔涂刷漆膜，以确定裂缝长度的发展。另一种发现裂缝的方法是利用材料开裂时发射声能所形成的声波，将声发射传感器置于试件表面或内部，显示或记录裂缝的出现。声发射法既能发现构件表面的裂缝，还能发现内部的微细裂缝，但此法不能准确给出裂缝的位置。

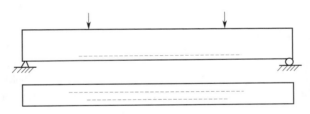

图 3.22   连续布置应变计（引伸计）监测裂缝的发生

裂缝宽度的量测一般用刻度放大镜（图 3.23 所示），近几年开发了多种采用电测直接显示裂缝宽度和裂缝深度的裂缝测试仪（图 3.24 所示），特别适合现场检测使用。

图 3.23   40/100/150 倍混凝土裂缝观测仪（带刻度尺显示）

图 3.24   电子裂缝宽度观测仪和裂缝深度观测仪

3.8   力的测定

3.8.1   常规用力传感器

荷载及超静定结构的支座反力是结构试验中经常需要测定的外力。当用油压千斤顶加载时，因千斤顶附带的压力表示值较粗略，特别在卸载时，压力表示值不能正确反映实际荷载值，因此，需在千斤顶和试件间安装测力环或测力传感器。各种荷载量级的拉、压测力传感器都有定型产品可供选用。图 3.25 为各种测力计及测力传感器，使用前须经率定。测定预应力钢丝张拉力使用的钢丝张力计［图 3.25(c)］的工作原理是在一定的横向力作用下横向位移与钢丝张力成反比。

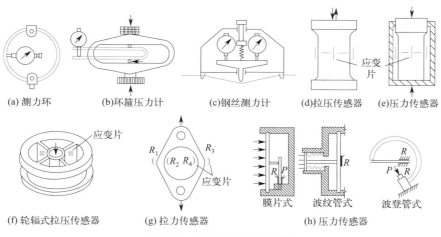

图 3.25　几种测力计及传感器

3.8.2　斜拉桥索力测量传感器

近 20 年来，大跨度斜拉桥及系杆拱桥急剧增多，斜拉索索力的安全监控成为重要的检测项目。索力的检测目前主要采用三种方法：一是采用测振传感器（如表 3.5 中 891-2 型或 941B 型）测量拉索的频率，利用频率与索拉力的关系求得索力；二是采用压磁传感器，在施工时直接安装在拉索锚头位置，实时监测索力的变化，其测量原理是压磁效应，在拉索有应力时，随着应力的变化拉索的磁导率发生变化；三是采用加速度传感器安装在拉索上，其原理是当振子做加速运动时，质量块 m 将受到与运动方向相反的惯性力的作用而输出电信号，并经过 A/D 转换，生成数字信号，确定索力大小的变化。

3.9　振动参量的量测

振幅、频率、相位及阻尼是结构动力试验中为获得结构的振型、自振频率、位移、速度和加速度等结构动力特性所需量测的基本参数，而且这些参数是随时间变化的。

振动量测设备的基本组成是传感器、放大器和显示记录设备三部分。振动量测中的传感器通常称为测振传感器或称拾振器，它与静力试验中的传感器有所不同，所测数据是随机的，不是静止的。振动量测中的放大器不仅将信号放大，还可对信号进行积分、微分和滤波等处理，可分别量测出振动参量中的位移、速度及加速度。显示记录部分是振动测量系统中的重要部分，在结构动力特性的研究中，不但需要量测振动参数的大小量级，还需要量测振动参数随时间历程变化的全部数据资料。

目前有各种规格的测振传感器和与之配套的放大器可供选用。根据被测对象的具体情况及各种传感器的性能特点，合理选择测振传感器是成功进行动力试验的关键。因此应较深入地了解和掌握有关测振传感器的工作原理与技术特性。

3.9.1　测振传感器的力学原理

由于结构振动是具有随机特性的传递作用，做动力试验时很难在振动体附近找到一个静止点作为测振的基准点。为此，必须在测振仪器内部设置惯性质量弹簧系统，建立一个基准点。如惯性式测振传感器，其力学模型如图 3.26 所示。使用时，将测振传感器安放在振动体的测点上并与振动体紧密固定成一体，仪器外壳和振动体一起振动，通过测量惯性质量相对于仪器外壳的运动来获得振动体的振动参数。由于这是一种非直接的测量方法，所以振动传感器本身的动力特性对测量结果有重要影响。下面讨论在怎样的条件下，测振传感器才能正确反映被测物体的振动参量。

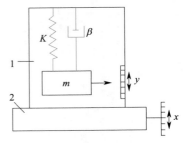

图 3.26　测振传感器的力学模型
1—测振传感器；2—振动体

设计测振传感器时，一般使惯性质量 m 只能沿振动方向运动，并使弹簧质量（即阻尼）和惯性质量 m 相比，小到可以忽略不计。

设振动体按下列规律振动：

$$x = X_0 \sin\omega t \tag{3.17}$$

当传感器外壳与振动体一起运动，以 y 表示质量块 m 相对于传感器外壳的位移，则质量块的总位移为 $x+y$。由质量块 m 所受的惯性力、阻尼力和弹性力之间的平衡关系，可建立振动体系的运动微分方程为

$$m\frac{\mathrm{d}^2(x+y)}{\mathrm{d}t^2} + \beta\frac{\mathrm{d}y}{\mathrm{d}t} + Ky = 0 \tag{3.18}$$

或

$$m\frac{\mathrm{d}y}{\mathrm{d}t^2} + \beta\frac{\mathrm{d}y}{\mathrm{d}t} + Ky = mX_0\omega^2\sin\omega t$$

式中　x——振动体相对于固定参考坐标的位移；

$\quad\ X_0$——被测振动的振幅；

$\quad\ y$——质量块 m 相对于仪器外壳的位移；

$\quad\ \omega$——被测振动的圆频率；

$\quad\ \beta$——阻尼（由弹簧系统产生）；

$\quad\ K$——弹簧刚度。

这是单自由度、有阻尼的强迫振动方程，其通解为

$$y = Be^{-nt}\cos(\sqrt{\omega^2-n^2}\,t + \alpha) + y_0\sin(\omega t - \varphi) \tag{3.19}$$

其中 $n = \beta/(2m)$，φ 为相位角。第一项为自由振动解，由于阻尼而很快衰减；第二项 $y_0\sin(\omega t - \varphi)$ 为强迫振动解，其中

$$y_0 = \frac{X_0\left(\dfrac{\omega}{\omega_0}\right)^2}{\sqrt{\left[1-\left(\dfrac{\omega}{\omega_0}\right)^2\right]^2 + \left(2D\dfrac{\omega}{\omega_0}\right)^2}} \tag{3.20}$$

$$\varphi = \arctan \frac{2D\dfrac{\omega}{\omega_0}}{1 - \left(\dfrac{\omega}{\omega_0}\right)^2} \tag{3.21}$$

式中 D——阻尼比，$D = \dfrac{m}{\omega_0}$；

ω_0——质量弹簧系统固有频率，$\omega_0 = \sqrt{\dfrac{K}{m}}$。

由式（3.19）可知，传感器惯性质量系统的稳定振动方程如下：

$$y = y_0 \sin(\omega t - \varphi) \tag{3.22}$$

将式（3.22）与式（3.17）相比较，可以看出质量块 m 相对于仪器外壳的运动规律与振动体的运动规律一致，频率都等于 ω，但振幅和相位不同。

质量块 m 的位移振幅 y_0 与振动体的位移振幅 X_0 之比为

$$\frac{y_0}{X_0} = \frac{\left(\dfrac{\omega}{\omega_0}\right)^2}{\sqrt{\left[1 - \left(\dfrac{\omega}{\omega_0}\right)^2\right]^2 + \left(2D\dfrac{\omega}{\omega_0}\right)^2}} \tag{3.23}$$

其相位相差一个相位角 φ。

根据式（3.23）和式（3.21）以 ω/ω_0 为横坐标，以 y_0/X_0 和 φ 为纵坐标，并使用不同的阻尼作出如图 3.27 和图 3.28 的曲线，分别称为测震仪器的幅频特性曲线和相频特性曲线。

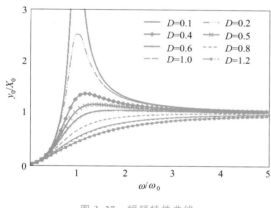

图 3.27 幅频特性曲线

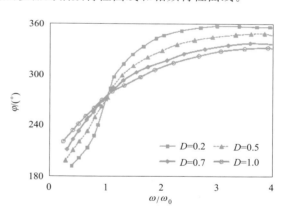

图 3.28 相频特性曲线

分析图 3.27 和图 3.28 的曲线，当 ω/ω_0 增加时，也就是振动体振动频率较之仪器的固有频率大很多时，不管阻尼比 D 大还是小，y_0/X_0 趋近于 1，而 φ 趋近于 180°。也就是质量块的相对振幅和振动体的振幅趋近于相等而相位相反，这是测振仪器工作的理想状态。要保证达到理想状态，只有在试验过程中，使 y_0/X_0 和 φ 保持常数。但从图 3.27 和图 3.28 可以看出，y_0/X_0 和 φ 都随阻尼比 D 和频率而变化。这是由于仪器的阻尼取决于内部构造连接摩擦等不稳定因素。然而从幅频特性曲线中不难发现，当 $\omega/\omega_0 \geqslant 1$ 时，这种变化基本上与阻尼比 D 无关。当 $\omega/\omega_0 < 1$ 时，y_0/X_0 的趋于 0，仪器将不反映被测振动。只有通过调整频率关系，限定 ω/ω_0 值，才有可能实现 y_0/X_0 和 φ 保持常数。所以，在设计和选用测振器时应优先确定 ω/ω_0 的值，即使测振器的固有频率比被测振动的频率尽可能地小，即使 ω/ω_0 值尽可能地大。在实际使用中，对精度要求较高的振动测试，应使 $\omega/\omega_0 > 10$；对一般要求的测试，可取 $\omega/\omega_0 = 5 \sim 10$。对于一般厂房和民用建筑物，其第一自振频率为 $2 \sim 3\text{Hz}$，大跨桥梁和高耸结构物，如电视塔和大跨斜拉桥及悬索桥等柔性结构的自振频率则更低，这就要求传感器有很低的固有频率。可以适当加大惯性质量或适当选择阻尼器的阻尼值以延伸传感器的频率下限。

当振动体以 $x = X_0 \sin\omega t$ 规律运动时，对运动方程进行两次微分，可得其加速度为

$$\frac{\mathrm{d}^2 x}{\mathrm{d}t^2} = -X_0 \omega^2 \sin\omega t - a_\mathrm{m} \sin\omega t \tag{3.24}$$

式中，$a_\mathrm{m} = X_0 \omega^2$，为被测振动的加速度幅值，负号表示被测振动的加速度的方向与被测振动的位移方向相反，相位相差 $180°$。同样可得惯性式加速度传感器的幅频特性，如式（3.25）。

$$\frac{y_0}{a_\mathrm{m}} = \frac{1}{\omega_0^2 \sqrt{\left[1 - \left(\frac{\omega}{\omega_0}\right)^2\right]^2 + 4D^2 \left(\frac{\omega}{\omega_0}\right)^2}} \tag{3.25}$$

根据式（3.25）其幅频特性曲线如图 3.29 所示，图中纵坐标为 $y_0 \omega_0^2 / a_\mathrm{m}$，横坐标为 ω/ω_0。从图中可以看出，当 $\omega/\omega_0 \leqslant 1$ 时，图线渐趋平稳，$y_0 \omega_0^2 / a_\mathrm{m} = 1$，即当振动体的频率远小于传感器的自振频率时，传感器所测振幅与振动体的加速度振幅成正比，其相位差 φ_a 趋近于 $180°$，如式（3.26）所示。这是惯性式加速度传感器的理想工作状态。

$$\varphi_\mathrm{a} = \arctan \frac{2D \dfrac{\omega}{\omega_0}}{1 - \left(\dfrac{\omega}{\omega_0}\right)^2} + \pi \tag{3.26}$$

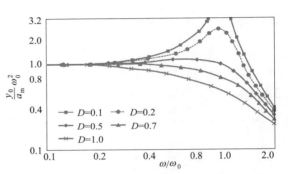

图 3.29　加速度传感器的幅频特性曲线

其相位特性曲线仍可采用图 3.28（取右边纵轴为 φ_a），当 $\omega/\omega_0 < 1$ 时，$\varphi_\mathrm{a} \approx \pi$，$\varphi_\mathrm{a}$ 基本上不随频率而变化。

综上所述，使用惯性式传感器时，必须特别注意振动体频率与传感器自振频率的关系。当 $\omega/\omega_0 \geqslant 1$ 时，传感器可以很好地量测振动体的振动位移；当 $\omega/\omega_0 \leqslant 1$ 时，传感器可以正确地反映振动体的加速度特性，图 3.29 为加速度传感器的幅频特性曲线。对加速度进行两次积分就可得到位移，反之，对位移的两阶微分就得到加速度。因此，可以利用放大器的微积分电路，将测得的加速度转换为位移。在实际工程中，当遇到被测对象的振动频率很低，很难找到频率很低的惯性位移传感器时，就可以选用加速度传感器通过两次积分得到振动位移。

3.9.2　测振传感器量测参量的转换

测振传感器除应正确反映结构物的振动外，还须不失真地将位移、加速度等振动参量转换为电量，输入放大器。转换的方式很多，有磁电式、压电式、电阻应变式、电容式、光电式、热电式、电涡流式等等。表 3.5 列出了几种常用测振传感器的主要特性。磁电式传感器基于磁电感应原理，能线性地感应振动速度，所以通常又称为感应式速度传感器。它一般适用于实际结构物的振动测试中，缺点是体积大而重，因而有时会对被测系统有影响，使用频

率范围较窄。压电晶体式体积小，**重量轻**，自振频率高，适用于模型试验。电阻应变式低频性能好，放大器采用动态应变仪。差动电容式抗干扰力强，低频性能好，能测到低达 0Hz 的加速度值，和压电晶体式同样具有体积小、重量轻的优点，但其灵敏度比压电晶体式高，后续仪器简单，因此是一种很有前途的传感器。机电耦合伺服式加速度传感器，由于引进了反馈的电气驱动力，改变了原有的质量弹簧系统的自振频率因而扩展了工作频率范围，同时还提高了灵敏度和量测精度。在强震观测中已有用它代替原来各类加速度传感器的趋势。

表 3.5　国内几种常用的测振传感器

型号	名称	频率响应 /Hz	速度灵敏度 /[mV·(cm·s⁻¹)⁻¹]	最大可测		特点	生产厂
				位移/mm	加速度 /(m/s²)		
CD-2 型	磁电式传感器	2～500	302	±1.5	10	测相对振动	北京测振仪器厂
CD-4 型	速度传感器	2～300	600	±15	5	测大位移	
701 型	脉动仪	0.5～100	1650	大档:±6 小档:±0.9	—	低频、大位移	
701 型	测振传感器	0.5～100	1650	大档:±6 小档:±0.6		低频、大位移	哈尔滨工程力学研究所
702 型	测振传感器	2～3	—	±50			
891-2 型	测振传感器	0.5～100	300	300	40	低频、小位移	哈尔滨工程力学研究所
891-4 型	测振传感器	0.5～30	500	200	20	低频,小位移	哈尔滨工程力学研究所
941B 型	测振传感器	0.25～100	230	500	20	超低频	哈尔滨工程力学研究所

目前国内应用最多的测振传感器大部分是惯性式测振传感器，主要有磁电式速度传感器和压电式加速度传感器。

（1）磁电式速度传感器

这种形式的传感器是基于电磁感应的原理制成的，特点是灵敏度高、性能稳定、输出阻抗低、频率响应范围有一定宽度，通过对质量弹簧系统参数的不同设计，可以使传感器既能量测非常微弱的振动，也能量测比较强的振动，是多年来工程振动测量最常用的测振传感器。

图 3.30 为一种典型的磁电式速度传感器，磁钢和壳体相固连安装在所测振动体上，并与振动体一起振动，芯轴与线圈组成传感器的可动系统并由弹簧片和壳体连接。可动系统就是传感器的惯性质量块，测振时惯性质量块和仪器壳体相对移动，因而线圈和磁钢也相对移动，从而产生感应电动势。根据电磁感应定律，感应电动势 E 的大小为

$$E = Blnv \qquad (3.27)$$

式中　B——线圈所在磁钢间隙的磁感应强度；

l——每匝线圈的平均长度；

n——线圈匝数；

v——线圈相对于磁钢的运动速度，即所测振动物体的振动速度。

从上式可以看出，对于确定的仪器系统 B、l、n 均为常量。所以感应电动势 E 也就是测振传感器的输出电压是与所测振动的速度成正比的。对于这种类型的测振传感器，惯性质量块的位移反映测量振动的位移，而传感器输出的电压与振动速度成正比，所以也称为惯性式速度传感器。

建筑工程中经常需要测 10Hz 以下甚至 1Hz 以下的低频振动，这时常采用摆式测振传感器，这种类型的传感器将质量弹簧系统设计成转动的形式，因而可以获得更低的仪器固有频

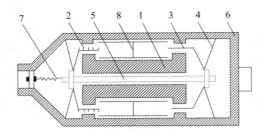

图 3.30 磁电式速度传感器

1—磁钢；2—线圈；3—阻尼环；4—弹簧片；5—芯轴；6—外壳；7—输出线；8—铝架

率。图 3.31 是典型的摆式测振传感器，根据所测振动是垂直方向还是水平方向，摆式测振传感器有垂直摆、倒立摆和水平摆等几种形式，摆式测振传感器也是磁电式传感器，它与差动式的分析方法是一样的，输出电压也与振动速度成正比。

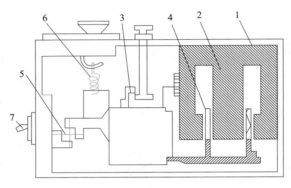

图 3.31 摆式测振传感器

1—外壳；2—磁钢；3—重锤线圈；4—线圈；5—十字簧片；6—弹簧；7—输出线

磁电式测振传感器的主要技术指标有：

① 固有频率 f，传感器质量弹簧系统本身的固有频率，是传感器的一个重要参数，它与传感器的频率响应有很大关系。固有频率取决于质量块 m 的质量大小和弹簧刚度。对于差动式测振传感器

$$f_0 = \frac{1}{2\pi}\sqrt{\frac{K}{m}} \qquad (3.28)$$

② 灵敏度，也即传感器的测振方向感受到一个单位振动速度时，传感器的输出电压。

$$k = E/v$$

k 的单位通常是 $\mathrm{mV/(cm \cdot s^{-1})}$。

③ 频率响应，在理想的情况下，当所测振动的频率变化时，传感器的灵敏度不改变，但无论是传感器的机械系统还是机电转换系统都有一个频率响应问题。所以灵敏度随所测频率不同有所变化，这个变化的规律就是传感器的频率响应。对于阻尼值固定的传感器，频率响应曲线只有一条，有些传感器可以由试验者选择和调整阻尼，阻尼不同传感器的频率响应曲线也不同。

④ 阻尼系数，就是磁电式测振传感器质量弹簧系统的阻尼比，阻尼比的大小与频率响应有很大关系，通常磁电式测振传感器的阻尼比设计为 0.5～0.7。

如上所述，磁电式测振传感器的输出电压是与所测振动的速度成正比的，要求得到振动

的位移或加速度时可以通过积分电路或微分电路来实现。

（2）压电式加速度传感器

从物理学知道，一些晶体在受到压力并产生机械形变时，它们相应的两个表面上会出现异号电荷，当外力去掉后，又重新回到不带电状态，这种现象称为压电效应。压电晶体受到外力产生的电荷 Q 由下式表示

$$Q = G\sigma A \tag{3.29}$$

式中　G——晶体的压电常数；

　　　σ——晶体的压强；

　　　A——晶体的工作面积。

在压电材料中，石英晶体是较好的一种，它具有高稳定性、高机械强度和能在很宽的温度范围内使用的特点，但灵敏度较低，在计量仪器上用得最多的是压电陶瓷材料，如钛酸钡、锆钛酸铅等。它们经过人工极化处理而具有压电性质，采用良好的陶瓷配制工艺可以得到高的压电灵敏度和很宽的工作温度，而且易于制成所需形状。

压电式加速度传感器是一种利用晶体的压电效应把振动加速度转换成电荷量的机电换能装置。这种传感器具有动态范围大（可达 $10^5 g$）、频率范围宽、重量轻、体积小等特点。因此被广泛应用于振动测量的各个领域，尤其在宽带随机振动和瞬态冲击等场合，几乎是唯一合适的测试传感器。

压电式加速度传感器的结构原理如图 3.32 所示，压电晶体片上是质量块 m，再用硬弹簧将它们夹紧在基座上。传感器的力学模型如图 3.33 所示，质量弹簧系统的弹簧刚度由硬弹簧的刚度 K_1 和晶体的刚度 K_2 组成，因此 $K = K_1 + K_2$。在压电式加速度传感器内，质量块的质量 m 较小，阻尼系数也较小，而刚度 K 很大，因而质量、弹簧系统的固有频率 $\omega_m = \sqrt{K/m}$ 很高，根据用途可达若干千赫，高的甚至可达 $100 \sim 200\text{kHz}$。

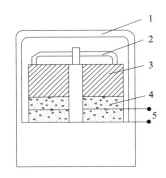

图 3.32　压电式加速度传感器的结构原理
1—外壳；2—硬弹簧；3—质量块；
4—压电晶体；5—输出端

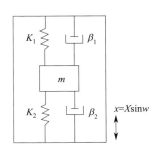

图 3.33　传感器的力学模型

由前面的分析可知，当被测物体的频率 ω 远远小于 ω_0 时，质量块相对于仪器外壳的位移就反映所测振动的加速度值。

压电式加速度传感器，根据压电晶体片的受力状态不同有各种不同形式，如图 3.34 所示。

压电式加速度传感器的主要技术指标有：灵敏度、安装谐振频率、频率响应、横向灵敏度比和幅值范围（动态范围）等。使用时根据其使用说明书上的技术指标加以选择。

除上述惯性式传感器外，还有非接触式传感器和相对式传感器。它们的转换原理都是磁

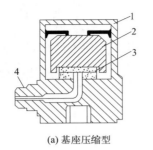
(a) 基座压缩型

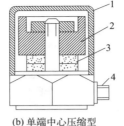
(b) 单端中心压缩型

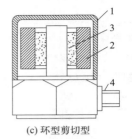
(c) 环型剪切型

图 3.34　各种不同形式的压电式加速度传感器

1—外壳；2—质量块；3—压电晶体；4—输出接头

电式。非接触式是借振动体和传感器之间的间隙随振动而变化致使磁阻发生变化而进行测量的，当被测物体为非导磁材料时，需在测点处贴一导磁材料，其灵敏度与传感器和振动体之间的间距、振动体的尺寸以及导磁性等有关，量测的精度不很高，可用在不允许把传感器装在振动体上的情况，如高速旋转轴或振动体本身质量小，装上传感器后传感器的附加质量对它影响很大等的情况。相对式传感器能测量两个振动物体之间的相对运动，使用时，将其外壳和顶杆分别固定在被测的两个振动体上，当然，如将其外壳固定在不动的地面上，便可测振动体的绝对运动。

（3）放大器和记录仪器

测振放大器是振动测试系统中的信号放大系统，它的输入特性须与传感器的输出特性相匹配，而它的输出特性又必须满足记录及显示设备的要求，选用时还要注意其频率范围。常用的测振放大器有电压放大器和电荷放大器两种。电压放大器结构简单，可靠性好，但当它和压电式传感器联用时，对导线的电容变化极敏感。电荷放大器的输出电压与导线电容量的变化无关，这给远距离测试带来很大的方便。在目前的振动测试中，压电式加速度传感器常与电荷放大器配合使用。

记录仪器是将被测振动参数随时间变化的过程记录下来的设备。随着数字技术的发展，过去常用的光线示波记录仪和磁带记录仪等已很少采用，现在普遍将测振放大器的输出信号通过滤波器（亦称调制器）滤波后直接输入计算机进行采集记录，并配置数据分析软件进行实时处理，使振动测试更快捷、方便。

3.10　光纤传感器的应用

3.10.1　光纤传感技术应用概论

1964 年华裔物理学家高锟（2009 年诺贝尔物理学奖）最早提出光纤的概念，自 1970 年开发以来，光纤技术主要应用于远距离光纤通信，其主要特点是高清晰、大容量，传送速度快，由过去的电模拟信号传送变换为数字信号传送，这使得光通信技术获得突破性发展。光纤技术应用于土木建筑工程检测是 20 世纪 80 年代中期开始的，主要得益于光纤传感器的开发和成功研制，可以说这是土木工程结构试验检测技术的一场革命，国内外发展应用非常迅速。

根据光纤传感理论，光纤传输的光信号受到外界因素的影响（如温度、压力、变形等），导致光波参数（如光强、相位、频率、偏振、波长等）发生变化，通过量测光波参数的变化即可知道导致光波参数变化的各种物理量的大小。因此，以土木建筑物为试验检测对象的众多量测项目，如温度、应力、应变、变形、位移、速度、振动频率、加速度、作用力以及煤气浓度等都可以应用。目前国内外利用光纤传感器对混凝土大坝、隧道、地下工程施工时的内部水化热引起的温度分布监控，混凝土内部裂缝检测，结构内部的应力、应变的检测，以及结构的振动测量取得了成功。光纤传感技术除了广泛应用于室内试验之外，对高速公路、大型桥梁和建筑物等的野外检测更显优势，与传统的电测技术相比较，有以下突出优点：

① 光纤传感器体积小、重量轻，结构简单，安装方便，埋入土木工程结构内部几乎不受温湿度和绝缘不良的影响；

② 光纤传感器的应用场合广，其信号回路不受电气设备和雷电等电磁场干扰的影响；

③ 光缆容量大，可以实现多通道多用途测量，可以省去大量导线的配置和接线的麻烦，省力、省事；

④ 灵敏度和精度高；

⑤ 以光纤技术为基础的数字化信号具有适合高速远距离传送信息的突出优点，可以实现对超高层建筑物和超大跨度桥梁的远距离量测和安全健康监测。

根据可以调制的物理参数，光纤传感器可分为应变型、位移型、加速度型等。目前已得到广泛应用的光纤传感器主要有应变型和加速度型，包括光纤光栅应变传感器和光纤光栅加速度传感器。

3.10.2　光纤结构和传光原理

（1）基本结构

光纤是一种多层介质结构的同心圆柱体，包括纤芯、包层和保护层（涂敷层及护套），如图 3.35 所示。核心部分是纤芯和包层，纤芯粗细、纤芯材料和包层材料的折射率，对光纤的特性起决定性作用。纤芯由高度透明的材料制成，是光波的主要传输通道；纤芯材料的主体是 SiO_2，并掺入微量的 GeO_2、P_2O_5，以提高材料的光折射率。纤芯直径为 $5 \sim 75 \mu m$。包层可以是一层、二层或多层结构，总直径为 $100 \sim 200 \mu m$，包层材料主要也是 SiO_2，掺入了微量的 B_2O_3 或 SiF_4 以降低包层对光的折射率；包层的折射率略小于纤芯，这样的构造可以保证入射到光纤内的光波集中在纤芯内传输。涂覆层采用丙烯酸酯、硅橡胶、尼龙，增加机械强度和可弯曲性，以保护光纤不受水汽的侵蚀和机械擦伤，同时又增加光纤的柔韧性，起着延长光纤寿命的作用。护套采用不同颜色的塑料管套，一方面起保护作用，另一方面以颜色区分多条光纤。许多根单条光纤组成光缆。

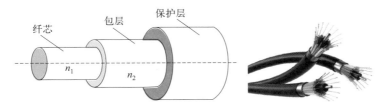

图 3.35　光纤的结构

（2）基本原理

光在同一种介质中是沿直线传播的，如图 3.36 所示。当光线以不同的角度入射到光纤端面时，在端面发生折射进入光纤后，又入射到折射率 n_1 较大的光密介质（纤芯）与折射率 n_2 较小的光疏介质（包层）的交界面（$n_1 > n_2$），光线在该处有一部分透射到光疏介质，一部分反射回光密介质。根据折射定理有：

$$\frac{\sin\theta_k}{\sin\theta_r}=\frac{n_2}{n_1}\tag{3.30}$$

$$\frac{\sin\theta_i}{\sin\theta'}=\frac{n_1}{n_0}\tag{3.31}$$

式中　θ_i——光纤端面的入射角；

　　　θ'——光纤端面处的折射角；

　　　θ_k——光密介质与光疏介质界面处的入射角；

　　　θ_r——光密介质与光疏介质界面处的折射角。

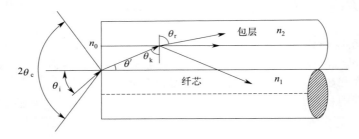

图 3.36　光纤的传播原理

由于不同的物质有不同的光折射率，因此，不同的物质对相同波长光的折射角度是不同的，相同的物质对不同波长光的折射角度也是不同的。在光纤材料确定的情况下，n_1/n_0、n_2/n_1 均为定值，因此若减小 θ_i，则 θ' 也将减小，相应地，θ_k 将增大，则 θ_r 也增大。当 θ_i 达到 θ_c 使折射角 $\theta_r=90°$时，即折射光将沿界面方向传播，则称此时的入射角 θ_c 为临界角。所以有：

$$\frac{\sin\theta_i}{\sin\theta'}=\frac{n_1}{n_0}=\sin\theta_c=\frac{n_1}{n_0}\sin\theta'=\frac{n_1}{n_0}\cos\theta_k=\frac{n_1}{n_0}\sqrt{1-\left(\frac{n_2}{n_1}\sin\theta_r\right)^2}=\frac{1}{n_0}\sqrt{n_1^2-n_2^2}\tag{3.32}$$

外界介质一般为空气，$n_0=1$，所以有：

$$\theta_c=\arcsin\sqrt{n_1^2-n_2^2}\tag{3.33}$$

当入射角 θ_i 小于临界角 θ_c 时，光线就不会透过其界面而全部反射到光密介质内部，即发生全反射。全反射的条件：

$$\theta_i<\theta_c\tag{3.34}$$

在满足全反射的条件下，光线就不会射出纤芯，而是在纤芯和包层界面不断地产生全反射向前传播，最后从光纤的另一端面射出。光的全反射是光纤传感器工作的基础。

按照几何光学全反射原理，光线在纤芯和包层的交界面产生全反射，并形成把光闭锁在纤芯内部向前传播的必要条件，即使经过弯曲的路径光线也不会射出光纤之外。

（3）光纤的主要特性

① 数值孔径

θ_c 是出现全反射的临界角，且某种光纤的临界入射角的大小是由光纤本身的性质——折射率 n_1、n_2 所决定的，与光纤的几何尺寸无关。光纤光学中把 $\sin\theta_c$ 定义为光纤的数值孔径（Numerical Aperture，NA）。即：

$$NA=\sin\theta_c=\sqrt{n_1^2-n_2^2}\tag{3.35}$$

数值孔径是光纤的一个重要参数，它能反映光纤的集光能力，光纤的 NA 越大，表明它

可以在较大入射角 θ_i 范围内输入全反射光，集光能力就越强，光纤与光源的耦合越容易，且保证实现全反射向前传播。即在光纤端面，无论光源的发射功率有多大，只有 $2\theta_{c\text{角度}}$ 内的入射光才能被光纤接收、传播。如果入射角超出这个范围，进入光纤的光线将会进入包层而散失（产生漏光）。但 NA 越大，光信号的畸变也越大，所以要适当选择 NA 的大小。石英光纤的 NA＝0.2～0.4（对应的 θ_c＝11.5°～23.5°）。

②　光纤模式

光纤模式是指光波在光纤中的传播途径和方式。对于不同入射角的光线，在界面反射的次数是不同的，传递的光波间的干涉也是不同的，这就是传播模式不同。一般总希望光纤信号的模式数量要少，以减小信号畸变的可能。模式值定义为：

$$V=\frac{2\pi\alpha}{\lambda_0}(\text{NA}) \tag{3.36}$$

式中　α——纤芯的半径；

　　　λ_0——入射波波长。

模式值越大，允许传播的模式越多，在信息传播中，模式值越小越好。光纤分为单模光纤和多模光纤。

单模光纤的纤芯直径较小（一般为 9μm 或 10μm），只能传输一种模式。

优点：信号畸变小、信息容量大、线性好、灵敏度高。

缺点：纤芯较小，制造、连接、耦合较困难；适用于远程通信；只能使用激光器 LD 做光源，成本高。

多模光纤的纤芯直径较大（一般为 50μm 或 62.5μm），传输模式不止一种。

缺点：性能较差，模间色散较大，限制了传输数字信号的频率，且随距离的增加而更加严重。

优点：纤芯面积较大，制造、连接、耦合容易；传输距离一般只有几千米；可以使用发光二极管 LED 或垂直腔面发射激光器 VCSEL 做光源，成本低（在 1.0Gb/s 以上高速网络中要采用激光器做光源）。

虽然仅从光纤的角度看，单模光纤性能比多模光纤好，但是从整个网络用光纤的角度看，多模光纤则占有更大的优势。多模光纤一直是网络传输介质的主体，随着网络传输速率的不断提高和 VCSEL 的使用，多模光纤得到更多的应用，促进了新一代多模光纤的发展。

③　传输损耗

光信号在光纤中的传输不可避免地存在着损耗。光纤传输损耗主要有本征损耗（光纤的固有损耗，包括：瑞利散射、固有吸收等）、吸收损耗（因杂质、材料密度及浓度不均匀、折射率不均匀引起）、散射损耗（因光纤拉制时粗细不均匀引起）、光波导弯曲损耗（因光纤在使用中可能发生挤压、弯曲引起）、对接损耗（因光纤对接时不同轴、端面与轴心不垂直、端面不平、对接心径不匹配和熔接质量差等引起）。用衰减率表示 A（dB/km）：

$$A=\frac{-10\times\lg\left(\frac{P_i}{P_o}\right)}{L} \tag{3.37}$$

式中　P_i——输入光功率值，W；

　　　P_o——输出光功率值，W；

　　　L——传输距离，km。

假如某光纤的衰减系数为 0.3dB/km，则意味着经过 10km 光纤传输后，其光信号功率值减小了一半。

3.10.3　光纤光栅传感器

（1）光纤传感器的组成

光纤传感器，主要由光导纤维、光源和光探测器组成。

① 光源

为了保证光纤传感器的性能，对光源的结构与特性有一定要求。一般要求光源的体积尽量小，以利于它与光纤耦合；光源发出的光波长应合适，以便减少光在光纤中传输的损失；光源要有足够亮度，以便提高传感器的输出信号。另外还要求光源稳定性好、噪声小、安装方便和寿命长等。

光纤传感器使用的光源种类很多，按照光的相干性可分为非相干光源和相干光源。非相干光源有白炽光、发光二极管；相干光源包括各种激光器，如氦氖激光器、半导体激光二极管等。光源与光纤耦合时，总是希望在光纤的另一端得到尽可能大的光功率，它与光源的光强、波长及光源发光面积等有关，也与光纤的粗细、数值孔径有关。

② 光探测器

光探测器的作用是把传送到接收端的光信号转换成电信号，以便作进一步的处理。它和光源的作用相反，常用的光探测器有光敏二极管、光敏三极管、光电倍增管等。

在光纤传感器中，光探测器性能好坏既影响被测物理量的变换准确度，又关系到光探测接收系统的质量。它的线性度、灵敏度、带宽等参数直接影响传感器的总体性能。

（2）光纤传感器分类

① 功能型光纤传感器（FF）

功能型光纤传感是利用光纤本身对外界被测对象具有敏感能力和检测功能，光纤不仅起到传光作用，而且在被测对象作用下，如光强、相位、偏振态等光学特性得到调制，调制后的信号携带了被测信息。如果外界作用时光纤传播的光信号发生变化，使光的路程改变、相位改变，将这种信号接收处理后，可以得到被测信号的变化。

② 非功能型光纤传感器（NFF）

非功能型光纤传感的光纤只当作传播光的媒介，待测对象的调制功能是由其他光电转换元件实现的，光纤的状态是不连续的，光纤只起传光作用。

（3）布拉格光栅

光纤布拉格光栅（Fiber Bragg Grating，FBG）简称光纤光栅，是纤芯折射率沿纤芯呈周期性变化（称为光折变）的光纤，利用硅光纤的紫外光敏性写入纤芯内，在纤芯内形成空间相位周期性分布，在光纤中形成周期性的光栅（如图 3.37 所示），即光纤的折射率随光强的空间分布发生相应的变化，如果这种折射率变化呈现周期性分布，就成为光纤光栅，其作用的实质就是在纤芯内形成一个窄带的（透射或反射）滤波器或反射镜。光纤中的折射率改变量与许多参数有关，如照射波长、光纤类型、掺杂水平等。FBG 反射光中心波长 λ_B：

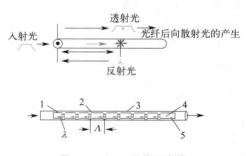

图 3.37　FBG 结构示意图

1—包层；2—感光折射率 n；3—包层折射率 n_2；
4—芯层折射率 n_1；5—芯层

$$\lambda_B = 2n_{ef}\Lambda \tag{3.38}$$

式中　n_{ef}——纤芯的有效折射率；

　　　Λ——纤芯折射率的调制周期（光栅的周期）。

基于光纤光栅的传感过程是通过外界物理参量（如应变、温度）对光纤布拉格波长的调制来获取传感信息，是一种波长调制型光纤传感器。利用这一特性可制造出多种性能独特的光纤器件，这些器件具有反射带宽范围大、附加损耗小、体积小、重量轻，免受电磁场干扰，易与光纤耦合，可与其他光器件兼容成一体，可用于恶劣环境并且灵敏度高、可靠性强等一系列优异性能。FBG 传感器可以经受几十万次循环应变而不劣化，且由于单路光纤上可以制作上百个光栅传感器，因此，特别适合组建大范围测试网络，实现分布式测试。

根据可以调制的物理参数，光纤传感器可分为应变型、位移型、加速度型等，包括光纤光栅应变传感器、位移传感器、加速度传感器和温度传感器。

（4）光纤光栅应变传感器

光纤光栅是利用光纤材料的光敏性，通过紫外光曝光的方法将入射光相干场图样写入纤芯，在纤芯内产生沿纤芯轴向的折射率周期性变化，从而形成永久性空间的相位光栅。其作用实质上是使光纤纤芯的折射率发生轴向周期性调制而形成的衍射光栅，是一种无源滤波器件。光纤光栅应变传感器是通过检测写入光纤内部的光栅反射或透射布拉格（FBG）波长光谱，实现被测对象应变的量测。其工作原理见图 3.38 所示。

布拉格应变是由波长决定的：

$$\frac{\Delta \lambda_B}{\lambda_B} = \frac{\Delta (n_{ef} \Lambda)}{n_{ef} \Lambda} = \left(1 + \frac{1}{n_{ef}} \frac{\partial n_{ef}}{\partial \varepsilon}\right) \Delta \varepsilon = (1 + P_e) \Delta \varepsilon = K_\varepsilon \Delta \varepsilon \tag{3.39}$$

式中　K_ε——光纤布拉格光栅的应变灵敏度系数（$K_\varepsilon \approx 0.788$）；

　　　P_e——光弹性系数（折射轴拉伸系数），光纤的 $P_e \approx -0.212$。

当光栅粘贴或埋入结构的待测部位，一宽带光源入射光纤时，光纤将反射一中心波长的窄带光，当光栅周围应变、应力等物理量发生变化，导致光栅栅距 T 变化，使窄带光发生改变，通过测量窄带中心波长的变化，就可知道光栅处的应变情况。但必须指出，决定光纤光栅传感器量测效果的成败，粘贴和安装技术是关键。

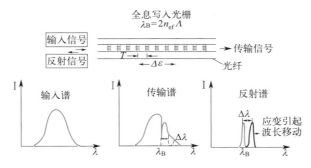

图 3.38　光纤光栅应变传感器工作原理

（5）光纤光栅位移传感器

光纤光栅位移量测原理见图 3.39，利用光纤可实现无接触位移量测。光源经一束多股光纤将光信号传送至端部，并照射到被测物体上。另一束光纤接收反射的光信号，并通过光纤传送到光敏元件上，两束光纤在被测物体附近汇合。被测物体与光纤间距离变化，反射到接收光纤上光通量发生变化，再通过光电传感器检测出距离的变化。

反射式光纤光栅位移传感器一般是将发射和接收光纤捆绑组合在一起，组合的形式不同，如：半分式、共轴式和混合式。

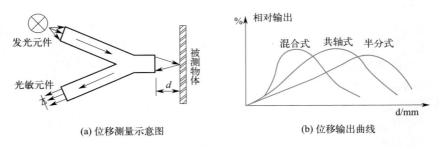

(a) 位移测量示意图　　　　(b) 位移输出曲线

图3.39　反射式光纤光栅位移传感器

3.10.4　振弦式光纤传感器的基本原理

（1）基本原理

振弦式光纤传感器的基本原理是以光纤作为振动弦，根据振动弦不同张力的变化而产生弦的固有频率的变化，再由振动弦的不同振动频率通过光纤传送所测物理量的变化。图3.40为振弦式光纤传感器的构造与原理图。根据振动理论可知，弦的振动频率与张力的平方根成正比，弦的张力与外力作用的变化有关，可以通过实测弦的振动频率变化求得变化的外力及变形。弦的张力 T 与振动频率 f 的关系，可由下式表达：

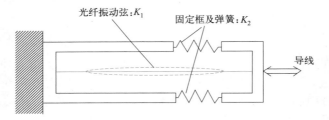

图3.40　振弦式光纤传感器的构造与原理图

$$f=\sqrt{Tg/\rho}\,/nl=\alpha\sqrt{T} \tag{3.40}$$

式中　l——振动弦的长度；

$\quad\quad T$——弦的张力；

$\quad\quad \rho$——弦的单位长度的重量；

$\quad\quad g$——重力加速度；

$\quad\quad n$——振动方式所对应的系数，一般 $n=2$，1，$1/2$，…；

$\quad\quad \alpha$——实验系数。

另外根据图3.41所示，振动弦的弹性系数 K_1，振动弦固定框的弹性系数 K_2，振动弦张力的振动周期初始值 T_0，外力 F 的关系由下式表示：

$$\frac{T_0-T}{K_1}=\frac{F}{K_1-K_2} \tag{3.41}$$

式中，$K=EA/l$，式（3.40）中的振动频率 f 和式（3.41）中的外力 F 的关系由下式表示：

$$f=\alpha\sqrt{T_0-\frac{K_1}{K_1+K_2}F} \tag{3.42}$$

由式(3.42)可知,这种传感器结构方式,基本上由外力 F 支配,由此可以看出,选择传感器时要求传感器的刚性要远远小于被测定结构物的刚性,光纤应变传感器的使用才有效果。

（2）振弦式光纤传感器的测量系统

振弦式光纤传感器的测量系统构成如图3.41所示。由振弦式光纤传感器、电源、光源和量测显示部分以及传送信号的光纤导线组成。

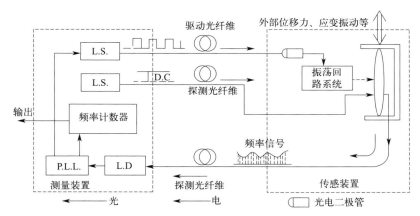

图 3.41　振动弦式光纤传感器的测量系统组成

3.10.5　光纤传感器的品种

自从光纤传感器问世以来,在品种和用途上有了很大发展,目前主要有:结构表面光纤光栅应变传感器、混凝土内部光纤应变传感器、光纤温度传感器、光纤裂缝传感器和光纤速度型传感器等。

3.11　数据采集系统

3.11.1　数据采集系统的组成

通常,数据采集系统的硬件由三个部分组成:传感器部分、数据采集仪部分和计算机(控制器)部分。

传感器部分包括前面所提到的各种电测传感器,它们的作用是感受各种物理变量,如力、线位移、角位移、应变和温度等,并把这些物理量转变为电信号。一般情况下,传感器输出的电信号可以直接输入数据采集仪;如果某些传感器的输出信号不能满足数据采集仪的输入要求,则还要加上放大器等。

数据采集仪部分包括:与各种传感器相对应的接线模块和多路开关,其作用是与传感器连接,并对各个传感器进行扫描采集;A/D 转换器,对扫描得到的模拟量进行 A/D 转换,转换成数字量;主机,其作用是按照事先设置的指令或计算机发给的指令来控制整个数据采集仪,进行数据采集;储存器,可以存放指令、数据等;其他辅助部件。数据采集仪的作用是对所有的传感器通道进行扫描,把扫描得到的电信号 A/D 转换成数字量,再根据传感器特性对数据进行传感器系数换算(如把电压数换算成应变或温度等等),然后将这些数据传送给计算机，或者将这些数据存入磁盘，打印输出。

计算机的主要作用是作为整个数据采集系统的控制器，控制整个数据采集过程。在采集过程中，通过数据采集程序的运行，计算机对数据采集仪进行控制。采集数据还可以通过计算机进行处理，实现实时打印输出和图像显示并存入磁盘文件。此外，计算机还可用于试验结束后的数据处理。

3.11.2 数据采集系统常用的几种类型

数据采集系统可以对大量数据进行快速采集、处理、分析、判断、报警、直读、绘图、储存、试验控制和人机对话等，可进行自动化数据采集和试验控制，它的采样速度可高达每秒几万个数据或更多。目前国内外数据采集系统的种类很多，按其系统组成的模式大致可分为以下几种：

（1）大型专用系统

将采集、分析和处理功能融为一体，具有专门化、多功能和高档次的特点。

（2）分散式系统

由智能化前端机、主控计算机或微机系统、数据通信及接口等组成，其特点是前端可靠近测点，消除了长导线引起的误差，并且稳定性好、传输距离远、通道多。

（3）小型专用系统

这种系统以单片机为核心，小型、便携、用途单一、操作方便、价格低，适用于现场试验时的测量。

（4）组合式系统

这是一种以数据采集仪和微型计算机为中心，按试验要求进行配置组合成的数据采集系统，它适用性广，价格便宜、是一种比较容易普及的系统。

图 3.42 所示是以数据采集仪为主配置的数据采集系统，它是一种组合式系统，可满足不同的试验要求。传感器部分中，可根据试验任务，只把要用的传感器接入系统。传感器与系统连接时，可以按传感器输出的形式进行分类，分别与采集仪中相应的测量模块连接。例如，应变计和应变式传感器与应变测量多路开关连接；热电偶温度计与热电偶测温多路开关连接；热敏电阻温度计和其他传感器可与相应的多路开关连接。该数据采集仪的主机具有与计算机高级语言相类似的命令系统，可进行设置、测量、扫描、触发、转换计算、存储和子程序调用等操作，还具有时钟、报警、定速等功能。该数据采集仪具有各种不同的功能模

(a) 智能无线式   (b) 传统布线式

图 3.42　组合式数据采集系统的组成

块，例如积分式电压表模块用于 A/D 转换，高速电压表用于动力试验的 A/D 转换，控制模块用于控制盘驱动器、打印机和其他仪器，各种多路开关模块用于与各种传感器连成测量电路，执行扫描和传输各种电信号，等等。这些模块都是插件式的，可以根据数据采集任务的需要进行组装，把所需要用的模块插入主机或扩充箱的槽内即可。图中配置的计算机部分，可以进行实时数据采集，也可以使采集仪主机独立进行数据采集。进行实时数据采集时，通过数据采集程序的运行，计算机向数据采集仪发出采集数据的指令；数据采集仪对指定的通道进行扫描，对电信号进行 A/D 转换和系数换算，然后把这些数据存入输出缓冲区；计算机再把数据从数据采集仪读入计算机内存，对数据进行计算处理，实时进行打印输出和图像显示，存入磁盘文件。

拓展阅读：大型混凝土框架结构变形测量。

 思考拓展

3.1　量测仪表通常由哪几部分组成？量测技术包括哪些内容？

3.2　名词解释：量程、刻度值、灵敏度、频率响应。

3.3　量测仪表的选用原则是什么？

3.4　量测仪表为什么要率定？其目的和意义是什么？

3.5　如何测定结构的应力？常用的量测方法有哪几种？

第 4 章
土木工程结构试验设计

本章数字资源

教学要求
知识总结
拓展阅读
在线题库
课件获取

学习目标

掌握结构试件形式、尺寸与数量的基本要求。

掌握结构试验荷载的加载图示和试验荷载的取值。

掌握正确的量测方法，合理地选择量测仪器。理解结构试验设计中试件设计、荷载和量测方案设计的主要内容。

掌握常用的加载方法，了解不同加载方法的区别、合理设计加载方案。

4.1　土木工程结构试验的一般过程

土木工程结构试验包括结构试验设计阶段、准备阶段、实施阶段和总结阶段等主要环节，每个环节的工作内容和它们之间的关系如图 4.1 所示。

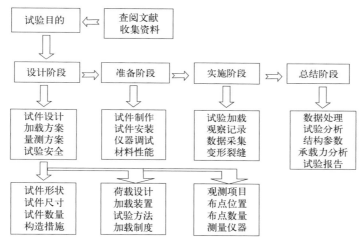

图 4.1　结构试验程序

4.2　土木工程结构试验的试件设计

土木工程结构试验的对象一般为单个试样或整个试验结构。试验中试件的形态和尺寸关系到结构试验的目的，可以是真实结构，也可以是真实结构的一部分。当全尺寸的原型结构不能用于测试时，可以使用缩尺模型进行测试。在大型结构实验室中，用于结构试验的试件大部分为按比例缩小的构件，少数为整体模型试件。

采用缩尺模型试验可以大大节省材料，减少试验工作量，缩短试验时间。在使用缩尺模型进行结构试验时，应考虑试验模型的力学性能与试验原型结构的相关性。使用原型结构进行试验是理想的，但由于原型结构试验规模大、测试设备多、成本高，目前仍多采用缩尺模型试验。基础构件的力学性能试验多采用比例模型构件进行，一般不存在模拟比例的问题。其测试数据可直接用于分析。

试件设计应包括试件形状选择、试件尺寸与数量的确定以及构造措施的设计等。同时还必须满足结构与受力的边界条件、试件的破坏特征、试验加载条件的要求，力求以最少的试件数量获得最多的试验数据和试验现象，反映研究的规律以满足研究的目的需要。

4.2.1 试件的形状

试件设计的基本要求是建立与实际应力相一致的应力状态。当从整体结构中取出部分构件进行单独试验时，特别是对于复杂超静定系统中的构件，必须注意模拟其边界条件，以反映结构构件的实际工作状态。

如图 4.2(a) 所示，进行水平荷载作用的结构内力（应力）分析时，当需要对 $A—A$ 的柱脚、柱头部分做试验时，试件要设计成如图 4.2(b) 所示；若需要对柱中部 $B—B$ 部位做试验，试件要设计成如图 4.2(c) 所示；对于梁，如设计成如图 4.2(f)、图 4.2(g) 所示那样，则应力状态可与设计目的相一致。

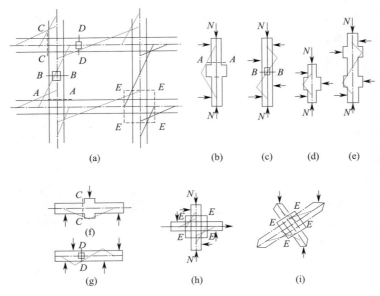

图 4.2 平面框架结构中梁柱和节点试件形状

做柱的试验时，若要探讨其挠曲破坏性能，试件图 4.2(d) 是足够的，但若做剪切性能的探讨，则反弯点附近的应力状态与实际应力情况有所不同。为此，有必要采用图 4.2(e) 中的反对称加载。

设计试件时，在满足基本要求的情况下，应力求使试验做起来既简单，又能得到精确的结果。因此，对梁端、柱头、柱脚的探讨，没有试件设计成十字或 X 形等形状。做节点部分的性能研究时，必须对柱、梁试件做足够的加固，如图 4.2(f) 和图 4.2(g) 所示，以避免试验中柱、梁被破坏，但试验结果可能与实际存在差异。对含有柱、梁节点部件的整体框架做强度和刚度研究时，可采用图 4.2(f) 和图 4.2(d) 的方法。但如需由定向轴力来施加 M、V 时，可用图 4.2(h) 中的十字形试件，而对设计内力 N、M、V 作用下反应的状况进行探讨时，可用图 4.2(i) 中的 X 形试件。

设计试件时，还应兼顾便于试验加载和安全试验等问题。例如，为了对偏心受压柱施加偏心力，设计柱试件时应在柱的两端附设构造牛腿；为了防止柱头破坏先于柱身破坏，设计时应加强柱头的构造措施等等。

4.2.2　试件尺寸

土木工程结构试验所用试件的形状和尺寸，总体上分为原型和模型两类。

生产鉴定性试验中的试件一般为实际工程中的构件，即原型构件，如屋面板、吊车梁、预应力桥梁等。

用来做基本构件性能研究的试件大部分采用缩小比例的小构件，如压弯构件的截面为（150mm×150mm）～（400mm×400mm），矩形柱（偏压剪）构件的截面为（150mm×150mm）～（500mm×500mm），双向受力构件的截面为（100mm×100mm）～（300mm×300mm）。剪力墙墙体试件的外形尺寸为（800mm×1000mm）～（1780mm×4000mm），多层的剪力墙外层尺寸为原型外层尺寸的1/10～1/3。砖石及砌块的砌体试件一般取为原型的1/4～1/2。框架试件截面尺寸为原型的1/4～1/2。框架节点一般为原型的1/2～1，做足尺模型试验一般要求反映有关节点的配筋与构造特性。

实践证明，试件尺寸受到尺寸效应、构造要求、试验设备和经费条件等因素的制约。

① 尺寸效应反映结构构件和材料强度随试件尺寸的改变而变化的性质。宏观方面，试件尺寸越大，其存在缺陷的概率越大，强度越低，离散性越大。尺寸越小，强度越大，离散性越小。但小尺寸试件，有时难以满足试件构造上的要求，如钢筋混凝土构件的钢筋搭接锚固长度要求，节点部位的箍筋密集或纵筋间距影响混凝土的浇筑、振捣，砌体结构的灰缝太小难以满足砌筑条件等。

② 设备条件指的是实验室的净空尺寸、吊车起重能力、试验加载设备的能力（荷载大小或位移大小）等。

③ 试验经费也是一个重要因素，原型或足尺模型试验最能反映结构受力和实际工作的优点，但试验所耗费的经费和人力非常大；同样的费用，可做小比例尺寸试件的数量和类型大大增加；还可以改善试验条件，提高测试数据的精确度。

因此，需要综合考虑试件尺寸、构造要求、设备能力、经费等因素，设计试验构件的类型形状和尺寸大小。

对于静力试验，局部性的试件尺寸比例可为原型的1/4～1，而整体结构试验试件可取原型的1/10～1/4。

对于动力试验，试件尺寸经常受到试验激振、加载条件等因素的限制，可在现场的原型结构上进行试验，量测结构的动力特性。对于在实验室内进行的动力试验，可以对足尺构件进行疲劳试验。

对于振动台试验，受振动台台面尺寸和激振力大小等参数限制，一般做缩尺的模型试验，比例大多在1/50～1/4范围内。

4.2.3　试件数目

在进行试件设计时，试件数目的多少，直接关系到能否满足试验的目的、任务和试验工作量的问题，同时也受试验人员、经费和时间的限制。

对于鉴定性试验，一般按照试验任务的要求有明确的试验对象，试验数量应符合相应规范 GB/T 50344《建筑结构检测技术标准》中结构性能检验的规定。

对于科研性试验，其试验对象是按照研究目的专门设计的，这类结构的试验往往是某一研究专题或课题的一部分，特别是构件性能的基础研究。由于影响构件基本性能的参数较多，所以要根据各参数构成的因子数和水平数来决定试件数目，参数多则试件的数目也多。

试验数量的设计方法有4种，即优选法、因子法、正交法和均匀法。下面对这4种方法的特点做简单描述。

（1）优选法

针对不同的试验内容，利用数学原理合理地安排试验点，用步步逼近、层层选优的方式以求迅速找到最佳试验点的试验方法称为优选法。

单因素问题设计方法中的 0.618 法是优选法的典型代表。用优选法对单因素问题试验数量进行设计的优势最为显著，多因素问题设计方法已被其他方法代替。

（2）因子法

因子是对试验研究内容有影响的因素，因子数即可变化因素的个数，水平是因子可改变的试验档次，档次数即为水平数。

因子法又称全面试验法或全因子法，试验数量等于以水平数为底，以因子数为幂的幂函数，即

$$试验数＝水平数^{因子数}$$

因子法试验数的设计值见表 4.1。由表 4.1 可见，因子数和水平数稍有增加，试件的个数就极大增多，所以因子法在结构试验中不常采用。

表 4.1　用因子法计算试验数量

因子数	水平数			
	2	3	4	5
1	2	3	4	5
2	4	9	16	25
3	8	27	64	125
4	16	81	256	625
5	32	243	1024	3125

（3）正交法

在进行混凝土柱强度的基本性能试验研究中，以混凝土强度、配筋率、配箍率、轴向力和剪跨比等 5 个参数作为因子，利用全因子法设计，当每个因子各有 2 个水平数时，试验试件数应为 32 个；当每个因子有 3 个水平数时，则试件的数量将激增为 243 个，即使混凝土强度等级取一个级别，试验试件数仍需 81 个，这样多的试件实际上是很难做到的，而且费用也是巨大的。

为此，在试验设计中经常采用一种解决多因素问题的试验设计方法——正交法，它主要是应用均衡分散、整齐可比的正交理论编制的正交表来进行整体设计和综合比较的。它极大地减少了试验所需要的试件数，有效解决了实际需要少量试验与要求全面掌握内在规律之间的矛盾。

现仍以混凝土柱强度的基本性能研究问题为例，用正交试验法做试件数目设计。如果同前面所述主要影响因子有 5 个，而混凝土只用一种强度等级 C40，这样实际因子数为 4，若每个因子各有 3 个档次，即水平数为 3 时，将钢筋混凝土柱剪切强度试验分析因子与水平数列于表 4.2。

表 4.2　钢筋混凝土柱剪切强度试验分析因子与水平数

主要分析因子		因子档次数		
代号	因子名称	1	2	3
A	钢筋配筋率	0.5	0.9	1.3
B	配箍率	0.2	0.35	0.5
C	轴向力	40	60	80
D	剪跨比	2	3	4
E	混凝土强度等级 C40	19.1MPa		

用 L 表示正交设计，其他数字的含义用下式表示

$$L_{试验数}(水平数\,1^{相应因子数}×水平数\,2^{相应因子数})$$

L_{16} $(4^2×2^9)$ 的含义是某试验对象有 11 个影响因素，其中 4 个水平数的因素有两个，2 个水平数的因素有 9 个，其试验数为 16，即试验数等于最大水平数的平方。

因此，钢筋混凝土柱强度试验试件数量为 L_9 $(3^4×1)$，试件主要因子组合见表 4.3。即这一问题通过正交设计法进行设计，则原来需要 81 个试件可以综合为 9 个试件。

表 4.3　试件主要因子组合

试件数量	A	B	C	D	E
	钢筋配筋率	配箍率	轴向力	剪跨比	混凝土强度等级
1	0.5	0.2	40	2	C40
2	0.5	0.35	60	3	C40
3	0.5	0.5	80	4	C40
4	0.9	0.2	40	4	C40
5	0.9	0.35	60	2	C40
6	0.9	0.5	80	3	C40
7	1.3	0.2	40	3	C40
8	1.3	0.35	60	4	C40
9	1.3	0.5	80	2	C40

上述例子的特点是：各个因子的水平数相等，试验数正好等于水平数的平方，即

$$试验数＝水平数^2$$

当试验对象各个因子的水平数互不相等时，试验数与各个因子的水平数之间存在下面的关系。

$$试验数＝(水平数\,1)^2×(水平数\,2)^2×\cdots$$

正交表中除了有 L_9 (3^4)、L_4 (2^3)、L_{16} (4^5) 外，还包括 L_{16} (4^5)、L_{16} $(4^2×2^9)$ 等。试件数量设计是一个多因素问题，在实践中应该使试件的数目少而精，以质取胜，切忌盲目追求数量；要使所设计的试件尽可能一件多用，即以最少的试件，最少的人力、经费，得到最多的数据；要使通过设计所决定的试件数量、经试验得到的结果能反映试验研究的规律性，满足研究目的的要求。

（4）均匀法

均匀设计法是由我国著名数学家方开泰、王元在 1978 年合作创建的以数理学和统计学为理论基础，以分散均匀为设计原则的全新设计方法，其最大的优点是能以最少的试验数量，获得最理想的试验结果。

利用均匀法进行设计时，一般地，不论设计因子数有多少，试验数与设计因子的最大水平数相等。即

$$试验数＝最大水平数$$

设计表用 U_n (q^S) 表示，其中 U 表示均匀设计法；n 表示试验次数；q 表示因子的水平数；S 表示表格的列数（注意：不仅仅是列号），也表示设计表中能够容纳的因子数。

根据均匀设计表 U_6 (6^4)，试件主要因子组合见表 4.4 和表 4.5。

表 4.4　U_6 (6^4) 使用表

S	列号				D
2	1	3	—	—	0.1875
3	1	2	3	—	0.2656
4	1	2	3	4	0.2990

注：D 值表示刻画均匀度的偏差，偏差值越小，表示均匀度越好。

表 4.5　$U_6(6^4)$ 设计表

列号		1	2	3	4
	1	1	2	3	4
	2	2	4	6	5
水平数	3	3	6	2	4
	4	4	1	5	3
	5	5	3	1	2
	6	6	5	4	1

　　在表 4.4 中，S 可以是 2 或 3 或 4，即因子数可以是 2 或 3 或 4，但最多只能是 4。在这里可以看出，S 越大，均匀设计法的优势越突出。

　　前述钢筋混凝土柱强度的基本性能研究问题，若应用均匀设计法进行设计，原来需要 9个试件，现在则可以综合为 4 个试件，且水平数由原来的 3 个增加至 6 个。

4.2.4　结构试验对试件的构造要求

　　在试件设计中，当确定了试件形状、尺寸和数量后，在每个试件的设计和制作过程中，还必须同时考虑安装、加载、测量的需要，在构件上采取必要的措施。例如，混凝土试件的支撑点应预埋钢垫板以及在试件承受集中荷载的位置上应设钢板[图 4.3(a)]，在屋架试验受集中荷载作用的位置上应预埋钢板，以防止试件局部承压而破坏。试件加载面倾斜时，应做出凸缘[图 4.3(b)]，以保证加载设备的稳定。

　　在进行钢筋混凝土框架试验时，为了满足在框架端部侧面施加反复荷载的需要，应设置预埋构件以便与加载用的液压加载器或测力传感器连接；为保证框架柱脚部分与试验台的固接，一般均设置加大截面的基础梁[图 4.3(c)]。在砖石或砌体试件中，为了施加在试件的竖向荷载能均匀传递，一般在砌体试件的上下均应预先浇筑混凝土的垫块[图 4.3(d)]。

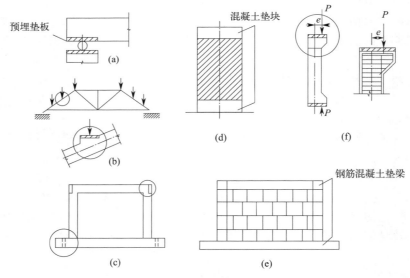

图 4.3　试件设计构造要求

　　对于墙体试件，在墙体上下均应浇筑钢筋混凝土垫梁，其中下面的垫梁可以用于基础梁，使之与试验台座固定，上面的垫梁模拟过梁传递竖向荷载[图 4.3(e)]在做钢筋混凝土偏心受压构件试验时，试件两端要做成牛腿以增大端部承压面和便于施加偏心荷载[图 4.3 (f)]，并在上下端加设分布钢筋网片进行加强。

这些构造是根据不同加载方法设计的，加强部位的强度要有足够的安全储备，不仅要考虑到计算中可能产生的误差，而且要考虑施工的误差，确保其不产生过大的变形造成加荷点的位置改变或影响试验精度，更不允许该构造加强的部位先于测试部位破坏。

在科研试验中，为了保证结构或构件在预定的部位破坏，以期得到必要的测试数据，需要对结构或构件的其他部位事先进行局部加强。

为了保证试验量测的可靠性和仪表安装的方便，在试件内必须预设埋件或预留孔洞。对于为测定混凝土内部应力而预埋的元件或专门的混凝土应变计、钢筋应变计等，应在浇筑混凝土前，按相应技术要求用专门的方法就位、固定埋设在混凝土内部。

4.3　试验荷载方案设计

4.3.1　试验荷载设计的要求

正确地选择试验荷载和设计加载方法，是保证试验质量和试验顺利完成的前提。选择试验荷载和加载方法时，应满足下列几点要求。

试验荷载在试验结构构件上的布置形式（包括荷载类型和分布情况）称为加载图式。为了便于比较试验结果与理论计算结果，加载图式应与理论计算简图相一致，如计算简图为均布荷载，加载图式也应为均布荷载，计算简图为集中荷载，则加载图式也应为简图的集中荷载，且荷载的大小、数量及作用位置与简图保持一致。

荷载数值要准确、稳定，传力方式和作用点要明确，特别是静力荷载要不随加载时间、外界环境和结构的变形而变化。

荷载分级的数值要结合试验的目的和要求，合理的分级便于观察构件的受力情况，同时必须满足试验量测的精度要求。

加载装置本身要有足够的安全性和可靠性，不仅要满足强度要求，还要满足刚度要求，防止设备变形对试件产生卸荷作用，进而影响结构实际受力情况。

加载设备的操作要方便，便于加载和卸载，并能控制加载速度，又能满足同步或不同步加载的要求。

试验加载方法要力求采用现代化先进控制技术，减轻体力劳动，提高试验精确度。

试验荷载图式要根据试验目的来确定，试验时的荷载应使结构处于某一种实际受力情况下的弯矩、剪力、应力、应变的真实的、最不利的工作情况。

试验时常因各种原因，不能采用与设计计算相一致的荷载图式，其原因总结如下。

① 设计计算时采用的荷载图式与实际结构受力有所不同时，在试验时采用更接近于结构实际受力情况的荷载布置方式。

例如，钢筋混凝土梁和楼板，设计时楼板和次梁均按简支进行计算，施工后由于混凝土整层浇筑，楼面的整体性加强，试验时要考虑邻近构件对受载部分的影响，即要考虑荷载的横向分布，此时荷载图式可根据实际受力情况做适当变化。

② 由于试验条件的限制和考虑加载的便利性，在不影响试验结果的前提下改变加载图式。

例如，当对承受均布荷载的简支梁或屋架做试验时，为了试验的方便和减少加载用的荷载量，常用几个集中荷载来代替均布荷载，但是集中荷载的数量与位置应尽可能符合均布荷载所产生的内力值，由于集中荷载可以很方便地用少数几个液压加载器或杠杆产生，这样不仅简化了试验装置，还可以大大减轻试验加载的工作量。采用这样的方法时，试验荷载的大小要根据相应等效条件换算得到，因此称为等效荷载。

采用等效荷载时，要全面验算由于荷载图式的改变对试验结果的各种影响。当构件满足强度等效，而整体变形（如挠度）条件不等效时，则需对所测变形进行修正。取弯矩等效时，需验算剪力对构件的影响。

4.3.2　单调加载静力试验

单调加载静力试验是结构静载试验的典型代表，其荷载按作用的形式不同可分为集中荷载和均布荷载；按作用的方向不同可分为垂直荷载、水平荷载和任意方向荷载；按作用方向是否反复分为单向作用和双向反复作用荷载等。根据试验目的不同，要求试验时能正确地在试件上呈现上述荷载。试验荷载制度指的是试验进行期间荷载与时间的关系。只有正确制订试验的加载制度和加载程序，才能正确了解结构的承载能力和变形性质，才能将试验结果进行相互比较。

荷载制度包括加荷、卸荷的程序和加荷、卸荷的大小两个方面的内容。

（1）加荷卸荷的程序

确定荷载种类和加载图式后，应按一定程序加载。荷载程序可以有多种，根据试验的目的、要求来选择，一般结构静力试验的加载分为预载、标准荷载（正常使用荷载）、破坏荷载 3 个阶段，每次加载均采用分级加载制。卸荷有分级卸荷和一次性卸荷两种。图 4.4 所示为静力试验荷载程序，也称荷载谱。有的试验只加载到标准荷载，试验完成后试件还可使用，现场结构或构件试验常用此法进行；有的试验当加载到标准荷载恒载后，不卸载即直接进入破坏阶段。

试验荷载分级加（卸）载的目的主要是方便控制加（卸）载速度和观测分析结构的各种变化，以及统一各点加载的步调。

（2）加荷卸荷的大小

在试验的不同阶段有不同的试验荷载值。

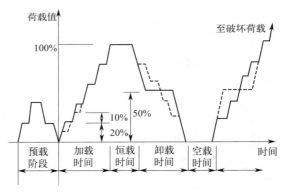

图 4.4　单调加载静力试验加载程序

对于预载试验，通过预载可以发现一些潜在问题，并把它解决在正式试验之前，是正式试验前进行的一次演习，对保证试验工作顺利开展具有重要意义。

预载试验一般分三级进行，每级不超过标准荷载值的 20%，然后再分级卸载，2～3 级卸完。加（卸）一级，停歇 10min。对混凝土等脆性材料，预载值应小于计算开裂荷载值。

对于标准荷载试验，每级加载值宜取标准荷载的 20%，一般分五级加到标准荷载。

对于破坏性试验，在标准荷载之后，每级荷载不宜大于标准荷载的 10%；当荷载加到计算破坏荷载的 90% 后，为了求得精确的破坏荷载值，每级应取不大于标准荷载的 5%；对于抗裂检测试验，加载到计算开裂荷载的 90% 后，也应改为用不大于标准荷载的 5% 加载，直至第一条裂缝出现为止；对于间断性加载的试验，均须有卸载的过程，使结构、构件有恢复弹性变形的时间。

卸载一般可按加载级距进行，也可以按加载级距的两倍或分两次卸完。测残余变形应在第一次逐级加载到标准荷载完成恒载并分级卸载后，再空载一定时间：钢筋混凝土结构应大于 1.5 倍标准荷载的加载恒载时间；钢结构应大于 30min；木结构应大于 24h。

对于预制混凝土构件，在进行质量检验评定时，可执行 T/CECS 631《预制混凝土构件质量检验标准》的规定。混凝土结构静力试验的加载程序可执行 GB/T 50152《混凝土结构试验方法标准》的规定。对于结构抗震试验，则可按 JGJ/T 101《建筑抗震试验规程》的有关规定进行设计。

4.3.3　结构低周反复加载静力试验

进行结构低周反复加载静力试验的目的：一是研究结构在地震荷载作用下的恢复力特性，确定结构构件恢复力的计算模型；通过低周反复加载试验所得的滞回曲线和曲线所包围的面积求得结构的等效阻尼比，衡量结构的耗能能力；由恢复力特性曲线可得到与一次加载相接近的骨架曲线及结构的初始刚度和刚度退化等重要参数。二是通过试验可以从强度、变形和能量 3 个方面判别和鉴定结构的抗震性能。三是通过试验研究结构构件的破坏机理，为改进现行抗震设计方法和修改规范提供依据。

采用低周反复加载静力试验的优点是在试验过程中可以随时停下来，不定期观察结构的开裂和破坏状态，便于检验校核试验数据和仪器的工作情况，并可按试验需要修正和改变加载程序。其不足之处在于试验的加载程序是事先由研究者主观确定的，与地震记录没有直接关系，由于荷载是按力或位移对称反复施加的，因此与任一次确定性的非线性地震反应相差很远，不能反映出应变速率对结构的影响。

（1）单向反复加载制度

目前，国内外较为普遍采用的单向反复加载制度有位移控制加载、力控制加载以及力控制和位移控制的混合加载 3 种方法。

① 位移控制加载法

位移控制加载法是目前在结构抗震恢复力特性试验中使用得最普遍和最多的一种加载方案。这种加载方案在加载过程中以位移为控制值，或以屈服位移的倍数作为加载控制值。此位移概念是广义的，可以是线位移，也可以是转角、曲率或应变等参数。

当试验对象具有明确的屈服点时，一般以屈服位移的倍数为控制值。当构件不具有明确的屈服点或无屈服点时，则由研究者制订一个恰当的位移标准值来控制试验加载。

位移控制的变幅加载如图 4.5 所示。图中纵坐标是延性系数或位移值，横坐标为反复加载的周次，每一周以后增加位移的幅值。当对一个构件的性能不了解时，作为探索性的研究，或者在确定恢复力模型的时候，用变幅加载来研究强度、变形和耗能的性能。

位移控制的等幅加载如图 4.6 所示。这种加载制度是在整个试验过程中始终按照等幅位移施加，主要用于研究构件的强度降低率和刚度退化规律。

变幅等幅混合加载是将变幅、等幅两种加载制度结合起来的位移混合加载制度，如图 4.7 所示。这样可以综合地研究构件的性能，其中包括等幅部分的强度和刚度变化，以及在变幅部分特别是大变形增长情况下强度和耗能能力的变化。在这种加载制度下，等幅部分的循环次数可随研究对象和要求的不同而异，一般 2~10 次不等。

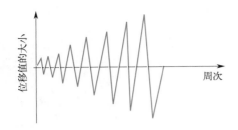

图 4.5　位移控制的变幅加载制度

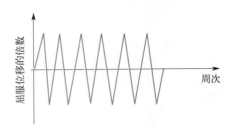

图 4.6　位移控制的等幅加载制度

图 4.8 所示的也是一种位移混合加载制度，在两次大幅值之间有几次小幅值的循环，这是为了模拟构件承受二次地震冲击的影响，其中用小循环加载来模拟余震的影响。

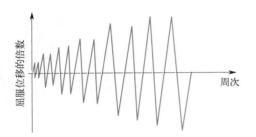

图 4.7　位移控制的变幅、等幅加载制度

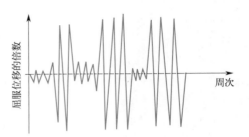

图 4.8　另一种位移控制的变幅、等幅加载制度

由于试验对象、研究目的要求的不同，国内外学者在他们所进行的试验研究工作中采用了各种控制位移加载的方法，通过恢复力特性试验以研究和改进构件的抗震性能，在上述 3 种控制位移的加载方案中，变幅等幅混合加载的方案使用得最多。

②　力控制加载法

力控制的加载方法通过控制施加于结构或构件的作用力的数值变化来实现低周反复加荷的要求。控制作用力的加载制度如图 4.9 所示，纵坐标为施加的力的值，横坐标为加卸荷载的周次。由于它不如控制位移加载那样可以直观地按试验对象的屈服位移的倍数来研究结构的恢复特性，所以在实践中这种方法使用较少。

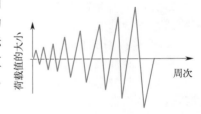

图 4.9　控制作用力的加载制度

③　力控制和位移控制的混合加载法

力和位移混合加载法是先控制作用力、再控制位移的加载方法。在力控制加载时，不管实际位移是多少，一般是结构开裂后才逐步加上去，一直加到屈服荷载，再转为位移控制。开始施加位移时要确定一个标准位移，它可以是结构或构件的屈服位移，在无屈服点的试件中标准位移由研究人员确定数值。从转变为位移控制加载开始，即按标准位移值的倍数进行控制加载，直到结构破坏为止。

（2）双向反复加载制度

为了研究地震对结构构件的空间组合效应，改进结构构件采用单方向加载时不考虑另一方向地震力同时作用对结构影响的局限性，可在 X、Y 两个主轴方向同时施加低周反复荷载（图 4.10）。如对框架柱或压杆的空间受力和框架梁柱节点两个主轴方向所在平面内，采用梁端加载方案施加反复荷载试验时，可采用双向同步或非同步的加载制度。

①　X、Y 轴双向同步加载

与单向反复加载相同，低周反复荷载作用在与构件截面主轴成交角的方向做斜向加载，

使 X、Y 两个主轴方向的分量同步作用。

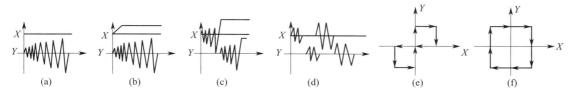

图 4.10　双向低周反复加载制度

当采用由计算机控制的电液伺服加载器进行双向加载试验时，可以对某一结构构件在 X、Y 轴两个方向成 90°作用，实现双向协调稳定的同步反复加载。

② X、Y 轴双向非同步加载

非同步加载是在构件截面的 X、Y 两个主轴方向分别施加低周反复荷载。由于 X、Y 两个方向可以不同步地先后和交替加载，一般采取的加载方案有以下几种：

a. X 轴方向不加载，Y 轴方向反复加载；Y 轴方向不加载，X 轴方向反复加载[如图 4.10(a)所示]。

b. X 轴方向加载后保持恒载，Y 轴方向反复加载[如图 4.10(b)所示]。

c. X、Y 轴方向先后反复加载[如图 4.10(c)所示]。

d. 两方向交替反复加载[如图 4.10(d)所示]。

e. 两方向的 8 字形加载[如图 4.10(e)所示]或方形加载[如图 4.10(f)所示]。

4.3.4　结构动力特性测试试验

结构动力特性是反映结构本身所固有的动力性能的。它的主要内容包括结构的自振频率、阻尼系数和振型等一些基本参数，也称动力特性参数或振动模态参数，这些特性是由结构形式、质量分布、结构刚度、材料性质、构造连接等因素决定的，与外荷载无关。

在结构抗震设计中，为了确定地震作用的大小，需了解各类结构的自振周期。同样，当对已建建筑进行震后加固修复时，也需要了解结构的动力特性，建立结构的动力计算模型，才能进行地震反应分析。

测量结构动力特性，了解结构的自振频率，可以避免和防止动荷载作用所产生的干扰与结构产生共振或拍振现象。在设计中可以使结构避开干扰源的影响，同样也可以设法防止结构自身动力特性对仪器设备工作产生的干扰，可以帮助寻找相应的措施进行防震、隔震或消震。

结构动力特性试验的方法主要有人工激振法和环境随机振动法。人工激振法又可分为自由振动法和强迫振动法。

（1）自由振动法

在试验中可采用初位移或初速度的突卸或突加载的方法，使结构受一冲击荷载作用而产生自由振动；在现场试验中可用反冲激振器对结构产生冲击荷载；在工业厂房中可以通过锻锤、冲床、行车刹车等使厂房产生垂直或水平的自由振动；在桥梁上则可用载重汽车越过障碍物或突然制动产生冲击荷载；在模型试验时可以采用锤击法激励模型产生自由振动。

试验时将测振传感器布置在结构可能产生最大振幅的部位。通过测量仪器的记录，可以得到结构的有阻尼自由振动曲线（图 4.11）。在振动时程曲线上，求得结构的自振频率 $f =$

$1/T$，多取几个波形，以求得其平均值。

（2）强迫振动法

强迫振动法也称共振法，可采用惯性式机械离心激振器对结构施加周期性的简谐振动，也可采用电磁激振器，使结构的模型产生强迫振动。

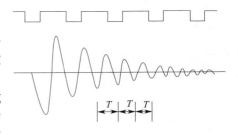

图4.11　有阻尼自由振动曲线

利用激振器可以连续改变激振频率的特点，在试验中结构产生共振时振幅出现极大值，这时激振器的频率即结构的自振频率，由共振曲线的振幅最大值（峰点）对应的频率，即可相应得到结构的第一频率（基频）和其他高阶频率。

试验时激振器的激振方向和安装位置按试验要求确定。对于整体结构试验，大多安装在结构顶层做水平方向激振，对于梁板构件，则做垂直激振。将激振器的转速由低到高连续变换，称为频率扫描，由此测得各测点相应的共振曲线，在共振点前后进行稳定激振，以求得正确的共振频率数值。

4.3.5　结构动力加载试验

结构动力加载试验可以区分为周期性动力加载试验和非周期性的动力加载试验。周期性动力加载试验手段有偏心激振器、电液伺服加载器、单向周期性振动台等。

（1）周期性动力加载试验

① 强迫振动共振加载

强迫振动共振加载按加载方法的不同，可分为稳态正弦激振和变频正弦激振。

稳态正弦激振，是在结构上作用一个按正弦变化的，作用于单一方向的力，它的频率保持为某一数值。对结构振动进行测量，然后将频率调到另一数值上，重复测量，持续进行以得到整个振动过程的反应曲线。通过测量结构在各个不同频率下结构振动的振幅，可以得到结构的共振曲线。这种加载制度的目的是使激振频率固定在一段足够长的时间内，以便使全部的瞬态运动能够消除并建立起均匀的稳态的运动。稳态正弦激振要求激振频率能在一段时间内保持固定不变，在实际工作中发现满足这种要求有较大的困难。

变频正弦激振采用一个偏心激振器激振，通过控制系统使其转速由小到大，达到比试验结构的任何一阶自振频率都要高的速度，然后关闭电源，让激振器原转速自由下降，通过结构的各阶自振频率，如果激振器的摩擦很小，则自由下降的时间相对会长些，并在结构各个自振频率处由共振而形成相当大的振幅。

② 有控制的逐级动力加载试验

对于在实验室内进行的足尺或模型等结构构件的动力加载试验，当采用电液伺服加载器或单向周期性振动台进行加载时可以利用加载控制设备实现对结构有控制的逐级动力加载。

（2）非周期性的动力加载试验

在采用电液伺服加载器对结构直接加载的试验中，可以控制加载的频率，更准确地研究应变速率对结构强度和变形能力的影响。

非周期性动力反应测试试验有3种方法，即模拟地震振动台试验、人工地震试验和天然地震试验。

① 模拟地震振动台试验

模拟地震振动台试验是在实验室内进行的，通过输入加速度、速度或位移等随机的物理量，使振动台台面产生运动，它是一种人工再现地震的试验方法。在进行结构抗震动力试验时，振动台台面的输入一般都选用加速度，主要是因为加速度输入时与计算动力反应时的方程式相一致，便于对试验结构进行理论计算和分析。另外，加速度输入时的初始条件比较容易控制，而且现有强震观测记录中加速度的记录比较多，便于按频谱需要进行选择。

② 人工地震试验

人工地震是利用人工引爆炸药产生地面运动，以模拟地震的动力作用。人们采用地面或地下炸药爆炸的方法产生地面运动的瞬时动力效应，以此模拟某一烈度或某一确定性天然地震对结构的影响。

要使人工地震接近天然地震，而又能对结构或模型产生类似于天然地震作用的效果，必然要求装药量大，离爆心距离远，才能取得较好的效果。

③ 天然地震试验

天然地震试验是在频繁发生地震的实地，在天然地震发生过程中测试结构的动力影响。这种方法的特点是能够比其他试验更接近于结构受地震动力作用的工作状态，由于天然地震本身就是一种随机振动，所以实质上就不存在加载制度问题，而是需要根据不同类型的非周期动力加载试验方法的特点来进行加载设计。

4.3.6　结构疲劳试验

对于直接承受重复荷载的结构，如吊车梁和有悬挂吊车的屋架等，一般都要进行结构疲劳测试。因为结构物或构件在重复荷载作用下破坏时的应力比其静力强度低得多，这种现象称为疲劳。结构疲劳检测的目的是了解在重复荷载作用下结构的疲劳性能及其变化规律，确定结构的疲劳极限值（包括疲劳极限荷载和疲劳极限强度）。

从图 4.12 疲劳应力与反复荷载次数关系曲线可以看出，当疲劳应力小于某一值后，荷载次数增加不再引起破坏，这个疲劳应力值称为疲劳极限。对于承受重复荷载的结构，其控制断面的工作应力必须低于疲劳极限。

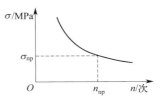

图 4.12　疲劳应力与反复荷载次数的关系

（1）疲劳测试荷载

① 疲劳测试荷载取值

疲劳测试的上限荷载 $R_{\max}$ 根据构件在标准荷载下最不利组合所产生的内力计算而得，荷载下限则根据疲劳测试设备的要求而定。一般疲劳试验机取用的最小荷载不得小于脉冲作动器最大动负荷的 3%。

② 疲劳测试的荷载频率

为了保证构件在疲劳测试时不产生共振，构件的稳定振动范围应远离共振区，即使疲劳测试荷载频率满足条件

$$\frac{\omega}{\theta} = 0.5 \ \text{或} \ 1.3 < \frac{\omega}{\theta}$$

式中　θ——结构的固有频率。

③ 疲劳循环次数

对于鉴定性检测，构件经过下列控制循环次数的疲劳荷载作用后，裂度、刚度、强度必

须满足设计规范中的有关规定：

中级制吊车梁：$n=2\times10^6$ 次

重级制吊车梁：$n=4\times10^6$ 次

铁路轨枕：$n=2\times10^6$ 次

（2）疲劳测试程序

一般等幅疲劳测试的程序如下所示。

① 对构件施加小于极限承载力荷载 40% 的预加静荷载，消除松动、接触不良的情况，压牢构件并使仪表运转正常。

② 做疲劳前的静载检测（主要目的是对比构件经受反复荷载后受力性能有何变化）。荷载分级加到疲劳上限荷载，每级荷载可取上限荷载的 10%，临近开裂荷载时不宜超过 5%，每级间歇时间 10～15min，记取读数，加满荷载后，分两次卸载。

③ 调节疲劳机上、下限荷载，待示值稳定后读取第一次动载读数，以后，每隔一定次数（30 万～50 万次）读取一次读数。

④ 达到要求的疲劳次数后进行破坏加载。破坏加载分两种情况：一种是继续施加疲劳荷载直至结构破坏；另一种是做静载加载直到结构破坏，这种方法同前，但荷载距可以加大。

上述疲劳测试程序可用图 4.13 表示。

实际的结构构件往往受任意变化的重复荷载作用，疲劳检测应尽可能使用符合实际情况的变幅疲劳荷载。

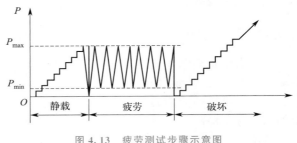

图 4.13　疲劳测试步骤示意图

（3）疲劳试件安装要求

结构疲劳测试的时间长、振动量大，通常是脆性破坏，事先没有预兆，所以对试件的安装要求严格做到以下两点。

① 试件、千斤顶、分配梁等严格对中，并使试件平衡。用砂浆找平时，不宜铺厚，以免厚砂浆层被压碎。

② 布置预防试件脆性破坏的安全防护措施。

4.3.7　试验加载装置的设计

（1）强度要求

加载装置的强度首先要满足试验最大荷载量的要求，保证有足够的安全储备，同时要考虑结构受载后有可能使局部构件的强度有所提高的情况。

例如，对于 X 形节点试件，随着梁、柱节点处轴力 N、剪力 Q 的增大，其强度会按比例提高。根据使用材料的性质及其差异，即使考虑了轴力的影响，试件的最大强度也常比预计的大。这样，在做试验设计时，加载装置的承载能力总要求提高 70% 左右。

（2）刚度要求

试验加载装置也必须考虑刚度要求。正如混凝土应力-应变曲线下降段测试试验，如果加载装置刚度不足，将难以获得试件极限荷载后的性能。

（3）真实要求

试验加载装置设计要能符合结构构件的受力条件，要能模拟结构构件的边界条件和变形条件，严防失真。

在加载装置中必须注意试件的支承方式，如在梁的弯剪试验中，在加载点和支承点的摩擦力均会产生次应力，使梁所受的弯矩减小。在梁柱节点试验中，如采用 X 形试件，若加力点和支承点的摩擦力较大，就会接近于抗压试验的情况，如支承点的滚轴，在实际试验时多用细圆钢棒作滚轴，当支承反力增大时，滚轴可能产生变形，会有非常大的摩擦力，使试验结果产生误差。

　　（4）使用方便性要求

试验加载装置应尽可能简单，节省组装时间，特别是当要做若干同类型试件的连续试验时，还应考虑能方便试件的安装，并缩短其安装调整的时间。如有可能，最好设计成多功能的，以满足各种试件试验的要求。

4.4　结构试验观测方案设计

在进行结构试验时，为了对结构或试件在荷载作用下的实际工作有全面的了解，真实而正确地反映结构的工作，要求利用各种仪器设备量测出结构反应的某些参数，为结构分析工作提供科学依据。因此在正式试验前，应拟定测试方案。

测试方案包括的内容通常有：按整个试验目的要求，确定试验测试的项目；按确定的量测项目要求，选择测点位置；综合整体因素，选择测试仪器和测定方法。

拟定的测试方案要与加载程序密切配合，在拟定测试方案时，应该把结构在加载过程中可能出现的变形等数据估算出来，以便在试验时能随时与实际观测读数比较，及时发现问题。同时，这些估算的数据对选择仪器的型号、量程和精度等是有参考价值的。

4.4.1　观测项目的确定

结构在荷载作用下的各种变形可以分成两类：一类是反映结构整体工作状况的变形，如梁的挠度、转角、支座偏移或沉降等，称作整体变形，又称作基本变形；另一类是反映结构的局部工作状况的变形，如应变、裂缝、钢筋滑移等，称作局部变形。在确定试验的观测项目时，首先应该考虑整体变形，因为整体变形能够概括结构或试件的工作性能，可以基本上反映出结构的工作状况。对梁来说，首先是挠度，转角的测定往往用来分析超静定连续结构。

对某些构件来说，局部变形也是很重要的。例如，钢筋混凝土结构出现裂缝，能直接说明其抗裂性能；如在对非破坏试验进行应力分析时，截面上的最大应变往往是推断结构极限强度的最重要指标之一。

总的来说，破坏性试验本身能够充分地说明问题，观测项目和测点可以少些，而非破坏性试验的观测项目和测点布置，则必须满足分析和推断结构工作状况的最低需要。

4.4.2　测点的选择与布置

利用仪器仪表对试件的各类反应进行测量时，由于一个仪表只能测量一个测试点，因此，测量结构物的力学性能往往需要利用较多数量的测量仪表。一般来说，量测的点位越多越能了解结构物的应力和变形情况。但在达到试验目的的前提下，测点还是宜少不宜多，这样不仅可以节省仪器设备，避免人力浪费，而且还能使试验工作重点突出，精力集中，有助于提高效率和保证质量。在测量工作之前，应该进行理论分析并对结构进行初步估算，然后合理地布置测量点位，力求减少试验工作量，而尽可能获得必要的测试数据。这样，测点的数量和布置必须充分合理，且是足够的。

测点的位置必须有代表性，以便于分析和计算。

在测量工作中，为了保证测量数据的可靠性，还应该布置一定数量的校核性测点。由于在试验量测过程中部分测量仪器工作不正常或者发生故障，以及很多偶然因素影响量测数据的可靠性，因此不仅要求在需要知道应力和变形的位置上布置测点，也要求在已知应力和变形的位置上布置测点，这样就可以获得两组测量数据，前者称为测量数据，后者称为控制数据或校核数据。如果控制数据在量测过程中是正常的，可以相信测量数据是比较可靠的。

测点的布置应有利于试验时的操作和测读，不便于观测读数的测点往往不能提供可靠的结果。为了测读方便，应减少观测人员，测点的布置宜适当集中，便于一人管理若干台仪器。不便于测读和不便于安装仪器的部位，最好不要设测点，若非设不可则要妥善考虑安全措施，或者选择特殊的仪器或测定方法来满足测量的要求。

4.4.3　仪器的选择与测读的原则

（1）仪器的选择

在选择仪器时，必须从试验的实际需要出发，使所用仪器能很好地符合量测所需的精度与量程要求，但应避免盲目选用高准确度和高灵敏度的精密仪器。一般的试验要求测定结果的相对误差不超过 5%，同时，应使仪表的最小刻度值小于最大被测值的 5%。

仪器的量程应该满足最大测量值的需要。若在试验中途调整，必然会导致测量误差增大，应当尽量避免。为此，仪器最大被测值宜小于选用仪表最大量程的 80%，一般以量程的 20%～80% 范围为宜。

选择仪表时必须考虑测读方便省时，必要时须采用自动记录装置。

为了简化工作、避免差错，量测仪器的型号规格应尽可能选用一样的，种类越少越好。动力测试试验使用的仪表，尤其应注意仪表的线性范围、频响特性和相位特性等，要满足试验量测的要求。

（2）读数的原则

在进行测读时，一条原则是全部仪器的读数必须同时进行，至少也要基本上同时。如使用多点自动应变采集仪监测记录，适合于对进入弹塑性阶段的试件跟踪记录。

观测时间一般应选在加载过程中的间歇时间内的某一时刻。测读间歇可根据荷载分级粗细和荷载维持时间长短而定。

每次记录仪器读数时，应该同时记下周围的温度。重要的数据应边做记录，边做初步整理，同时算出每级荷载下的读数差并进行比较。

4.4.4　仪器仪表准备计划

试验测试方案完成后，则须制订仪器仪表准备计划，需要说明仪器仪表的型号、数量、来源以及准备方式，责任到人，分头落实。

仪器仪表的准备方式大致有合作、租赁、购置等几种。仪器仪表的准备也需要一定量的信息，进行多种方案的比较。

4.5　结构试验的技术性文件

结构试验的技术性文件一般包括试验大纲、试验记录和试验报告 3 个部分。

（1）试验大纲

结构试验组织计划的表达形式是试验大纲。试验大纲是进行整个试验工作的指导性文件，其内容的详略程度视不同的试验而定，但一般应包括以下几个部分。

① 试验项目来源，即试验任务产生的原因、方向和性质。

② 试验研究目的，即试验测试期望得到的数据，如破坏荷载值、设计荷载下的内力分布和挠度曲线、荷载-变形曲线等。

③ 试件设计要求，包括试件设计的依据及理论分析过程，试件的种类、形状、数量、尺寸，施工图设计和施工要求，还包括试件的制作要求，如试件原材料、制作工艺、制作精度等。

④ 辅助试验内容，包括辅助试验的目的、数量，试件的种类、数量及尺寸，试件的制作要求，试验方法等。

⑤ 试件的安装与就位，包括试件的支座装置、保证侧向稳定装置等。

⑥ 加载方法，包括荷载数量及种类、加载装置、加载图式、加载程序。

⑦ 量测方法，包括测点布置、仪表率定、仪表的布置与编号、仪表安装方法、量测程序。

⑧ 试验过程的观察，包括试验过程中除仪表读数外在其他方面应做的记录。

⑨ 安全措施，包括安全装置、脚手架、防止脆性破坏等。

⑩ 试验进度计划，即时间与劳动任务的对应关系。

⑪ 经费使用计划，即试验经费的预算计划。

⑫ 附件，如设备、器材及仪器仪表清单等。

（2）试验其他文件

除试验大纲外，每一项结构试验从开始到最终完成尚应包括以下几个文件。

① 试件施工图及制作要求说明书。

② 试件制作过程及原始数据记录，包括各部分实际尺寸及初始缺陷情况。

③ 自制试验设备加工图纸及设计资料。

④ 加载装置及仪器仪表编号布置图。

⑤ 仪表读数记录表，即原始记录表格。

⑥ 量测过程记录，包括照片及测绘裂缝图等。

⑦ 试件材料及原材料性能的测定数值的记录。

⑧ 试验数据的整理分析及试验结果总结，包括整理分析所依据的计算公式，整理后的数据图表等。

⑨ 试验工作日志。

以上文件都是原始资料，在试验工作结束后均应整理装订归档保存。

（3）试验报告

试验报告是全部试验工作的集中体现。编写试验报告时，应力求精简扼要。有时并不单独编写试验报告，而将其作为整个研究报告中的一部分。

试验报告的内容一般有：①试验目的；②试验对象的简介和考察；③试验方法及依据；

④试验过程及问题；⑤试验成果处理与分析；⑥试验结论；⑦附录。

结构试验必须在一定的理论基础上才能有效地进行。试验的成果为理论计算提供了宝贵的资料和依据。对于试验过程中观察到的异常现象，要进行深入分析，给出合理解释，才可能对结构的工作做出正确的符合实际情况的结论。对结构试验应该有全面正确的认识，不应该认为结构试验纯粹是经验式的试验分析，应该认识到它是根据丰富的试验资料对结构的内在规律进行的更深一步的理论研究。

拓展阅读：国际最大的安全壳结构性能实验台架。

 思考拓展

4.1 试件的制作应注意哪些问题？

4.2 试件安装就位的关键要素是什么？试验支座通常采用哪几种构造形式？

4.3 某试验拟用 3 个集中荷载代替简支梁设计承受的均布荷载，试确定集中荷载的大小及作用点，画出等效内力图（$P = qL/3$，两侧加载点距支座 $L/8$）。

第 5 章
模型试验

本章数字资源

教学要求
知识总结
拓展阅读
在线题库
课件获取

学习目标

掌握结构模型试验的特点。
掌握相似常数和相似定理。
掌握量纲分析法。
掌握模型试验对模型材料的基本要求。

5.1 模型试验的基本概念

土木工程结构模型试验是在试验规模、试验场所、设备能力和试验经费等各种条件都受限制的情况下，以结构的缩尺或相似模型为研究对象来研究结构工作性能的。模型是按照原型的整体、部件或构件复制的试验代表物，较多采用缩小比例的模型做试验（见图5.1）。

(a) 钢框架结构振动台模型试验　　　　　　(b) 双面叠合剪力墙抗震性能试验

(c) 沈阳长青桥加固模型试验　　　　　　(d) 日照中心缩尺模型风洞试验

图 5.1　结构模型试验

进行结构试验，除需遵循试件设计的原则与要求外，结构相似模型还应严格按照相似理论进行设计，要求模型和原型尺寸的几何相似并保持一定比例；要求模型和原型的材料相似或具有某种相似关系；要求施加于模型的荷载按原型荷载的某一比例缩小或放大；要求确定模型结构试验过程中参与的各物理量的相似常数，并由此求得反映相似模型整个物理过程的相似条件。最终按相似条件由模型试验数据推算出原型结构的相应数据和试验结果。

（1）缩尺模型

缩尺模型实质上是原型结构缩小几何尺寸的结构试件，它不须遵循严格的相似条件，可选用与原型结构相同的材料，并按一般的设计规范进行设计和制造。缩尺模型用以研究结构性能，验证设计假定与计算方法的正确性，并可以将试验结果所证实的一般规律与计算方法推广到原型结构中去。在结构试验中，大量的试验对象都采用这类缩尺模型。

（2）相似模型

相似模型要求满足比较严格的相似条件，即要求满足几何相似、力学相似和材料相似。它是用适当的缩尺比例和相似材料制成，在模型上施加相似力系，使模型受力后重演原型结构的实际工作状态，最后根据相似条件，由模型试验的结果推演原型结构的工作性能。

5.2 模型试验的相似理论基础

5.2.1 模型相似的概念

相似是指模型和实物相对应的物理量相似，它比通常所讲的几何相似概念更广泛些。所谓物理现象相似，是指除了几何相似之外，还有物理过程的相似。下面将分别介绍与结构性能有关的几个主要物理量的相似。

（1）几何相似

几何学中的相似如两个三角形相似，要求对应边成比例（图 5.2），即 $\dfrac{a'}{a}=\dfrac{b'}{b}=\dfrac{c'}{c}=S_L$，$S_L$ 称为长度相似常数。结构模型与原结构满足结构相似就要求模型与原结构之间所有对应部分的尺寸都成比例，除跨度比 $\dfrac{L_m}{L_p}=S_L$（下角 m 及 p 分别表示模型结构和原结构）外，其面积比、截面模量比及惯性矩比均应分别满足 $\dfrac{A_m}{A_p}=S_L^2$、$\dfrac{W_m}{W_p}=S_L^3$、$\dfrac{I_m}{I_p}=S_L^4$ 的相似条件。

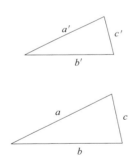

图 5.2　几何相似

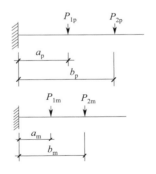

图 5.3　荷载相似

（2）荷载相似

荷载相似要求模型和原型结构在对应点所受的荷载方向一致，大小成比例（图 5.3）。由图 5.3 可知

$$\frac{a_m}{a_p}=\frac{b_m}{b_p}=S_L$$

$$\frac{P_{1m}}{P_{1p}}=\frac{P_{2m}}{P_{2p}}=S_P$$

式中，S_P 为荷载相似常数（集中荷载）；S_L 为尺寸相似常数。

线荷载相似常数：$S_w=S_\sigma S_L$

均布荷载相似常数：$S_q = S_\sigma$

弯矩或扭矩相似常数：$S_w = S_\sigma S_L^3$

式中，S_σ 为应力相似常数。

当同时要考虑结构自重时，还需考虑重量分布的相似。即：

$$S_{mg} = \frac{m_m g_m}{m_p g_p} = S_m S_g$$

式中，S_m 和 S_g 分别为质量和重力加速度的相似常数。而 $S_m = S_\rho S_L^3$，所以 $S_{mg} = S_m S_g = S_\rho S_L^3$（$S_\rho$ 为质量密度相似常数）。

（3）质量相似

在研究工程振动等问题时，要求结构的质量分布相似，即对应部分的质量（通常简化为对应点的集中质量）成比例（图 5.4）有

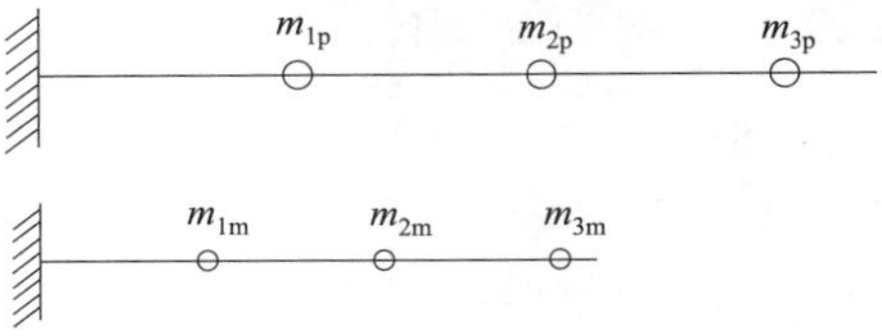

$$\frac{m_{1m}}{m_{1p}} = \frac{m_{2m}}{m_{2p}} = \frac{m_{3m}}{m_{3p}} = S_m$$

图 5.4　质量相似

S_m 为质量相似常数。在关于荷载相似的讨论中已提及 $S_{mg} = S_\rho S_L^3$，但常限于材料力学特性要求而不能同时满足 S_ρ 的要求，此时需要在模型结构上附加质量块以满足 S_{mg} 的要求。

对于具有分布质量的部分，采用单位密度（单位体积的质量）ρ 表示更为合适，质量密度相似常数为：$S_\rho = \dfrac{\rho_m}{\rho_p}$。

（4）刚度相似

研究与结构变形有关的问题时，要用到刚度。表示材料刚度的参数是弹性模量 E 和剪切弹性模量 G，若模型和实物各对应点处材料的拉压弹性模量和剪切弹性模量成比例，就是材料的弹性模量相似。

$$\frac{E_{1m}}{E_{1p}} = \frac{E_{2m}}{E_{2p}} = \frac{E_{3m}}{E_{3p}} = S_E$$

$$\frac{G_{1m}}{G_{1p}} = \frac{G_{2m}}{G_{2p}} = \frac{G_{3m}}{G_{3p}} = S_G$$

式中，S_E 为拉、压弹性模量相似常数；S_G 为剪切弹性模量相似常数。

（5）时间相似

对于结构动力问题，在随时间变化的过程中，要求结构模型和原型在对应的时刻进行比较。所谓时间相似不一定是指相同的时刻，而只是要求对应的间隔时间成比例。

$$\frac{t_{1m}}{t_{1p}} = \frac{t_{2m}}{t_{2p}} = \frac{t_{3m}}{t_{3p}} = S_t$$

式中，S_t 为时间相似常数。

（6）边界条件相似

模型结构和原型结构在与外界接触的区域内的各种条件保持相似，即要求结构的支承条件相似、约束情况相似、边界受力情况相似。模型结构的支承和约束条件可以通过与原型结构构造相同的条件来满足和保证。

（7）运动初始条件相似

在动力问题中，为了保证模型与原型的动力反应相似，要求初始时刻运动的参数相似。运动的初始条件包括初始位置、初始速度和初始加速度等。模型上的速度、加速度与原型的速度和加速度在对应的位置和对应的时刻保持一定的比例，并且运动保持方向一致，称为速度和加速度相似。

5.2.2　模型结构设计的相似条件与确定方法

模型结构试验的过程能客观反映出参与该模型工作的各有关物理量相互之间的关系。由于模型结构和原型结构存在相似关系，因此也必须反映出模型与原型结构各相似常数之间的关系。这种各相似常数之间所应满足的一定的组合关系就是模型与原型结构之间的相似条件，也就是模型设计时需要遵循的原则。因此，模型设计的关键是要写出相似条件。确定相似条件的方法有方程式分析法和量纲分析法两种。

（1）方程式分析法

运用方程式分析法确定相似条件，相当方便、明确，但必须在进行模型设计前对所研究的物理过程中各物理量之间的函数关系，即对试验结果和试验条件之间的关系提出明确的数学方程式，才有可能确定。下面举一简单的例子来说明采用方程式分析法确定相似条件的过程。图 5.5 为研究一简支梁在集中荷载作用下的作用点处的弯矩、应力和挠度，设计一个缩小比例的模型试验梁，并假定梁在

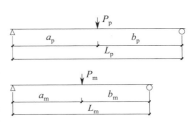

图 5.5　简支梁受荷相似简图

弹性范围内工作，其他时间因素对材料性能的影响（如时效、徐变等）可忽略。

模型试验梁的相似条件由结构力学可知：

荷载 P 作用点截面处的弯矩为

$$M = \frac{Pab}{L} \tag{5.1}$$

荷载 P 作用点截面处的正应力为

$$\sigma = \frac{Pab}{WL} \tag{5.2}$$

荷载 P 作用点截面处的挠度为

$$f = \frac{Pa^2b^2}{3EIL} \tag{5.3}$$

首先应满足几何相似

$$\frac{L_m}{L_p} = \frac{a_m}{a_p} = \frac{b_m}{b_p} = S_L \tag{5.4}$$

$$\frac{A_m}{A_p} = S_L^2 ; \frac{W_m}{W_p} = S_L^3 ; \frac{I_m}{I_p} = S_L^4$$

模型梁和原型梁相似，则在对应点上的弯矩、应力和挠度都应符合式（5.1）、式（5.2）和式（5.3）。即对于原型梁为

$$M_p = \frac{P_p a_p b_p}{L_p} \tag{5.5}$$

$$\sigma_{\mathrm{p}} = \frac{P_{\mathrm{p}} a_{\mathrm{p}} b_{\mathrm{p}}}{W_{\mathrm{p}} L_{\mathrm{p}}} \tag{5.6}$$

$$f_{\mathrm{p}} = \frac{P_{\mathrm{p}} a_{\mathrm{p}}^2 b_{\mathrm{p}}^2}{3 L_{\mathrm{p}} E_{\mathrm{p}} I_{\mathrm{p}}} \tag{5.7}$$

要求材料的弹性模量 E 相似，即 $S_E = \dfrac{E_{\mathrm{m}}}{E_{\mathrm{p}}}$；要求作用在梁上荷载 P 相似，即

$$S_P = \frac{P_m}{P_p}$$

当要求模型梁上集中荷载作用点处的弯矩、应力、挠度和原型梁相似时，则弯矩、应力和挠度的相似常数分别为：$S_M = \dfrac{M_{\mathrm{m}}}{M_{\mathrm{p}}}$；$S_\sigma = \dfrac{\sigma_{\mathrm{m}}}{\sigma_{\mathrm{p}}}$；$S_f = \dfrac{f_{\mathrm{m}}}{f_{\mathrm{p}}}$。

将以上各物理量的相似常数代入式（5.5）、式（5.6）、式（5.7）则可得

$$\frac{M_{\mathrm{m}}}{S_M} = \frac{P_{\mathrm{m}} a_{\mathrm{m}} b_{\mathrm{m}}}{L_{\mathrm{m}}} \times \frac{1}{S_P S_L} \qquad M_{\mathrm{m}} \frac{S_L S_P}{S_M} = \frac{P_{\mathrm{m}} a_{\mathrm{m}} b_{\mathrm{m}}}{L_{\mathrm{m}}} \tag{5.8}$$

$$\frac{\sigma_{\mathrm{m}}}{S_\sigma} = \frac{P_{\mathrm{m}} a_{\mathrm{m}} b_{\mathrm{m}}}{W_{\mathrm{m}} L_{\mathrm{m}}} \times \frac{S_L^2}{S_P} \qquad \sigma_{\mathrm{m}} \frac{S_P}{S_\sigma S_L^2} = \frac{P_{\mathrm{m}} a_{\mathrm{m}} b_{\mathrm{m}}}{W_{\mathrm{m}} L_{\mathrm{m}}} \tag{5.9}$$

$$\frac{f_{\mathrm{m}}}{S_f} = \frac{P_{\mathrm{m}} a_{\mathrm{m}}^2 b_{\mathrm{m}}^2}{3 L_{\mathrm{m}} E_{\mathrm{m}} I_{\mathrm{m}}} \times \frac{S_E S_L}{S_P} \qquad f_{\mathrm{m}} \frac{S_P}{S_f S_E S_L} = \frac{P_{\mathrm{m}} a_{\mathrm{m}}^2 b_{\mathrm{m}}^2}{3 L_{\mathrm{m}} E_{\mathrm{m}} I_{\mathrm{m}}} \tag{5.10}$$

显然只有当

$$\frac{S_M}{S_P S_L} = 1 \tag{5.11}$$

$$\frac{S_\sigma S_L^2}{S_P} = 1 \tag{5.12}$$

$$\frac{S_f S_E S_L}{S_P} = 1 \tag{5.13}$$

才满足

$$M_{\mathrm{m}} = \frac{P_{\mathrm{m}} a_{\mathrm{m}} b_{\mathrm{m}}}{L_{\mathrm{m}}} \tag{5.14}$$

$$\sigma_{\mathrm{m}} = \frac{P_{\mathrm{m}} a_{\mathrm{m}} b_{\mathrm{m}}}{W_{\mathrm{m}} L_{\mathrm{m}}} \tag{5.15}$$

$$f_{\mathrm{m}} = \frac{P_{\mathrm{m}} a_{\mathrm{m}}^2 b_{\mathrm{m}}^2}{3 L_{\mathrm{m}} E_{\mathrm{m}} I_{\mathrm{m}}} \tag{5.16}$$

这说明只有当式（5.11）、式（5.12）、式（5.13）成立，模型结构才能与原型结构相似。因此，式（5.11）、式（5.12）、式（5.13）是模型与原型应满足的相似条件。

这时可以由模型试验获得的数据乘以相应的相似常数，推算得到原型结构的数据。

即

$$M_{\mathrm{p}} = \frac{M_{\mathrm{m}}}{S_M} = \frac{M_{\mathrm{m}}}{S_P S_L} \tag{5.17}$$

$$\sigma_{\mathrm{p}} = \frac{\sigma_{\mathrm{m}}}{S_\sigma} = \sigma_{\mathrm{m}} \frac{S_L^2}{S_P} \tag{5.18}$$

$$f_{\mathrm{p}} = \frac{f_{\mathrm{m}}}{S_f} = f_{\mathrm{m}} \frac{S_E S_L}{S_P} \tag{5.19}$$

（2）量纲分析法

当结构或荷载条件比较复杂，在没有掌握其试验过程中各物理量之间的函数关系，即对试验结果和试验条件之间的关系不能提出明确的函数方程式时，采用方程式分析法确定相似条件是不可能的，这时候就可以用量纲分析法确定相似条件。量纲分析法仅需知道哪些物理量影响试验过程中的物理现象，量测这些物理量的单位系统的量纲就行了。

量纲的概念：量纲是在研究物理量的数量关系时产生的，它说明量测物理量时所用单位的性质。如测量距离用 m、cm 等不同的单位，但它们都属于长度这一性质，因此把长度称为一种量纲，以"L"表示。时间用 h、min、s 等单位表示，是有别于长度的另一种量纲，以"T"表示。每一种物理量都对应有一种量纲。有些物理量是无量纲的，用"1"表示。

导出量纲：有些物理量是由量测与它有关的量后间接求出的，其量纲由与它有关的物理量的量纲导出。

绝对系统：在一般的结构工程问题中，各物理量的量纲都可由长度、时间、力这三个量纲导出，故可将长度、时间、力三者取为基本量纲，称为绝对系统。

质量系统：另一组常用的基本量纲为长度、时间、质量，称为质量系统。

还可选用其他的量纲作为基本量纲，但基本量纲必须是互相独立的和完整的，即在这组基本量纲中，任何一个量纲不可能由其他量纲组成而且所研究的物理过程中的全部有关物理量的量纲都可由这组基本量纲组成。常用的物理量的量纲表示法见表 5.1。

表 5.1　常用物理量及物理常数的量纲

物理量	质量系统	绝对系统	物理量	质量系统	绝对系统
长度	L	L	功率	ML^2T^{-3}	FLT^{-1}
时间	T	T	面积二次矩	L^4	L^4
质量	M	$FL^{-1}T^2$	质量惯性矩	ML^2	FLT^2
力	MLT^{-2}	F	表面张力	MT^{-2}	FL^{-1}
温度	Θ	Θ	应变	1	1
速度	LT^{-1}	LT^{-1}	密度	ML^{-3}	$FL^{-4}T^2$
加速度	LT^{-2}	LT^{-2}	弹性模量	$ML^{-1}T^{-2}$	FL^{-2}
角度	1	1	泊松比	1	1
角速度	T^{-1}	T^{-1}	动力黏度	$ML^{-1}T^{-1}$	$FL^{-2}T$
角加速度	T^{-2}	T^{-2}	运动黏度	L^2T^{-2}	L^2T^{-1}
压强和应力	$ML^{-1}T^{-2}$	FT^{-2}	热线胀系数	Θ^{-1}	Θ^{-1}
力矩	ML^2T^{-2}	FL	热导率	$FT^{-3}\Theta^{-1}$	$FT^{-1}\Theta^{-1}$
能量，热能	ML^2T^{-2}	FL	比热	$L^2T^{-2}\Theta^{-1}$	$L^2T^{-2}\Theta^{-1}$
冲力	MLT^{-1}	FT	热容量	$ML^{-1}T^{-2}\Theta^{-1}$	$FL^{-2}\Theta^{-1}$

量纲相互关系如下：

① 两个物理量相等不仅要求它们的数值相同，而且要求它们的量纲相同。

② 两个同量纲参数的比值是无量纲参数，其值不随所取单位的大小而变。

③ 一个物理方程式中，等式两边各项的量纲必须相同。常把这一性质称为"量纲和谐"，"量纲和谐"的概念是量纲分析法的基础。

一个物理方程式若含 n 个参数 X_1，X_2，X_n 和 k 个基本量纲，则此物理方程式可改写成有 $n-k$ 个独立的 π 数的方程式，即方程

$$f\,(X_1,X_2,\cdots,X_n)=0$$

可改写成 $\qquad\qquad\qquad \varphi(\pi_1,\pi_2,\cdots,\pi_{n-k})=0$

就是说，任何一种可以用数学方程定义的物理现象都可以用与单位无关的量——无量纲数 π 来定义。有的文献把这一性质称为 π 定理或第二相似定理，是英国学者 Buckingham 在

1914 年提出的。π 定理在量纲分析中起着重要的作用。

若两个物理过程相似，其 π 函数相同，相应各物理量之间仅是数值大小不同。根据上述量纲的基本性质，可证明这两个物理过程的相应 π 数必然相等。这就是用量纲分析法求相似条件的依据：相似物理现象的相应 π 数相等。有的文献把这一结论称为第一相似定理。

仍以图 5.5 所示简支梁为例来说明如何用量纲分析法求相似条件。如前所述，用量纲分析法求相似条件不需要事先提出代表物理过程的方程式，仅需知道参与物理过程的主要物理量。

根据已掌握的知识，受横向集中荷载的梁（图 5.5）其应力 σ 和位移 f 是长度 L、荷载 P、弹性模量 E 的函数，可表示为

$$f(\sigma, L, P, E, f) = 0$$

$n = 5$，$k = 2$，其 π 函数为

$$\varphi(\pi_1, \pi_2, \pi_3) = 0$$

又由量纲参数组成 π 数的一般形式为

$$\pi = X_1^{a1} X_2^{a2} X_3^{a3} \cdots X_n^{an} \tag{5.20}$$

其中，$a1$，$a2$，$a3$，$a4$，$\cdots$，an 为待求的指数，本例的 π 数为

$$\pi = \sigma^{a1} L^{a2} P^{a3} E^{a4} f^{a5}$$

以量纲式表示

$$1 = F^{a1} L^{-2a1} L^{a2} F^{a3} F^{a4} L^{-2a4} L^{a5}$$

根据量纲和谐的要求：

对量纲 F：$a1 + a3 + a4 = 0$

对量纲 L：$-2a1 + a2 - 2a4 + a5 = 0$

两个方程包含 5 个未知数，是不定方程式。可先确定其中三个未知数从而获得其解。若先确定 $a1$、$a4$、$a5$ 则

$$\pi = \sigma^{a1} l^{2a1 + 2a4 - a5} P^{-a1 - a4} E^{a4} f^{a5}$$

$$= \left(\frac{\sigma l^2}{P}\right)^{a1} \left(\frac{E l^2}{P}\right)^{a4} \left(\frac{f}{l}\right)^{a5}$$

若分别取

$$a1 = 1; a4 = a5 = 0$$
$$a4 = 1; a1 = a5 = 0$$
$$a5 = 1; a1 = a4 = 0$$

可得三个独立的 π 数：

$$\pi_1 = \frac{\sigma l^2}{P}; \pi_2 = \frac{E l^2}{P}; \pi_3 = \frac{f}{l}$$

若 $a1$，$a4$，$a5$ 取其他数值，则可得其他 π 数，但互相独立的只有 3 个。模型结构和原型结构相似的条件是相应的 π 数相等，即

$$\frac{\sigma_m l_m^2}{P_m} = \frac{\sigma_p l_p^2}{P_p}; \frac{E_m l_m^2}{P_m} = \frac{E_p l_p^2}{P_p}; \frac{f_m}{l_m} = \frac{f_p}{l_p}$$

以各相似常数代入，即得模型梁和原型梁的相似条件为

$$\frac{S_\sigma S_L^2}{S_P} = 1; \frac{S_f S_E S_L}{S_P} = 1; \frac{f_m}{l_p} = \frac{f_p}{l_p}$$

它们和用方程式分析法得出的相似条件式(5.12)、式(5.13) 相同。

至此，可将量纲分析法归纳为：列出与所研究的物理过程有关的物理参数，根据 π 定理

和量纲和谐的概念找出 π 数，并使模型和原型的 π 数相等，从而得出模型设计的相似条件。需要注意的是 π 数的取法有着一定的任意性，而且当参与物理过程的物理量较多时，可组成的 π 数很多。若要全部满足与这些 π 数相应的相似条件，条件将十分苛刻，有些是不可能达到也不必要达到的。另一方面，若在列物理参数时遗漏了那些对问题有主要影响的物理参数，就会使试验研究得出错误的结论或得不到解答。因此，需要恰当地选择有关的物理参数。量纲分析法本身不能解决物理参数选择得是否正确的问题。物理参数的正确选择取决于模型试验者的专业知识以及对所研究的问题初步分析的正确程度。甚至可以认为，如果不能正确选择有关的参数，量纲分析法就无助于模型设计。在进行模型试验时，研究人员在结构方面的知识十分重要。

在实际应用时，一般很难完全满足相似条件，即做到模型和实物完全相似。因此，常常简化和减少一些次要的相似要求，采用不完全相似的模型。只要能够抓住主要影响因素，略去某些次要因素并利用结构的某些特性来简化相似条件，不完全相似的模型试验仍可保证结果的准确性。已有的钢筋混凝土模型试验结果表明，只要在模型设计时正确抓住主要的相似要求，小比例的钢筋混凝土模型试验可以相当成功。

5.3　模型的分类

为便于进行试验规划和模型设计，常按试验目的的不同将结构模型分成以下几类。

5.3.1　弹性模型

弹性模型试验的目的是获得原结构在弹性阶段的资料，研究范围仅局限于结构的弹性阶段。

由于结构的设计分析大部分是弹性的，所以弹性模型试验常用在混凝土结构的设计过程中，用以验证新结构的设计计算方法是否正确或为设计计算提供某些参数。结构动力试验模型一般也都是弹性模型。

弹性模型的制作材料不必和原型结构的材料完全相似，只需在试验过程中具有完全的弹性性质。

弹性模型不能预计实际结构物在荷载下产生的非弹性性能，如混凝土开裂后的结构性能，钢材达屈服后的结构性能等等。

弹性模型的试验方法，除了用应变仪测定应变外，还有在弹性模型上涂脆性材料，画网格或用光弹性模型进行光弹性试验。

5.3.2　强度模型

强度模型的试验目的是预计原结构的极限强度以及原结构在各级荷载作用下直到破坏荷载甚至极限变形时的性能。

近年来，由于钢筋混凝土结构非弹性性能的研究较多，钢筋混凝土强度模型试验技术得到很大发展。试验成功与否很大程度上取决于模型混凝土及模型钢筋的材性和原结构材料材性的相似程度。目前，钢筋混凝土结构的小比例强度模型还只能做到不完全相似的程度，主要的困难是材料的完全相似难以满足。

5.3.3　间接模型

间接模型试验的目的是得到关于结构的支座反力及弯矩、剪力、轴力等内力的资料（如影响线图等）。因此，间接模型并不要求和原型结构直接相似。例如框架的内力分布主要取决于梁、柱等构件之间的刚度比，梁柱的截面形状不必直接和原型结构相似。为便于加工制作，常常用圆形截面代替实际结构的型钢截面或其他截面。这种不直接相似的模型试验结果足以满足试验目的，并具有较高的准确性。

5.4　模型设计

模型设计一般按照下列程序进行：

① 根据任务明确试验的具体目的，选择模型类型；

② 在对研究对象进行理论分析和初步估算的基础上用方程式分析法或量纲分析法确定相似条件；

③ 确定模型的几何尺寸，亦即定出长度相似常数 S_L；

④ 根据相似条件定出其他相关的各相似常数；

⑤ 绘制模型施工图。

结构模型几何尺寸的变动范围很大，缩尺比例可以从几分之一到几百分之一，需要综合考虑各种因素如模型的类型、模型材料、模型制作条件及实验条件等才能确定出一个最优的几何尺寸。小模型所需荷载小，但制作困难，加工精度要求高，对量测仪表要求亦高；大模型所需荷载大，但制作方便，对量测仪表可无特殊要求。一般来说，弹性模型的缩尺比例较小，而强度模型，尤其是钢筋混凝土结构的强度模型的缩尺比例较大，因模型的截面最小厚度、钢筋间距、保护层厚度等方面都受到制作时可操作性的限制，不可能取得太小。目前最小的钢丝网水泥砂浆板壳模型厚度可做到 3mm，最小的梁、柱截面边长可做到 60mm。

几种模型结构常用的缩尺比例列于表 5.2 中。

一般情况下，相似常数的个数多于相似条件的个数，除长度相似常数 S_L 为首先确定的条件外，还可先确定几个量的相似常数，再根据相似条件推出其余量的相似常数。由于目前模型材料的力学性能还不能任意控制，所以在确定各相似常数时一般根据可能条件先选定模型材料，亦即先确定 S_E 及 S_σ，再确定其他量的相似常数。

表 5.2　模型的缩尺比例

结构类型	弹性模型	强度模型
壳体	1/200~1/50	1/30~1/10
公路桥、铁路桥	1/25	1/20~1/4
反应堆容器	1/100~1/50	1/20~1/4
板结构	1/25	1/10~1/4
坝	1/400	1/75
研究风荷载的结构	1/300~1/50	一般不用

一般的静力弹性模型，当以长度及弹性模量的相似常数 S_L、S_E 为设计时首先确定的条件时，所有其他量的相似常数都是 S_L 和 S_E 的函数或等于 1。表 5.3 列出了一般静荷载弹性模型的相似常数要求。

表 5.3　结构静力试验模型的相似常数

物理量		量纲	相似常数
材料特性	应力 σ	FL^{-2}	S_E
	弹性模量 E	FL^{-2}	S_E
	泊松比 ν	—	1
	密度 ρ	FT^2L^{-4}	S_E/S_L
	应变 ε	—	1
几何尺寸	线尺寸 l	L	S_L
	线位移 x	L	S_L
	角变位 β	—	1
	面积 A	L^2	S_L^2
	惯性矩 I	L^4	S_L^4
荷载	集中荷载 P	F	$S_E S_L^2$
	线荷载 W	FL^{-1}	$S_E S_L$
	均布荷载 q	FL^{-2}	S_E
	弯矩及扭矩 M	FL	$S_E S_L^3$
	剪力 Q	F	$S_E S_L^2$

钢筋混凝土结构的强度模型要求正确反映原型结构的弹塑性性质，包括给出和原型结构相似的破坏形态、极限变形能力以及极限承载能力，对模型材料的相似要求就更为严格。理想的模型混凝土和模型钢筋应和原结构的混凝土和钢筋具有相似的 σ-ε 曲线，并且在极限强度下的变形 ε_c 和 ε_r 相等（图 5.6）。当模型材料满足这些要求时，由量纲分析得出的钢筋混凝土强度模型的相似条件如表 5.4 中第（3）栏所示。注意这时 $S_{Er}=S_{Ec}=S_{\sigma c}$（角标 c 和 r 分别表示混凝土和钢筋），亦即要求模型钢筋的弹性模量相似常数等于模型混凝土的弹性模量相似常数和应力相似常

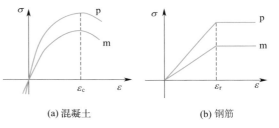

图 5.6　理想相似条件的 σ-ε 曲线

数。由于钢材是目前能找到的唯一适用于模型的加筋材料，因此 $S_{Er}=S_{Ec}=S_{\sigma c}$ 这一条件很难满足，除非 $S_{Er}=S_{Ec}=S_{\sigma c}=1$，也就是模型结构采用和原型结构相同的混凝土和钢筋。此条件下对其余各物理量的相似常数要求列于表 5.4 中第（4）栏。其中模型混凝土密度相似常数为 $1/S_L$，要求模型混凝土的密度为原型结构混凝土密度的 $1/S_L$ 倍。当需考虑结构本身的质量和重量对结构性能的影响时，为满足密度相似的要求，需在模型结构上施加附加质量。

表 5.4　钢筋混凝土强度模型的相似常数

物理量		量纲	理想模型	实际模型	不完全相似模型
（1）		（2）	（3）	（4）	（5）
材料特性	混凝土应力 σ_c	FL^{-2}	$S_{\sigma c}$	1	S_σ
	混凝土应变 ε_c	—	1	1	S_ε
	混凝土弹性模量 E_c	FL^{-2}	$S_{\sigma c}$	1	S_σ/S_ε
	混凝土泊松比 ν_c	—	1	1	1
	混凝土密度 ρ_c	FT^2L^{-4}	$S_{\sigma c}/S_L$	$1/S_L$	S_σ/S_L
	钢筋应力 σ_r	FL^{-2}	$S_{\sigma c}$	1	S_σ
	钢筋应变 ε_r	—	1	1	S_ε
	钢筋弹性模量 E_r	FL^{-2}	$S_{\sigma c}$	1	1

物理量		量纲	理想模型	实际模型	不完全相似模型
(1)		(2)	(3)	(4)	(5)
几何尺寸	线尺寸 l	L	S_L	S_L	S_L
	线位移 δ	L	S_L	S_L	$S_\varepsilon S_L$
	角变位 β	—	1	1	S_ε
	钢筋面积 A	L^2	$S_\sigma S_L^2$	S_L^2	$S_\sigma S_L^2 / S_\varepsilon$
荷载	集中荷载 P	F	$S_\sigma S_L^2$	S_L^2	$S_\sigma S_L^2$
	线荷载 W	FL^{-1}	$S_\sigma S_L$	S_L	$S_\sigma S_L$
	均布荷载 q	FL^{-2}	S_σ	1	S_σ
	弯矩 M	FL	$S_\sigma S_L^3$	S_L^3	$S_\sigma S_L^3$

混凝土的弹性模量和 σ-ε 曲线直接受骨料及其级配情况的影响，模型混凝土的骨料多为中、粗砂，其级配情况亦和原结构不同，因此实际情况下 $S_{Ec} \neq 1$，$S_{\sigma r}$ 和 $S_{\varepsilon c}$ 亦不等于 1（图 5.7）。在 $S_{Er} = 1$ 的情况下，为满足 $S_{\sigma r} = S_{\sigma c}$，$S_{\varepsilon r} = S_{\varepsilon c}$ 需调整模型钢筋的面积，如表 5.4 中第（5）栏所示。严格地讲，这是不完全相似，对于非线性阶段的试验结果会有一定的影响。

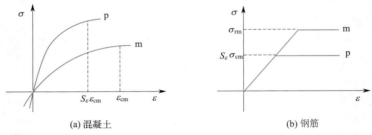

(a) 混凝土   (b) 钢筋

图 5.7   不完全相似材料的 σ-ε 曲线

当研究钢筋混凝土的剪力、裂缝等问题时，要求模型混凝土的抗拉性能以及混凝土和钢筋间的黏结情况和原型相似，这无疑是十分困难的，因为目前对原型结构中黏结力机理的了解还很有限。

对于砌体结构由于它也是由块材（砖、砌块）和砂浆两种材料复合组成，除了在几何比例上缩小并对块材做专门加工和给砌筑带来一定困难外，同样要求模型和原型有相似的应力应变曲线，实用上就是采用与原型结构相同的材料。砌体结构模型的相似常数见表 5.5。

表 5.5   砌体结构模型试验的相似常数

物理量		量纲	一般模型	实用模型
材料特性	砌体应力 σ	FL^{-3}	S_σ	1
	砌体应变 ε	—	1	1
	砌体弹性模量 E	FL^{-2}	S_σ	1
	砌体泊松比 ν	—	1	1
	砌体质量密度 ρ	FL^{-3}	S_σ / S_L	$1/S_L$
几何尺寸	长度 L	L	S_L	S_L
	线位移 δ	L	S_L	S_L
	角变位 β	—	1	1
	面积 A	L^2	S_L^2	S_L^2
荷载	集中荷载 P	F	$S_\sigma S_L^2$	S_L^2
	线荷载 W	FL^{-1}	S_σ / S_L	S_L
	面荷载 q	FL^{-2}	S_σ	1
	力矩 M	FL	$S_\sigma S_L^3$	S_L^3

在进行动力模型设计时，除考虑长度 L 和力 F 这两个基本物理量外，还需考虑时间 T 这

一基本物理量。而且，结构的惯性力常常是作用在结构上的主要荷载，必须考虑模型和原型结构的材料质量密度的相似。在材料力学性能的相似要求方面还应考虑应变速率对材性的影响，动力模型的相似条件同样可用量纲分析法得出。表 5.6 为动力模型各量的相似常数要求。其中相似常数项下的第（1）栏为理想相似模型的相似常数要求，从中可看出，由于动力问题中要模拟惯性力、恢复力和重力三种力，所以，对模型材料的弹性模量和相对密度的要求很严格，为 $S_E/(S_g S_\rho)=S_L$。通常，$S_g=1$，则模型材料的弹性模量应比原型的小或密度比原型的大。对于由两种材料组成的钢筋混凝土结构模型，这一条件很难满足。曾有人把振动台装在离心机上，通过增大重力加速度来调节对材料施加附加质量的相似要求，这也是解决材料密度相似要求的途径，但仅适用于对质量在结构空间分布的准确模拟要求不高的情况。当重力对结构的影响比地震等动力引起的影响小得多时，可以忽略重力影响，则在选择模型材料及相似材料时的限制就放松得多。表 5.6 中相似常数项下的第（2）栏即为忽略重力后的相似常数要求。

表 5.6 结构动力模型的相似常数

物理量		量纲	相似常数	
			（1）	（2）忽略重力
材料特性	应力 σ	FL^{-2}	S_E	S_E
	应变 ε	—	1	1
	弹性模量 E	FL^{-2}	S_E	S_E
	泊松比 ν	—	1	1
	密度 ρ	FT^2L^{-4}	S_E/S_L	S_ρ
	能量 EN	FL	$S_E S_L^3$	$S_E S_L^2$
几何尺寸	线尺寸 l	L	S_L	S_L
	线位移 δ	L	S_L	S_L
载荷	集中力 P	F	$S_E S_L^2$	$S_E S_L^2$
	压力 q	FL^{-2}	S_E	S_E
动力特征	质量 m	$FL^{-1}T^2$	$S_\rho S_L^3$	—
	刚度 K	FL^{-1}	$S_E S_L$	—
	阻尼 C	$FL^{-1}T$	S_m/S_L	—
	频率 ω	T^{-1}	$S_L^{-1/2}$	$S_L^{1/2}(S_E/S_\rho)^{1/2}$
	加速度 a	LT^{-2}	1	$S_L^{1/2}(S_E/S_\rho)^{1/2}$
	重力加速度 g	LT^{-2}	1	忽略
	速度 v	LT^{-1}	$S_L^{1/2}$	$(S_E/S_\rho)^{1/2}$
	时间,周期 t	T	$S_L^{1/2}$	$S_L(S_E/S_\rho)^{1/2}$

从表中还可看出，模型的自振频率较高，是原型的 $1/\sqrt{S_L}$ 倍或 $S_L^{-1}(S_E/S_\rho)^{1/2}$ 倍。输入荷载谱及选择振动台或激振器时，应注意这一要求。

5.5 模型材料与模型试验应注意的问题

5.5.1 模型材料

适用于制作模型的材料很多，但没有绝对理想的材料。因此正确地了解材料的性质及其对试验结果的影响，对于顺利完成模型试验往往有决定性的意义。

（1）模型试验对模型材料的基本要求

① 保证相似要求

要求模型设计满足相似条件，以致模型试验结果可按相似常数相等条件推算到原型结构上去。

②保证量测要求

要求模型材料在试验时能产生足够大的变形，使量测仪表有足够的读数。因此，应选择弹性模量适当低一些的模型材料，但也不能过低，避免因仪器防护、仪器安装装置或重量等因素而影响试验结果。

③要求材料性能稳定

一般模型结构尺寸较小，对环境变化很敏感，以至于其产生的影响远大于它对原型结构的影响，因此材料性能稳定是很重要的。

④要求加工制作方便

选用的模型材料应易于加工和制作，这对于降低模型试验费用是极为重要的。一般来讲，对于研究弹性阶段应力状态的模型试验，模型材料应尽可能与一般弹性理论的基本假定一致，即材料是均质、各向同性、应力与应变呈线性变化的，且有不变的泊松系数。对于研究结构的全部特性（即弹性和强度以及破坏时的特性）的模型试验，通常要求模型材料与原型材料的特性相似，最好模型材料与原型材料一致。

（2）常用的几种模型材料

模型试验常用材料有金属、塑料、石膏、水泥砂浆以及细石混凝土。

①金属

金属的力学特性大多符合弹性理论的基本假定，如果试验对量测的准确度有严格的要求，则它是最合适的材料。在金属中，常用的材料是钢材和铝合金。铝合金允许有较大的应变量，并有良好的导热性和较低的弹性模量，因此金属模型中铝合金用得较多。钢和铝合金的泊松比约为0.30，比较接近于混凝土材料。尽管用金属制作模型有许多优点，但它存在一个致命的弱点是加工困难，这就限制了金属模型的使用范围。此外金属模型的弹性模量较塑料和石膏的都高，荷载模拟较困难。

②塑料或有机玻璃

塑料作为模型材料的最大优点是强度高而弹性模量低（约为金属弹性模量的0.1～0.02），加工容易；缺点是徐变较大，弹性模量受温度变化的影响也大，泊松比大（约为0.35～0.50），而且导热性差。可以用来制作模型的塑料有很多种，热固性塑料如环氧树脂、聚酯树脂，热塑性塑料如聚氯乙烯、聚乙烯、有机玻璃等，以有机玻璃用得最多。

有机玻璃是一种各向同性的均质材料，弹性模量为 $(2.3\sim2.6)\times10^3$ MPa，泊松比为0.33～0.35，抗拉比例极限大于30MPa。因为有机玻璃的徐变较大，试验时为了避免明显的徐变，应使材料中的应力不超过7MPa。而此时的应力已能产生2000微应变（$\mu\varepsilon$），对于一般应变测量已能保证足够的精度。

市场上有各种规格的有机玻璃板材、管材和棒材提供，给模型加工制作提供了方便。有机玻璃模型一般用木工工具就可以进行加工，用胶黏剂或热气焊接组合成型。通常采用的黏结剂是氯仿溶剂，即将氯仿和有机玻璃粉屑拌和而成的黏结剂。由于材料是透明的，所以连接处的任何缺陷都容易检查出来。对于曲面的模型，可将有机玻璃板材加热到110℃软化，然后在模子上热压成曲面。

由于塑料和有机玻璃具有加工容易的特点，故大量被用来制作板、壳体、框架和桥梁及其他形状复杂的结构模型。

③石膏

用石膏制作模型，优点是加工容易，成本较低，泊松比与混凝土十分接近，且石膏的弹性模量可以改变；缺点是抗拉强度低，要获得均匀和准确的弹性特性比较困难。

纯石膏的弹性模量较高，而且很脆，凝结也快，故用作模型材料时，往往需掺入一些掺和料（如硅藻土、塑料或其他有机物）和控制用水量，来改善石膏的性能。一般石膏与硅藻土的配合比为 2：1，水与石膏的配合比为 0.8～3.0，这样形成的材料弹性模量可在400～4000MPa 之间任意调整。值得注意的是加入掺和料后的石膏在应力较低时是弹性的，而应力超过破坏强度的 50％时出现塑性。

制作石膏模型，首先按原型结构的缩尺比例制作好浇注石膏的模具；在浇注石膏之前应仔细校核模具的尺寸，然后把调好的石膏浆注入尺寸准确的模具。为了避免形成气泡，在搅拌石膏时应先将硅藻土和水调配好，待混合数小时后再加入石膏。石膏一般存放在气温为35℃及相对湿度为 40％的空调室内进行养护，时间至少一个月。由于浇注模型表面的弹性性能与内部不同，因此制作模型时先将石膏按模具浇注成整体，然后再进行机械加工（割削和铣）形成模型。

石膏制作的弹性模型，也可大致模拟混凝土的塑性工作。配筋的石膏模型常用来模拟钢筋混凝土板壳的破坏。

④ 水泥砂浆

水泥砂浆相对于上述已提过的几种材料而言比较接近混凝土，但基本性能无疑与含有大骨料的混凝土存在差别。所以水泥砂浆主要用来制作钢筋混凝土板壳等薄壁结构的模型，采用的钢筋是细直径的各种钢丝或铅丝等。

值得注意的是未经退火的钢丝没有明显的屈服点，如果需要模拟热轧钢筋，则应进行退火处理。细钢丝的退火处理必须防止金属表面氧化而削弱断面面积。

⑤ 细石混凝土

用模型试验来研究钢筋混凝土结构的弹塑性工作或极限能力，较理想的材料是细石混凝土。小尺寸的混凝土结构与实际尺寸的混凝土结构虽然有差别（如收缩和骨料粒径的影响等），但这些差别在很多情况下是可以忽略的。

非弹性工作时的相似条件一般不容易满足，而小尺寸混凝土结构的力学性能的离散性也较大，因此混凝土结构模型的比例不宜用得太小，最好其缩尺比例在 1/25～1/2 之间取值。目前，模型的最小尺寸（如板厚）可做到 3～5mm，而要求的骨料最大粒径不应超过该尺寸的 1/3。这些条件在选择模型材料和确定模型比例时应该给予考虑。

钢筋和混凝土之间的黏结情况与结构非弹性阶段的荷载-变形性能以及裂缝的分布和发展有直接的关系。特别在承受反复荷载（如地震作用）时，结构的内力重分配受裂缝开展和分布的影响，所以黏结力问题应予以充分重视。由于黏结问题本身的复杂性，细石混凝土结构模型很难完全模拟结构的实际黏结力情况。在已有的研究工作中，为了使模型的黏结情况与实际的黏结情况接近，通常是使模型上所用钢筋产生一定程度的锈蚀或用机械方法在模型钢筋表面压痕，使模型结构黏结力和裂缝分布情况比用光面钢丝更接近实际情况。

另外用于小比例强度模型的还有微粒混凝土，又称模型混凝土，由细骨料、水泥和水组成。按试验相似主要条件要求做配比设计，因为强度模型的成功与否在很大程度上取决于模型材料和原结构材料间的相似程度，而影响微粒混凝土力学性能的主要因素是骨料体积含量、级配和水灰比。在设计时应首先基本满足弹性模量和强度条件，而变形条件则可放在次要地位，骨料粒径依模型几何尺寸而定，与前述细石混凝土要求相同，一般不大于截面最小尺寸的 1/3。

5.5.2 模型试验应注意的问题

模型试验和一般结构试验的方法在原则上相同，但模型试验也有自己的特点，针对这些特点在试验中应注意以下问题。

①　模型尺寸。在模型试验中对模型尺寸的精度要求比一般结构试验对构件尺寸的要求严格得多，所以在模型制作中控制尺寸的误差是极为重要的。由于结构模型均为缩尺比例模型，尺寸的误差直接影响试验的测试结果。为此，在模型制作时，一方面要把握模板的尺寸精度，另一方面还要注意选择体积稳定、不易随湿度、温度而有明显变化的材料作为模板。对于缩尺比例不大的结构，强度模型材料以选择与原结构同类的材料为好，若选用其他材料，如塑料，材质本身的不稳定或制作时不可避免的加工工艺误差，都将对试验结果产生影响，因此，在模型试验之前，须对所设应变测点和重要部位的断面尺寸进行仔细量测，以此尺寸作为分析试验结果的依据。

②　试件材料性能的测定。模型材料的各种性能，如应力-应变曲线、泊松比、极限强度等，都需在模型试验之前就准确地测定。通常测定塑料的性能可用抗拉及抗弯试件；测定石膏、砂浆、细石混凝土和微粒混凝土的性能可用各种小试件，形状可参照混凝土试件（如立方体、棱柱体等）。考虑到尺寸效应的影响，模型的材性小试件尺寸应和模型的最小截面或临界截面的大小基本相应。试验时要注意这些材料也有龄期的影响。对于石膏试件还应注意含水量对强度的影响；对于塑料应测定徐变的影响范围和程度。

③　试验环境。模型试验对周围环境的要求比一般结构试验严格。对于塑料模型试验的环境温度，一般要求温度变化不超过±1℃。对于温度比较敏感的石膏模型，最好能够在恒温环境内进行试验。

④　荷载选择。模型试验的荷载必须在试验进行之前仔细校对。重物加载如砝码、铁块都应事先经过检验。如用杠杆和千斤顶施加集中荷载，则加载设备都要经过设计并准确制造，各种传感器使用前要进行率定。此外，若试验完全模拟实际的荷载有困难时，可改用明确的集中荷载。这样在整理和推算试验结果时不会引入较大的误差。

⑤　变形量测。一般模型的尺寸都很小，所以通常应变量测多采用电阻应变计。对于复杂应力状态下的模型，可先用有限元分析求得主应力的方向，然后再粘贴电阻应变计。对于塑料模型，因塑料的导热性很差，应采取措施，减少电阻应变计受热后升温而带来的误差。若采用箔式应变计，应设立单独的温度补偿计，并降低电阻应变仪的桥路电压。

模型试验位移量测仪表的安装位置应特别准确，否则将模型试验结果换算到原型结构上会引起较大的误差。如果模型的刚度很小，则应注意量测仪表的重量和固定等因素的影响。

总而言之，模型试验比一般结构试验要求严格得多，因为模型试验结果较小的误差推算到原型结构就可能是较大的误差。因此，模型试验工作必须考虑周全，做到精细化操作。

 思考拓展

5.1　什么是结构模型试验？基本概念是什么？

5.2　模型的相似是指哪些方面相似？相似常数的含义是什么？

5.3　模型结构的相似条件是指什么？为什么模型设计时首先要确定相似条件？采用什么方法确定相似条件？

5.4　量纲分析法的基本概念是什么？何谓π定理？

5.5　模型设计的设计程序和步骤应注意些什么？对钢筋混凝土结构、砖石结构、结构的静力试验和动力试验等各自有何不同要求？

5.6　对不同的模型材料有何要求？

第 6 章
误差分析与数据处理

本章数字资源

教学要求
知识总结
拓展阅读
在线题库
课件获取

 学习目标

了解实验误差的概念。
掌握实验数据处理的内容和步骤。
掌握实验数据的误差计算方法。

6.1　概述

实验中采集到的数据只是原始数据，这些原始数据往往不能直接说明实验的成果或解决实验所提出的问题。原始数据经过整理换算、统计分析及归纳演绎后，得到能反映结构性能的数据、公式、图表等，这样的过程就是数据处理。例如由结构试验中采集的应变数据，计算出截面的应力分布，进一步得到结构的内力分布；由采集到的结构的加速度数据积分得到速度、再积分得到位移等。

由于量测是观测者在一定的环境条件下，借助于必需的量测仪表或工具进行的，因此，一切量测的结果都难免存在误差。在实验中，对同一量的多次量测结果总是不能完全相同，即均与被测试物理量的真实值有差别，若是间接量测结果还有运算过程中产生的误差。误差可能是由仪器自身存在的缺陷、试件所不可避免的差别、观测者自身的差错或是量测时所处的外界条件的影响等因素造成的。

本章主要介绍误差分析方法和数据处理步骤，以及实验结果的表达方法。

6.2　间接测定值的推算

实验量测方法可分为直接量测和间接量测两类。所谓直接量测就是将被测试的物理量和所选定的度量单位进行比较；而间接量测则是根据各个物理量之间已知的函数关系，从直接测定的某些量的数值计算另一些量，例如通过应变（或位移）、材料的弹性模量、构件几何尺寸的量测来推算出结构的承载能力。

实验中经常遇到的情况是所要求的物理量并不便于或不宜于直接量测，而是要通过采集一些相关数据后，通过一系列的变换将其换算为所需要的物理量。例如，将采集到的应变换算成相应的力、位移及曲率等。于是，为进行间接测定值的推算，量测人员应该熟悉实验对象的各个物理量之间的相互关系，这样才能用最方便、可靠、经济、有效的手段得到所需要的数据。

6.3　实验误差分析

被量测物理量的真实值与量测值之间的差别称为误差，由于误差是必然存在的，因此，应该对其产生的原因及处理方法进行探讨。

6.3.1　误差的概念

误差按其性质可分为三类：

（1）过失误差

过失误差主要是由量测人员粗心大意、操作不当或思想不集中所造成的，例如读错数据、记录错误等。严格地讲，过失误差不能称为误差，而是由观测者的过失所产生的错误，是可以避免的。因此，量测中如果出现很大的误差，且与事实有明显不符时，应分析其产生的原因。若确系过失所致，则应将其从实验数据中剔除，且应分析出现此类错误的原因，以免再次出现相同错误。

（2）系统误差

系统误差通常是由仪器的缺陷、外界因素的影响或观测者的因素等固定原因引起的，难以消除其全部影响。但是系统误差服从一定的规律，符号相同，是对量测结果有积累影响的误差。例如由于电阻应变仪灵敏系数不准确、温度补偿不完善、周围环境湿度的影响引起的仪器的漂移等。在查明产生系统误差的原因后，这种误差一般可以通过仪器校正来消除，或通过改善量测方法来避免或消除，也可以在数据处理时对量测结果进行相应的修正。

（3）随机误差

在消除过失误差和系统误差后，量测数据仍然有着微小的差别，这是由各种随机（偶然）因素所引起的可以避免的误差，其大小和符号各不相同，称为随机误差。例如电压的波动，环境温度、湿度的微小变化，磁场干扰等。

虽然无法掌握每一随机误差发生的规律，但一系列测定值的随机误差服从统计规律，量测次数越多，则这种规律性越明显。

随机误差具有下列特点：

① 在一定的量测条件下，随机误差的绝对值不会超过一定的限度，这说明量测条件决定了每一次量测所允许的误差范围；

② 随机误差数值是有规律的，绝对值小的出现机会多，绝对值大的出现机会少；

③ 绝对值相等的正负误差出现的机会相同；

④ 随机误差在多次量测中具有抵偿性质，即对于同一量进行等精度量测时，随着量测次数的增加，随机误差的算术平均值将逐渐趋于零，因此多次量测结果的算术平均值更接近于真实值。

在量测以后，应对所测得的数据进行加工处理，分析出最接近真实值的量测结果，估计量测的精确度，这就需要研究误差理论和实验数据处理方法。

6.3.2　误差理论基础

从以上的分析中可知，系统误差及过失误差均可以通过一定的措施，如加强量测人员的技术水平等来避免。

随机误差是由一些偶然因素造成的，虽然其大小和符号均难以预计，但从统计学的观点而言，它是服从统计规律的。误差理论所研究的就是随机误差对量测结果的影响。

（1）量测值的误差分布规律

无论是采用直接量测方法还是间接量测方法，严格地说，都是测不到任何物理量的真实值的，实验所能得到的仅是某物理量的近似值。于是，需要找到近似值与真实值之间的关系，从而在一组观测值中确定一个最大概然值，用它来代表所测试的那个物理量。以下以电阻应变片为例研究一组观测值的概率分布。

[**例 6-1**] 电阻应变片在制造过程中存在着一定的公差，这种差别会影响实验量测的精度，所以在出厂前需要对某些参数进行测定。为测定电阻应变片的灵敏系数，抽样 100 片，测得灵敏系数如下：

$$K_1=2.487, K_2=2.469, K_3=2.473, \cdots, K_{100}=2.485$$

为了找出随机误差的分布规律，需通过分组、列表、作图来加以整理。具体步骤如下：

① 计算极限差值

$$\Delta K_{\max}=K_{\max}-K_{\min}=2.487-2.443=0.044$$

② 分组

根据 K 值的大小按顺序分组，一般可分 10~15 组。先分为 11 组，则每组的差距间隔为

$$\text{差距间隔}=\Delta K_{\max}/11=0.044/11=0.004$$

③ 列表

分组列表见表 6.1。

表 6.1　应变片 K 值的分组数据

组号	各组 K 值间距	K 值间距中值	出现次数	出现概率/%
1	2.443~2.447	2.445	1	1
2	2.447~2.451	2.449	2	2
3	2.451~2.455	2.453	5	5
4	2.455~2.459	2.457	10	10
5	2.459~2.463	2.461	21	21
6	2.463~2.467	2.465	24	24
7	2.467~2.471	2.469	20	20
8	2.471~2.475	2.473	10	10
9	2.475~2.479	2.477	5	5
10	2.479~2.483	2.481	1	1
11	2.483~2.487	2.485	1	1

④ 作图

为了直观地了解随机误差的分布规律，根据表中的数据作图如下：以 O 为原点，横坐标表示灵敏系数 K 值，纵坐标表示相应 K 值出现的概率。根据各组值及值间距可以绘出直方图，若以各组中值及相应的 N 值为横坐标及纵坐标，连成如图 6.1 所示的光滑曲线。图 6.1 中条形面积表示差值在 0.004 内相应的 K 值所对应的 N。为便于说明误差的方向规律性，将原点移至 O'（即 $K=2.465$）处，于是可以看出曲线以 N 轴为对称轴并对称分布，中间高，两边低。并且 K 值有集中的趋势，即纵坐标大的表示出现机会多。实践中发现，形状如图 6.1 的随机误差分布最多，应用也最广，这种分布称为正态分布。

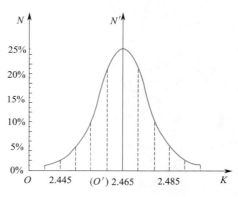

图 6.1　K 值的误差分布规律

由于被量测的可以是任一物理量，所以可以用同样的作图方法表示其分布规律。除了正态分布曲线外，还有其他规律的分布曲线。在土木工程实验中，许多数据的随机误差，诸如

力学参数、材料强度等，大多服从正态分布。

若用 δ 表示随机误差，用 y 表示同一随机误差出现的概率密度，用 σ 表示由总体中所有随机误差算出的标准差（亦即均方差）。则有

$$\sigma = \sqrt{\sum \delta_i^{\,2}/n} \tag{6.1}$$

式中　δ_i——第 i 个量测数据与真实值的差值，即 $\delta_i = x_i - x$，其中 x 为真实值；

　　　x_i——表示第 i 个量测数据；

　　　n——数据个数。

随机误差正态分布规律可以用下式表示：

$$y = \frac{1}{\sigma \sqrt{2\pi}} e^{-\frac{\delta^2}{2\sigma^2}} \tag{6.2}$$

正态误差分布曲线具有如下性质：

① $y(\delta) = y(-\delta)$，即正负误差出现的概率相等，这正是随机误差的性质。

② 误差出现在 $(-\infty, +\infty)$ 之间的概率：

$$P(\infty) = \int_{-\infty}^{+\infty} y\,\mathrm{d}\delta = 1 \tag{6.3}$$

上式说明，误差 δ 出现在 $(-\infty, +\infty)$ 之间的概率为 1。

③ 当 $\delta = \pm\infty$ 时，$y = 0$；当 $\delta = 0$ 时，$y = y_{\max} = 1/(\sigma \sqrt{2\pi})$。这一性质说明小误差（$\delta = 0$ 附近）出现的概率比大误差（δ 较大）出现的概率要大，这正是随机误差所具有的集中趋势。

将随机误差正态分布曲线代入式(6.3)，得

$$(1/\sigma \sqrt{2\pi}) \int_{-\infty}^{+\infty} e^{-\delta^2/2\sigma^2}\,\mathrm{d}\delta = 1 \tag{6.4}$$

若用新的变量 $Z = \delta/\sigma$ 代入式(6.4)，则有

$$(1/\sqrt{2\pi}) \int_{-\infty}^{+\infty} e^{-Z^2/2}\,\mathrm{d}Z = 1 \tag{6.5}$$

由式(6.5)可知误差在 $(Z_\alpha, +\infty)$ 之间的概率为

$$P(Z > Z_\alpha) = (1/\sqrt{2\pi}) \int_{Z_\alpha}^{+\infty} (e^{-Z^2/2})\,\mathrm{d}Z = \alpha/2 \tag{6.6}$$

同理，随机误差小于 $-Z_\alpha$ 的概率也是 $\alpha/2$，这样，随机误差出现在 $[-Z_\alpha, Z_\alpha]$ 区间的概率为 $1-\alpha$。

表 6.2 为各种 Z_α 值及相应的 $\alpha/2$ 值。由表可见，随 Z_α 的增大，$\alpha/2$ 的概率减少得很快。

当 $Z_\alpha = 2$（即 $\delta = 2\sigma$）时，$\alpha/2 = 0.0228$，亦即平均在每 100 次量测中，只有 2.28 次随机误差大于 2σ；而当 $Z_\alpha = 3$（即 $\delta = 3\sigma$）时，即平均在每 100 次量测中，只有 0.135 次随机误差大于 3σ，出现的机会很小，这为量测数据的取舍提供了理论依据。在一般的量测中，由于经费、时间等条件的制约，量测的次数通常不会超过几十次。所以，可以认为无论如何均不会有绝对值超过 3σ 的随机误差出现。通常把这个可能出现的最大随机误差称为随机误差的极限误差 $\Delta \lim$，亦即

$$\Delta \lim = \pm 3\sigma$$

由于过失误差和系统误差是不服从正态分布规律的，因此随机误差的正态分布理论不仅可以用于确定标准差、估计被量测的误差范围及发生概率，还可以用作检验数据中是否存在过失误差和系统误差的判断准则。

表 6.2　正态分布表（对应于 Z_α 的 $\alpha/2$ 数值表）

Z_α	0.00	0.01	0.02	0.03	0.04	0.05	0.06	0.07	0.08	0.09
0.0	0.5000	0.4960	0.4920	0.4880	0.4840	0.4801	0.4761	0.4721	0.4681	0.4641
0.1	0.4602	0.4562	0.4522	0.4483	0.4443	0.4404	0.4364	0.4325	0.4286	0.4247
0.2	0.4207	0.4168	0.4129	0.4090	0.4052	0.4013	0.3974	0.3936	0.3897	0.3859
0.3	0.3821	0.3783	0.3745	0.3707	0.3669	0.3632	0.3594	0.3557	0.3520	0.3483
0.4	0.3446	0.3409	0.3372	0.3336	0.3300	0.3264	0.3228	0.3192	0.3156	0.3121
0.5	0.3085	0.3050	0.4920	0.2981	0.2946	0.2912	0.2877	0.2843	0.2810	0.2776
0.6	0.2743	0.2709	0.4522	0.2643	0.2611	0.2578	0.2546	0.2514	0.2483	0.2451
0.7	0.2420	0.2389	0.4129	0.2327	0.2297	0.2266	0.2236	0.2206	0.2177	0.2148
0.8	0.2119	0.2090	0.3745	0.2033	0.2005	0.1977	0.1949	0.1922	0.1894	0.1867
0.9	0.1841	0.1814	0.3372	0.1762	0.1736	0.1711	0.1685	0.1660	0.1635	0.1611
1.0	0.1587	0.1562	0.3015	0.1515	0.1492	0.1469	0.1446	0.1423	0.1401	0.1379
1.1	0.1357	0.1335	0.2676	0.1292	0.1271	0.1251	0.1230	0.1210	0.1190	0.1170
1.2	0.1151	0.1131	0.2358	0.1093	0.1075	0.1056	0.14038	0.1020	0.1003	0.0985
1.3	0.0968	0.0951	0.2061	0.0918	0.0901	0.0885	0.0869	0.0853	0.0838	0.0823
1.4	0.0808	0.0793	0.1788	0.0764	0.0749	0.0735	0.0721	0.0708	0.0694	0.0681
1.5	0.0668	0.0655	0.1539	0.0630	0.0618	0.0606	0.0594	0.0582	0.0571	0.0559
1.6	0.0548	0.0537	0.1314	0.0516	0.0505	0.0495	0.0485	0.0475	0.0465	0.0455
1.7	0.0446	0.0436	0.1112	0.0418	0.0409	0.0401	0.0392	0.0384	0.0375	0.0367
1.8	0.0359	0.0351	0.0934	0.0336	0.0329	0.0322	0.0314	0.0307	0.0301	0.0294
1.9	0.0287	0.0281	0.0778	0.0268	0.0262	0.0256	0.0250	0.0244	0.0239	0.0233
2.0	0.0228	0.0222	0.0643	0.0212	0.0207	0.0202	0.0197	0.0192	0.0188	0.0183
2.1	0.0179	0.0174	0.0526	0.0166	0.0162	0.0158	0.0154	0.0150	0.0146	0.0143
2.2	0.0139	0.0136	0.0427	0.0129	0.0125	0.0122	0.0119	0.0116	0.0113	0.0110
2.3	0.0107	0.0104	0.0344	0.00990	0.00964	0.00939	0.00914	0.00889	0.00866	0.00842
2.4	0.00820	0.00798	0.0274	0.00755	0.00734	0.00714	0.00695	0.00676	0.00657	0.00639
2.5	0.00621	0.00587	0.0217	0.00570	0.00554	0.00539	0.00523	0.00508	0.00494	0.00480
2.6	0.00466	0.00440	0.0170	0.00427	0.00415	0.00402	0.00391	0.00397	0.00368	0.00357
2.7	0.00347	0.00326	0.0132	0.00317	0.00307	0.00298	0.00289	0.00280	0.00272	0.00264
2.8	0.00256	0.00240	0.0102	0.00233	0.00226	0.00219	0.00212	0.00205	0.00199	0.00193
2.9	0.00187	0.00175	0.0018	0.00169	0.00164	0.00159	0.00154	0.00149	0.00144	0.00139
3.0	0.00135	0.00131	0.00126	0.00122	0.00118	0.00114	0.00111	0.00107	0.00104	0.00100

在某些实验中，例如结构工程实验中，诸如材料强度的误差、构件承载力的误差等，因为其正误差在工程上偏于安全，所以只有负误差的限值。通常用极限误差 $\Delta\lim = -3\sigma$ 表示，误差不小于 -3σ 的概率为 $1-\alpha/2 = 0.99865$。极限误差的取值也因对象的重要程度不同而异，有用 2σ 作为极限误差的，也有用误差在：$[-Z_\alpha, Z_\alpha]$ 范围内出现的概率（即 $1-\alpha$）直接表示的，如 90%、95%…。这个概率在生产中称为产品的合格率或保证率。

（2）误差的表示方法

在处理实验数据时，总是希望得到被测试物理量的真实值。在实验中，对真实值的理解为：在观测次数无限多时，根据误差分布性质可知正负误差出现的概率相等，因此，将各观测值相加，取其平均值，在消除了系统误差及过失误差的情况下，该平均值接近于真实值。由于在一般的实验中，观测次数是有限的，因此，从有限次数的观测中得出的平均值只能是近似的真实值，也将其称为最佳值。

① 算术平均值

算术平均值是最常用的平均值，可表示如下：

$$\overline{x} = \frac{1}{n}\sum x_i \tag{6.7}$$

式中　$\overline{x}$——算术平均值；

x_i——第 i 个量测值；

n——量测的次数。

② 标准误差（又称为均方根误差）

算术平均值用于表达量测数据集中的位置，而数据的离散程度则用标准差表示。由于标准差与随机误差的符号无关，并且可以较为明显地反映个别数据所存在的较大误差，所以常被用于估计量测的精确度。在相同条件下所进行的相同量测具有相同的标准差。通常用样本的标准差的无偏估计代替总体的标准差，即

$$S = \sqrt{\frac{\sum_{i=1}^{n} d_i^2}{n-1}} \tag{6.8}$$

式中　S——标准误差；

d_i——第 i 个量测值与算术平均值之差，称为离差，即 $d_i = x_i - \overline{x}$。

③ 变异系数

在精确度分析中，为了进行相对精确度的比较，还要用变异系数（也称为相对标准差或相对误差）表示

$$C_v = \sigma / \overline{x} \tag{6.9}$$

变异系数表示实验的精确度，能较全面地鉴定实验结果的质量。C_v 常用百分数表示，其数值越小，则精确度越高。

可以证明，绝对误差与标准误差之间的关系为

$$\delta = S / \sqrt{n} = \sqrt{\frac{\sum_{i=1}^{n} d_i^2}{n(n-1)}} \tag{6.10}$$

式中　δ——绝对误差，$\delta = \overline{x} - x$；

S——标准误差；

$\overline{x}$——算术平均值；

x——真实值；

n——量测的次数。

由式（6.10）可见，利用离差可以求出绝对误差，这样就可以利用算术平均值表示真实值。必须指出的是，这种表示只是更为接近真实值而已。当量测次数增加时，绝对误差 δ 减少。但是，增加的量测次数是有限的，当 $n=10$ 时再增加量测次数，δ 的减少已不明显。因此，实验中是否需要增加量测次数应视实验的具体情况决定。

[例 6-2] 电阻应变片在出厂时抽测 100 片的灵敏系数 K 如表 6.3 所示，试求其最佳值。

表 6.3　应变片灵敏系数 K

K 值	出现次数	离差 d_i	d_i^2
2.445	1	-0.020	4.00×10^{-4}
2.449	2	-0.016	2.56×10^{-4}
2.453	5	-0.012	1.44×10^{-4}
2.457	10	-0.008	0.64×10^{-4}
2.461	21	-0.004	0.16×10^{-4}
2.465	24	0	0
2.469	20	0.004	0.16×10^{-4}
2.473	10	0.008	0.64×10^{-4}
2.477	5	0.012	1.44×10^{-4}
2.481	1	0.016	2.56×10^{-4}
2.485	1	0.020	4.00×10^{-4}

$$\overline{K} = 2.465, \sum\nolimits_{i=1}^{n} d_i^2 = 0.4944 \times 10^{-2}$$

最佳值 $K = \overline{K} \pm \delta_k$

其中 $\delta_k = \delta = S / \sqrt{n} = \sqrt{\sum\nolimits_{i=1}^{n} d_i^2} / \sqrt{n(n-1)} = 0.707 \times 10^{-3}$

于是可得 $K = 2.465 \pm 0.707 \times 10^{-3}$

6.3.3 量测值的取舍

（1）过失误差的剔除依据

凡是在量测时不能作出合理解释的误差均可视为过失误差，应该将其从数据中剔除。

剔除数据需要有充分的依据。按照统计理论，绝对值越大的随机误差出现的概率越小，且其数值总是限于某一范围。因此，可以选择一个"鉴别值"去与误差相比较，当误差的绝对值大于"鉴别值"时，则认为该数据中存在过失误差，可以将其剔除。

（2）常用的"鉴别值"确定准则

① 三倍标准误差（3σ）准则

前面已经讲过，当误差 $\delta \leqslant 3\sigma$ 时，在 $\pm 3\sigma$ 范围内，误差出现的概率 $P = 99.7\%$，即误差 $|\delta| > 3\sigma$ 的概率为 $1 - P = 0.3\%$，亦即 300 次量测中才有可能出现一次。因此，在大量的量测中，当某一个数据误差的绝对值大于 3σ 时，可以舍去。按照 3σ 准则，能被舍去的量测值数目很少，所以对实验数据的精确度要求不是很高。

② 肖维勒（Chauvenet）准则

按照统计理论，较大误差出现的概率很小。肖维勒准则可表述为：在 n 次量测中，某数据的剩余误差可能出现的次数小于半次时，便可剔除该数据。

由表 6.2，$|\delta| > 3\sigma$ 误差的概率为 α。设 $|\delta| > 3\sigma$ 的次数为 0.5，其概率为 $0.5/n = \alpha$，于是有

$$\alpha = 1/(2n) \tag{6.11}$$

判别时，凡是概率小于 $1/2n$ 的量值可以舍去，否则就应当保留。

计算时可由式（6.11）求出 α，再由表 6.2 查出 Z_α（$Z_\alpha = K/S$），K 的最大值就是鉴别值

$$K = Z_\alpha S \tag{6.12}$$

式中　S——标准误差。

当 $|x_i - \overline{x}| > K$ 时，则认为 x_i 含有过失误差，应该予以剔除。可以根据量测次数 n 从表 6.4 中查找 Z_α。

表 6.4　Z_α 表

n	Z_α	n	Z_α	n	Z_α	n	Z_α
5	1.65	14	2.10	23	2.30	50	2.58
6	1.73	15	2.13	24	2.32	60	2.64
7	1.80	16	2.16	25	2.33	70	2.69
8	1.86	17	2.18	26	2.34	80	2.74
9	1.92	18	2.20	27	2.35	90	2.78
10	1.96	19	2.22	28	2.37	100	2.81
11	2.00	20	2.24	29	2.38	150	2.93
12	2.04	21	2.26	30	2.39	200	3.03
13	2.07	22	2.28	40	2.50	500	3.29

[**例 6-3**] 对某物理量进行了 10 次量测，数据见表 6.5，分别按三倍标准误差和肖维勒准则，剔除过失误差。

表 6.5　量测数据

序号	X_i	d_i	d_i^2
1	45.3	1.2	1.44
2	47.2	0.7	0.49
3	46.3	-0.2	0.04
4	49.1	2.6	6.76
5	46.9	0.4	0.16
6	45.9	-0.7	0.49
7	46.7	0.2	0.04
8	47.1	0.6	0.36
9	45.7	-0.8	0.64
10	45.1	-1.4	1.96

① 按照三倍标准误差（3σ）准则

从表 6.5 中数据可以求出

$$\overline{x} = \frac{\sum_{i=1}^{n} x_i}{n} = 46.53$$

$$\sigma = \sqrt{\frac{\sum_{i=1}^{n} d_i^2}{n-1}} = 1.17$$

$$3\sigma \approx 3S = 3.51$$

根据 3σ 准则，表中数据可以全部保留。

② 按照肖维勒准则

由表 6.4，查得 $n=10$ 时 $Z_\alpha = 1.96$，$Z_\alpha S = 2.29$，离差 $d_4 = 2.6 > 2.29$，根据肖维勒准则，$x_4 = 49.1$ 应该剔除。

对于剩余的 9 个数据可见表 6.6。

表 6.6　剩余数据

序号	X_i	d_i	d_i^2
1	45.3	1.2	1.44
2	47.2	0.7	0.49
3	46.3	-0.2	0.04
5	46.9	0.4	0.16
6	45.9	-0.7	0.49
7	46.7	0.2	0.04
8	47.1	0.6	0.36
9	45.7	-0.8	0.64
10	45.1	-1.4	1.96

此时，$\overline{x'} = 46.24$，$S' = 0.84$。

由表 6.4，查得 $n=9$ 时，$Z_\alpha = 1.92$，$Z_\alpha S = 1.61$。

由表 6.6，所有离差均小于 $Z_\alpha S$，根据肖维勒准则，应该全部予以保留。

从以上两种方法可以看出，三倍标准误差准则最为简单，但是不太严格，几乎保留了所有的数据。肖维勒准则考虑了量测次数的影响，比三倍标准误差准则要严格得多。

在剔除过失误差时，一次只能剔除数值最大的那个。然后由剩下的数据重新计算新的鉴别值后，再次进行鉴别，直至消除了过失误差为止。否则，就有可能将正常数据误以为含有过失误差而剔除。

6.3.4 间接测定值的误差分析

量测可分为直接量测和间接量测。间接量测就是用其他几个直接量测的量的函数来表示被量测的物理量。

例如，材料单向弹性应力计算：

$$\sigma = E\varepsilon$$

式中 σ——材料应力；

E——材料弹性模量；

ε——材料应变。

显然，材料应力的计算精确度依赖于其弹性模量及应变的量测精确度，也就是说，后两者的量测误差将会对前者产生影响。因此，要讨论的问题为：函数的误差和函数中诸量的误差之间存在的关系。也就是误差的传递关系。

设间接量测值 X 是直接量测值 Z_1，Z_2，Z_3，$\cdots$，Z_n 的函数

$$X = f(Z_1, Z_2, \cdots, Z_n) \tag{6.13}$$

若以 ΔZ_1，ΔZ_2，$\cdots$，ΔZ_n 分别表示 Z_1，Z_2，$\cdots$，Z_n 的误差，而用 ΔX_1，ΔX_2，$\cdots$，ΔX_n 表示由 ΔZ_1，ΔZ_2，$\cdots$，ΔZ_n 引起的误差，则可得

$$X + \Delta X = f(Z_1 + \Delta Z_1, Z_2 + \Delta Z_2, \cdots, Z_n + \Delta Z_n) \tag{6.14}$$

将上式按泰勒级数展开，经运算可以得到

$$\Delta X = \Delta Z_1 \frac{\partial f}{\partial Z_1} + \Delta Z_2 \frac{\partial f}{\partial Z_2} + \cdots + \Delta Z_n \frac{\partial f}{\partial Z_n} \tag{6.15}$$

相对误差为

$$\begin{aligned} e = \frac{\Delta X}{X} &= \frac{\Delta Z_1}{X} \frac{\partial f}{\partial Z_1} + \frac{\Delta Z_2}{X} \frac{\partial f}{\partial Z_2} + \cdots + \frac{\Delta Z_n}{X} \frac{\partial f}{\partial Z_n} \\ &= e_1 \frac{\partial f}{\partial Z_1} + e_2 \frac{\partial f}{\partial Z_2} + \cdots + e_n \frac{\partial f}{\partial Z_n} \end{aligned} \tag{6.16}$$

于是，最大绝对误差和最大相对误差分别为

$$\Delta X_{\max} = \pm \left(\left| \Delta Z_1 \frac{\partial f}{\partial Z_1} \right| + \left| \Delta Z_2 \frac{\partial f}{\partial Z_2} \right| + \cdots + \left| \Delta Z_n \frac{\partial f}{\partial Z_n} \right| \right)$$

$$e_{\max} = \pm \left(\left| e_1 \frac{\partial f}{\partial Z_1} \right| + \left| e_2 \frac{\partial f}{\partial Z_2} \right| + \cdots + \left| e_n \frac{\partial f}{\partial Z_n} \right| \right)$$

以上讨论的是已知自变量的误差，求出函数的误差。在实验中，往往要求间接量测的最终误差不超过某一给定值。间接测定值的误差应该控制在什么范围之内，这实际上是误差的逆运算问题，解决这个问题对选择实验仪器、改善实验技术是有很大帮助的。

由式(6.15)可以看出，对于给定的函数误差，自变量可以有不同的组合，这样在实际运用时会产生较多的困难。一种切实可行的方法是认为各自变量对函数的影响相等，即

$$\frac{\partial f}{\partial Z_1} \Delta Z_1 = \frac{\partial f}{\partial Z_2} \Delta Z_2 = \cdots = \frac{\partial f}{\partial Z_n} \Delta Z_n \leqslant \frac{\Delta X}{n} \tag{6.17}$$

于是得

$$\Delta Z_1 \leqslant \frac{\Delta X}{n\frac{\partial f}{\partial Z_1}}, \Delta Z_2 \leqslant \frac{\Delta X}{n\frac{\partial f}{\partial Z_2}}, \cdots, \Delta Z_n \leqslant \frac{\Delta X}{n\frac{\partial f}{\partial Z_n}} \tag{6.18}$$

[例 6-4]　在进行圆形构件拉伸实验时，已知：试件拉应力 $\sigma = 4P/(\pi d^2)$，圆直径 $d = 10\text{mm}$，拉力 $P = 10\text{kN}$。若要求应力测定值的极限允许误差 $\Delta\sigma_{max} \leqslant 2\text{N/mm}^2$，求拉力 P 及试件直径 d 的允许误差。

解：

$$\left|\frac{\partial\sigma}{\partial d}\right| = \frac{8P}{\pi d^3}, \quad \left|\frac{\partial\sigma}{\partial P}\right| = \frac{4}{\pi d^2}, n = 2$$

$$\Delta P = \frac{|\sigma_{max}|}{n\left|\frac{\partial\sigma}{\partial P}\right|} = \frac{2\pi d^2}{2\times 4} = 78.54\text{N}$$

$$\Delta d = \frac{|\sigma_{max}|}{n\left|\frac{\partial\sigma}{\partial d}\right|} = \frac{2\pi d^3}{2\times 8P} = 0.039\text{mm}$$

最后得出拉力 P 的最大允许误差为 78.54N，直径 d 的最大允许误差为 0.039mm。

6.4　实验结果的表达

将原始数据经过整理换算和误差分析后，通过统计和归纳，得出实验结果。常用的实验数据和实验结果表达方式有列表表示法、图形表示法和经验公式表示法，它们将实验数据按照一定的规律和科学合理的方式表达，对数据进行分析，从而能直观、清楚地反映实验结果。

6.4.1　列表表示法

列表法的优点是简单易行，形式紧凑，便于数据的比较和参考。列表时，表的名称应简明扼要，对于表格中表头的名称及单位要明确，应尽可能用符号表示，数字的写法应整齐统一。至于表格的具体形式、内容，则应随不同实验而有所不同，具体应根据实验情况及要求而定。

表 6.7 为某桩基的大应变动测结果表。

表 6.7　某桩基的大应变动测结果

桩号	桩径/cm	桩长/m	桩底标高/m	桩侧摩阻力/kN	桩尖端承载力/kN	动测总承载力/kN	桩底持力层评价
19-2	170	32.07	−30.85	11605.4	9834.3	21439.7	桩底持力层正常
21-2	170	28.10	−26.82	10053.1	11437.3	21490.3	桩底持力层较好

6.4.2　图形表示法

用图形来表达实验数据可以更加清楚、直观地表现各变量之间的关系，土木工程实验中较常用的是曲线图和形态图。

（1）曲线图

用曲线图来表达实验数据及物理现象的规律性，它的优点是直观、明显，可以较好地表达定性分布和整体规律分布。作曲线图时，在图下方应标明图的编号及名称。一个曲线图中可以有若干条曲线，当图中有多于一条曲线时，可以用不同的线型、不同的记号或不同的颜色加以区别，也可以用文字说明来区别各条曲线；若需对图中的内容加以说明，可以在图中或图名下加上注解。

绘制实验曲线时，除了要保证曲线连续、均匀外，还应保证实验曲线与实际量测值的偏差平方和最小。图6.2是某文化活动中心基础温度测试曲线图，图中的两条曲线分别反映了测试过程中，该基础的表面及内部的温度变化情况。图6.3为通过计算机数据采集系统得到的某黄河大桥动态应变曲线。

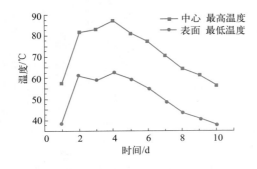

图6.2　某文化活动中心基础温度测试曲线

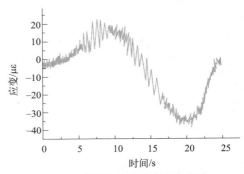

图6.3　某黄河大桥动态应变曲线

（2）形态图

在土木工程实验中，混凝土结构的裂缝情况、钢结构的屈曲失稳、结构的变形状态、结构的破坏状态等是一种随机的过程性发展状态，难以用具体的数值加以表达。这类状态可以用形态图来表示。

形态图的制作方式主要为照片和手工绘制：

① 照片可以如实地反映实验中的实际情况。缺点是有时不能特别突出重点，将一些不需要的细节也包含在内，另外如果照片不够清晰会对实验的分析判断产生影响。

② 手工绘制的形态图可对实验的实际情况进行概括和抽象，突出重点。制图时，可根据需要制作整体图或局部图，还可以把各个侧面的形态图连成展开图。例如，随着构件裂缝的发展，在图上随时标明裂缝的位置、高度、宽度等。手工绘制的缺点是诸如裂缝位置、宽度等不能较准确地按比例表达。

用形态图来表示结构的损伤情况、破坏形态等，是其他表达方法所无法替代的。制作形态图可以与实验同时进行，这样可以对实验过程加以描述。形态图可以以照相及手工绘制方式同时制作，使实验得到比较完善的描述。

6.4.3　经验公式表示法

通常，实验的目的包括以下方面：

① 测定某一物理量，如材料的弹性模量等；

② 由实验确定某个指标，如结构的承载能力、破坏状况，或验证某种计算方法等；

③ 推导出某一现象中各物理量之间的关系。

实验中，模型制作、量测仪器、加载设备及实验人员的错觉等都可能引起实验结果的误差。因此，必须对实验结果进行处理，整理出各个物理量之间的函数关系，由此，确定理论推导出的公式中的一些系数，或者完全用实验结果分析得出各物理量之间的函数关系式，这就是经验公式法。

经验公式不仅要求各物理量之间的函数关系明确，还要形式紧凑，便于分析运算及推广普及。一个理想的经验公式应该形式简单，待定常数不能太多，且要能准确反映实验数据，反映各个物理量之间的关系。

对于实验数据，一般没有简单的方法直接选定经验公式。比较常用的方法是先用曲线图将各物理量之间的关系表现出来，再根据曲线判定公式的形式，最后通过实验加以验证。

目前，有一些计算软件能够非常方便、迅速地给出所需要的数据的拟合曲线（经验公式），且不仅有多项式拟合还有指数、双曲线等拟合方式。在了解了曲线拟合方法的前提下，可以根据实际情况选用。

多项式是比较常用的经验公式，在可能的条件下应尽量采用这种类型。为了确定多项式的具体形式，应首先确定其次数，然后再确定其待定常数。下面介绍两种常用的确定一元多项式待定常数的方法：

① 最小二乘法

目前较多使用的计算软件中，用以进行数据多项式拟合一般采用的是最小二乘法原理，详细可参考相关资料。

② 分组平均法

进行实验时，如果量测 n 次，得到 r 组数据，可以建立 n 个测定公式。而实验最终要求的是最可靠的那一个。如果用图形曲线表示，根据实测的数据，可以绘制 n 条曲线，如图 6.4 所示。通常在作图时，应使实测点均匀分布在曲线的两侧，然后根据这条曲线定出经验公式。但是，究竟哪一条曲线最为合适，仅仅用作图求解，其结果往往标准不一，因人而异。分组平均法是确定经验公式常用的一种方法。其基本原理是使经验公式的离差的代数和等于零，即

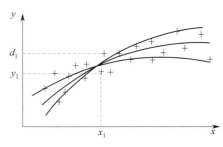

图 6.4　实验曲线示例

$$\sum d_i = 0$$

若对应于 x 时，量测值为 y，而曲线上的值为

$$y_i = f(x_i, a_1, a_2, \cdots, a_n)$$

离差为

$$d_i = y_i - y$$

可以得出各点的 d_i。

若测定公式中的待定常数有 m 个，而测定公式为 n 个（$n > m$）。将 n 组数据代入选定的经验公式中，得到 n 个方程。再将它们分成 m 组分别求和，得到 m 个方程后联立求解，可得式中的待定常数，这就是分组平均法。

[例 6-5] 设有经验公式：$y = b + mx$，相应的量测及计算如表 6.8，试用分组平均法，求系数 b、m。

表 6.8　量测数据举例

序号	x	y	代入经验公式 $y = b + mx$
1	1.0	3.0	$b + m = 3.0$
2	3.0	4.0	$b + 3m = 4.0$
3	8.0	6.0	$b + 8m = 6.0$
4	10.0	7.0	$b + 10m = 7.0$
5	13.0	8.0	$b + 13m = 8.0$
6	15.0	9.0	$b + 15m = 9.0$
7	17.0	10.0	$b + 17m = 10.0$
8	20.0	11.0	$b + 20m = 11.0$

因经验公式中只有两个待定常数，所以将表中的 8 个方程分成两组，即 1～4 为一组，5～8 为一组，这样得到两个方程

$$4b+22m=20.0$$
$$4b+65m=38.0$$

联立求解可得 $b=2.698$，$m=0.419$

代入原方程得所求的经验公式为

$$y=2.698+0.419x$$

[例 6-6] 经量测得到的某物体运动的速度与时间的关系如表 6.9 所示，试求速度与时间关系的经验公式 $\overline{v}=f(t)$。

表 6.9　量测数据及 $\overline{v}$

时间 t/s	速度 $\overline{v}/(m/s)$	时间 t/s	速度 $\overline{v}/(m/s)$
0.0	3.1950	0.5	3.2282
0.1	3.2299	0.6	3.1807
0.2	3.2532	0.7	3.1266
0.3	3.2611	0.8	3.0594
0.4	3.2516	0.9	2.9759

从实验曲线的形态看，可近似选定经验公式为二次多项式

$$\overline{v}=a_0+a_1t+a_2t^2$$

下面是采用两种方法分别求解多项式的系数。

(1) 采用最小二乘法求解

按照最小二乘法所求得的经验公式为

$$\overline{v}=3.1951+0.4425t-0.7653t^2$$

定义贝塞尔概差为

$$\gamma=0.6745\sqrt{d_i^2/(n-N)} \tag{6.19}$$

式中　n——测定值的数目；

　　　N——公式中常数的数目（即方程数）。

$(n-N)$ 的意义是当常数个数为 N 时，需要解 N 个联立方程，所求的经验公式一定通过 N 个点，N 个点的离差为 0。剩下的 $(n-N)$ 个点与曲线有一定离差，所以应以这些离差的平方和除以被离差的个数 $(n-N)$ 来计算概差。

此时贝塞尔概差为

$$\gamma=0.6745\sqrt{d_i^2/(n-N)}=0.0019$$

(2) 分组平均法

按照分组法所求得的经验公式为

$$\overline{v}=3.1950+0.4428t-0.7683t^2 \tag{6.20}$$

分组法计算值的概差为

$$\gamma=0.6745\sqrt{d_i^2/(n-N)}=0.0051$$

上面叙述了实验数据的一元回归方法。事实上，因变量只与一个自变量有关的情形仅是最简单的情况，在实际工作中，经常遇见的情况是影响因变量的因素多于一个，这就要采用

多元回归分析。由于许多非线性问题都可以化成线性问题求解，所以，较为常见的是多元线性回归问题，即实验结果可表达为

$$y = a_0 + a_1 x_1 + a_2 x_2 + \cdots + a_n x_n$$

其中，自变量为 x_i（$i = 1, 2, \cdots, n$），回归系数为 a_i（$i = 0, 1, 2, \cdots, n$）。

类似于一元线性回归方法中所采用的最小二乘法，多元线性回归也用最小二乘法求得。

6.5　周期振动实验的数据处理

动力实验中所得到的数据一般是随时间连续变化的，从这些数据中，可以分析得到结构模态参数、荷载特性等与结构动力反应有关的信息，从而建立结构的动力模型或处理有关工程的动力反应问题。

6.5.1　简谐振动

类似于图 6.5 所示的简单的正弦或余弦振动曲线称为简谐振动，诸如振幅、振动频率、阻尼比、振型等数据一般均可直接在振动记录图上进行分析。

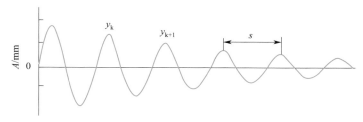

图 6.5　简谐振动曲线

图 6.5 中所示为自由振动的时间历程曲线，可以直接由曲线求得振动参数如下：
阻尼比

$$\xi = 1/(2\pi) \ln(y_k / y_{k+1}) \tag{6.21}$$

式中　y_k, y_{k+1}——相邻振幅值。

自振频率

$$f = (S_0 / S) f_0 \tag{6.22}$$

式中　S——被测波形的波长；
　　　S_0——发生信号的波长；
　　　f_0——发生信号的频率。

值得注意的是，由于波长 S_0、S 一般比较小，y_k 与 y_{k+1} 差别也不大，不易量测准确。因此，通常取 n 个波，以提高量测的精度，于是阻尼比可改为

$$\xi = 1/(2\pi n) \ln(y_k / y_{k+1}) \tag{6.23}$$

另外，被测曲线的振幅为

$$A = y / K \tag{6.24}$$

式中　y——记录曲线的振幅；
　　　K——测振仪器的放大倍数。

6.5.2　复杂周期振动

由于实际结构的复杂性以及干扰的存在，许多振动现象虽然呈现周期性的变化规律但已不是简谐振动形式，而是任意的周期性曲线。这时，一般难以从振动记录观察出其规律性，而需要对其进行整理分析，才可总结出其特点。

傅里叶证明过，一切周期性的函数均可以分解成一个包括正弦和余弦的级数。对于复杂周期振动，常用的分析方法是将这类周期性曲线用傅里叶级数表示，求出各次谐波的振幅和相互的相位关系，这样的分析一般称为频谱分析。目前，有一些专用的分析软件可以比较方便地进行简谐分析的数值计算，这大大地提高了计算的效率。

对复杂振动进行频谱分析后，将其分解为简谐分量的组合。把这些分量画成如图 6.6 所示的振幅谱和图 6.7 所示的相位谱，可以清楚地表示出该复杂振动的组成情况及各简谐分量之间的关系。

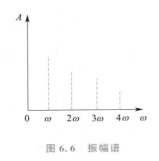

图 6.6　振幅谱

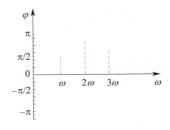

图 6.7　相位谱

6.6　实验模态分析简介

在传统的结构动力学分析方法中，要想获得结构在已知外力作用下的动力反应一般要经过以下两个步骤：①建立动力学数学模型；②求解相应的动力学方程。

结构的动力学数学模型一般由质量、刚度及阻尼分布等结构参数构成，越是复杂的结构，其相应的动力学数学模型也越复杂。在求解结构动力学问题时，通常需要借助原型结构的动载实验来验证或获取数学模型中假设的结构参数，才能得到与实际结构相一致的数学模型，建立可信的数学模型需要的工作量很大。

所谓的实验模态分析法就是不采用那些描述结构动力特性的参数（如质量、刚度及阻尼分布等），而利用实验方法求得结构的振动模态参数（如固有频率、模态阻尼和振型等）。与传统的动力分析法相比，实验模态分析法可以快速、准确、简便地确定结构的动力特性。利用实验模态分析法还可由结构的动力响应反推结构的激励荷载，从而为控制结构动力反应提供必要资料。

近年来，随着数据量测技术、振动再现过程及系统识别技术的发展，提供了解决结构动力学问题的一个新方法——实验模态分析法的实现。与一般振动问题类似，实验模态分析法讨论的是系统的激励（输入）、响应（输出）以及系统的动态特性三者之间的关系。当输入的振动过程 $x(t)$ 作用于系统（即结构）后，系统就在 $x(t)$ 的激励下产生了输出的振动响应 $y(t)$，这时，$y(t)$ 必然反映了结构自身的特性。

实验模态分析法包括以下三方面内容：①振动的实现和控制；②数据采集；③数据处理。

可用于计算模态参数的实验模态分析处理方法有多种（如主模态分析法、传递函数法、随机减量法等），但每种方法对实现结构的振动的要求不同，详细可参见有关资料。虽说不同的实验模态分析方法各有利弊，但传递函数法因其实验简单迅速，相比起来不失为一种较为成熟的方法。

机械阻抗法是传递函数分析法中应用较多的一种方法，其基本内容是在结构上某一点进行激振（输入），并在结构的任意一点上量测由该激振所引起的响应（输出），采集传递函数。常用的输入及输出一般均为运动量，如位移 X（ω）、速度 V（ω）、加速度 A（ω）或力 Q（ω）等。机械阻抗是频率的函数，它是振动结构的输出与输入在频率域的比。机械阻抗有确定的量纲，其各种表示形式见表 6.10。在一般激振情况下，实质上机械阻抗就是结构动力学中的频响特性或传递函数。对于复杂的多自由度系统，则需用阻抗和导纳矩阵（传递函数矩阵）来表示。

显而易见，传递函数是系统自身所固有的动力特性的反映，与激振力的性质无关。根据结构动力学中的振动模态理论，传递函数可以用结构模态参数来表示。如位移导纳函数 Y（ω）与模态参数之间的关系为

$$Y(\omega) = \sum_{i=1}^{n} \frac{\{\phi\}_i \{\phi\}_i^{\mathrm{T}}}{K_i - \omega^2 M_i + \mathrm{j}\omega C_i} \tag{6.25}$$

式中　　K_i——第 i 阶模态刚度；

　　　　M_i——第 i 阶模态质量；

　　　　C_i——第 i 阶模态阻尼；

　　　　$\{\phi\}_i$——第 i 阶固有振型；

　　　　$\{\phi\}_i^{\mathrm{T}}$——$\{\phi\}_i$ 的转置。

表 6.10　机械阻抗表现形式

导纳：运动/力		阻抗：力/运动	
位移导纳	$Y(\omega) = X(\omega)/Q(\omega)$	位移阻抗	$Z(\omega) = Q(\omega)/X(\omega)$
速度导纳	$\dot{Y}(\omega) = V(\omega)/Q(\omega)$	速度阻抗	$\dot{Z}(\omega) = Q(\omega)/V(\omega)$
加速度导纳	$\ddot{Y}(\omega) = A(\omega)/Q(\omega)$	加速度阻抗	$\ddot{Z}(\omega) = Q(\omega)/A(\omega)$

由式（6.25）可见，传递函数的识别取决于测试数据的精度。因此，在进行模态参数识别之前需对实验量测数据进行处理。目前，实验模态分析法还仅局限在用于结构的线性阶段。

式（6.25）建立了从传递函数确定模态参数的理论，即：只要实验中量测出足够多的频响函数值，就可以计算出各模态参数。由频响函数识别模态参数的方法有多种，如较近似的图解模态分析法（又称相位分离技术）和较精确的数字模态分析等。

 思考拓展

6.1　在出厂前抽测的某种应变片 100 片的阻值见表 6.11，求该种应变片的最佳阻值。

表 6.11　应变片阻值　　　　　　　　　　　单位：Ω

R	119.3	119.5	119.7	119.9	120.1	120.3	120.5	120.7	120.9	121.1
次数	1	4	9	14	21	22	15	8	4	2

6.2　表 6.12 是对某物体自振频率进行的 10 次量测的结果，请分别按照 3σ 准则、肖维勒准则分析数据。

第6章

表 6.12　某物体自振频率测试数据

序号	1	2	3	4	5	6	7	8	9	10
自振频率/Hz	14.3	16.1	15.9	14.8	15.2	15.5	16.7	15.4	15.7	15.1

6.3　在对某立方块进行抗压实验时，已知压应力 $\sigma = F/a^2$，立方块横截面边长 $a = 100mm$，压力为 $F = 20000N$。如果要求应力测定值极限允许误差 $|\sigma_{max}| \leqslant 4N/mm^2$，求压力 F 及截面边长 a 的允许误差。

6.4　经量测得到的物体某截面应力与该物体所受外力的关系如表 6.13 所示，试分别用最小二乘法及分组平均法求应力与外力关系的经验公式：$\sigma = f(P)$。

表 6.13　某物体所受外力与其截面应力测试数据

外力 P/N	应力 $\sigma/(N/mm^2)$	外力 P/N	应力 $\sigma/(N/mm^2)$
1000	1.13	6000	1.33
2000	1.19	7000	1.38
3000	1.22	8000	1.41
4000	1.24	9000	1.46
5000	1.30	10000	1.51

第 7 章
土木工程静载试验

本章数字资源

教学要求
知识总结
拓展阅读
在线题库
课件获取

学习目标

熟悉结构试验前的静力试验加载方案、加载制度的设计，量测方案的设计。

掌握结构静力试验中试验加载和观测设计的一般规律，不同类型结构试验的特殊问题。

掌握常用结构构件量测数据的整理分析方法。掌握对预制构配件结构性能的检验与评定方法。

7.1 概述

结构静载试验是土木工程结构试验中最基本的结构性能试验。静载试验主要用于模拟结构承受静荷载作用下的工作情况，试验时，可以观测和研究结构或构件的承载力、刚度、抗裂性等基本性能和破坏机理。土木工程结构是由许多基本构件组成的，它们主要是承受拉、压、弯、剪、扭等基本作用力的梁、板、柱等系列构件。通过静力试验可以深入了解这些构件在各种基本作用力下荷载与变形的关系，以及混凝土结构的荷载与裂缝的关系，还有钢结构的局部或整体稳定等问题。

通过大量的工程实践和为编制各类结构设计规范而进行的试验研究，为结构静载试验积累了许多经验。随着试验技术和试验方法的日趋成熟，我国先后编制了《预制混凝土构件质量检验标准》（T/CECS 631—2019）、《混凝土结构试验方法标准》（GB/T 50152—2012）和《建筑结构检测技术标准》（GB/T 50344—2019）。这些标准通过不断地修订和完善，既统一了生产检验性试验方法，又对一般科研性试验方法提出了基本要求，对科研和生产具有广泛的实用性。

7.2 试验前的准备

试验前的准备指正式试验前的所有工作，包括试验规划和准备两个方面。这两项工作在整个试验过程中时间长、工作量大，内容也最复杂。准备工作的好坏将直接影响试验结果。因此，每一阶段、每一细节都必须认真、周密地进行。具体内容包括以下几项。

（1）调查研究、收集资料

准备工作首先要把握信息，这就要调查研究、收集资料，充分了解本项试验的任务和要求，明确试验目的，以便确定试验的性质和规模，试验的形式、数量和种类，正确地进行试验设计。

在生产鉴定性试验中，调查研究主要是向有关设计、施工和使用单位或人员收集资料。设计方面包括设计图纸、计算书和设计所依据的原始资料（如工程地质资料、气象资料和生产工艺资料等）；施工方面包括施工日志、材料性能试验报告、施工记录和隐蔽工程验收记录等；使用方面主要是使用过程、超载情况或事故经过等。

在科学研究性试验中，调查研究主要面向有关科研单位和有关部门，收集与试验有关的历史（如国内外有无做过类似的试验及采用的方法及结果等）、现状（如已有哪些理论、假设和设计、施工技术水平及材料、技术状况等）和将来发展的要求（如生产、生活和科学技术发展的趋势与要求等）。

（2）试验大纲的制订

试验大纲是在取得了调查研究成果的基础上，为使试验有条不紊地进行，取得预期效果而制订的纲领性文件，内容一般包括以下几项。

① 概述。简要介绍调查研究的情况，提出试验的依据及试验的目的意义与要求等，必要时还应有理论分析和计算。

② 试件的设计与制作要求。包括设计依据及理论分析和计算，试件的规格和数量，制作施工图及对原材料、施工工艺的要求等。对鉴定试验，也应阐明原设计要求、施工或使用情况等。试验数量按结构或材质的变异性与研究项目间的相关条件确定，按数理统计规律求得，宜少不宜多。一般鉴定性试验为避免尺寸效应，根据加载设备能力和试验经费情况，应尽量接近实体。

③ 试件安装与就位。包括就位的形式（正位、卧位或反位）、支承装置、边界条件模拟、保证侧向稳定的措施和安装就位的方法及机具等。

④ 加载方法与设备。包括荷载种类及数量、加载设备装置、荷载图式及加载制度等。

⑤ 量测方法与内容。主要说明观测项目、测点布置和量测仪表的选择、率定、安装方法及编号图、量测顺序规定和补偿仪表的设置等。

⑥ 辅助试验。做结构试验时往往要做一些辅助试验，如材料物理力学性能的试验和某些探索性小试件或小模型、节点试验等。

⑦ 安全措施。包括人身和设备、仪表等方面的安全防护措施。

⑧ 试验进度计划。

⑨ 试验组织管理。一个试验，特别是大型试验，参加试验人数多，牵涉面广，必须严密组织，加强管理。包括技术档案资料、原始记录管理、人员组织和分工、任务落实、工作检查、指挥调度以及必要的交底和培训工作。

⑩ 附录。包括所需器材、仪表、设备及经费清单，观测记录表格，加载设备、量测仪表的率定结果报告和其他必要文件、规定等。记录表格设计应使记录内容全面，方便使用，其内容除了记录观测数据外，还应有测点编号、仪表编号、试验时间、记录人签名等栏目。总之，整个试验的准备必须充分，规划必须细致、全面。每项工作及每个步骤必须十分明确。防止盲目追求试验次数多、仪表数量多、观测内容多和不切实际地提高量测精度等，以免给试验带来混乱和造成浪费，甚至使试验失效或发生安全事故。

（3）试件准备

试件准备包括试件的设计、制作、验收及有关测点的处理等。

在设计制作时应考虑试件安装、固定及加载量测的需要，在试件上做必要的构造处理，如钢筋混凝土试件支承点预埋钢垫板、局部截面加设分布筋等；平面结构侧向稳定支承点配件安装、倾斜面上的加载面增设凸肩以及吊环等。

试件制作工艺必须严格按照相应的施工规范进行，并做详细记录，按要求留足材料力学性能试验试件并及时编号。

在试验前，应对照设计图纸仔细检查试件，测量试件各部分实际尺寸、构造情况、施工质量、存在缺陷（如混凝土的蜂窝、麻面、裂纹，木材的疵病，钢结构的焊缝缺陷、锈蚀等）、结构变形和安装质量。钢筋混凝土还应检查钢筋位置、保护层的厚度和钢筋的锈蚀情况等。这些情况都将对试验结果有重要影响，应做详细记录并存档。在已建房屋的鉴定性试验中，还必须对试验对象的环境和地基基础等进行一些必要的调查和考察。

检查试件之后，尚应对其进行表面处理，例如去除或修补一些有碍试验观测的缺陷，钢筋混凝土表面的刷白、分区划格（刷白的目的是便于观测裂缝；分区划格的目的则是使荷载与测点准确定位、记录裂缝的发生和发展过程以及描述试件的破坏形态）等。观测裂缝的区格尺寸一般取 10～30mm，必要时也可缩小。

此外，为方便操作，有些测点的布置和处理（如百分表应变计脚标的固定、钢测点的去锈）以及应变计的粘贴、接线和材性非破损检测等，也应在这个阶段进行。

（4）材料物理力学性能测定

材料的物理力学性能指标对结构性能有直接的影响，是结构计算的重要依据。试验中的荷载分级、试验结果的承载能力和工作状况的判断与评估、试验后数据处理与分析等都需要在正式试验之前，对结构材料的实际物理力学性能进行测定。

测定项目通常有强度、变形性能、弹性模量、泊松比、应力-应变曲线等。

测定的方法有直接测定法和间接测定法两种。直接测定法就是在制作结构或试件时留下小试件，按有关标准方法在材料试验机上测定。间接测定法通常采用非破损试验法，即用专门仪器对结构或构件进行试验，测定与材性有关的物理量并推算出材料性质参数，而不破坏结构、构件。

（5）试验设备与试验场地的准备

试验计划应用的加载设备和量测仪表在试验前应进行检查、修整和必要的率定，以保证达到试验的使用要求。率定必须有报告，以供资料整理或使用过程中修正。

试验场地在试件进场前也应加以清理和安排，包括水、电、交通和清除不必要的杂物，集中安排好试验使用的物品。必要时应做场地平面设计，架设或准备好试验中的防风、防雨和防晒设施，避免对施加荷载和量测造成影响。现场试验支承点的地基承载力应经局部验算和处理，下沉量不宜太大，保证结构作用力的正确传递和试验工作顺利进行。

（6）试件安装就位

按照试验大纲的规定和试件设计要求，在各项准备工作就绪后即可将试件安装就位。保证试件在试验全过程都能按计划模拟条件工作，避免因安装错误而产生附加应力或出现安全事故，是安装就位的中心问题。

简支结构的两支点应在同一水平面上，高差不宜超过试件跨度的 1/50。试件、支座、支墩和台座之间应密合稳固，为此常采用砂浆坐缝处理。

超静定结构包括四边支承和四角支承，各支座应保持均匀接触，最好采用可调节支座。若带测定支反力测力计，应调节至该支座所承受的试件重量为止，也可采用砂浆坐浆或湿砂调节。

7.3　静载试验加载和量测方案的确定

7.3.1　加载方案

加载方案的确定与试验性质和试验目的、试件的结构形式和大小、荷载的作用方式和选用加载设备的类型、加载制度的选择和要求以及试验经费等众多因素有关，需要综合考虑。通常在满足试验目的的前提下，尽可能按试验方法标准中规定的技术要求进行，使确定的方案合理、经济和安全可靠。关于加载方法已有详细介绍，这里仅介绍加载程序和加载制度。

试验加载程序是指试验进行期间荷载与时间的关系。加载程序可以有多种，应根据试验对象的类型和试验目的与要求不同而选择，一般结构静载试验的加载程序分为预载、标准荷载（正常使用荷载）、破坏荷载三个阶段。图 7.1 为钢筋混凝土结构构件的一种典型的静载试验加载程序。有的试验只要加至正常使用荷载，试验后试件还可使用，现场结构或构件的检验性试验多属此类。对于研究性试验，当加至标准荷载后，对钢结构可以卸载重复试验；对混凝土结构一般不卸载而继续加载，直至试件进入破坏阶段以获得结构的破坏过程、破坏形态和承载力指标。

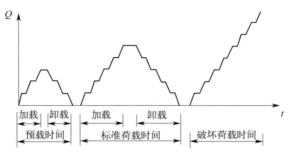

图 7.1　静载试验加载程序

加载制度的确定与分级加（卸）载的目的：一是控制加（卸）载速度，二是便于观察试验过程中结构的变形等情况，三是为了统一加载步骤。

（1）预载阶段

预载的目的：①使试件的支承部位和加载部位接触良好，进入正常工作状态；②检查全部试验装置的可靠性；③检查全部观测仪表工作正常与否。总之，通过预载可以发现问题并进一步改进或调整，是试验前的一次预演。

预载一般分 2～3 级进行，预载值一般不宜超过标准荷载值的 40%，对混凝土构件，预载值应小于计算开裂荷载值。

（2）正式加载阶段

① 荷载分级

标准荷载之前，每级加载值宜为标准荷载的 20%，一般分五级加至标准荷载，标准荷载以后，每级不宜大于标准荷载的 10%，当荷载加至计算破坏荷载的 90% 以后，为了确定准确的破坏荷载值，每级应取不大于标准荷载的 5%。对需要做抗裂检测的结构，加载至计算开裂荷载的 90% 后，应改为不大于标准荷载的 5% 施加，直至第一条裂缝出现。

当试验结构同时施加水平荷载时，为保证每级荷载下的竖向荷载和水平荷载的比例不变，试验开始时首先应施加与试件自重成比例的水平荷载，然后再按规定的比例同步施加竖向和水平荷载。

② 分级间隔时间

为了保证在分级荷载下所有量测内容的仪表读数准确和避免不必要的误差，要求不同结构在每级荷载加完后应有一定的级间停留时间，其目的是使结构在荷载作用下的变形得到充分发挥和达到基本稳定后再量测。为此试验方法标准中规定，钢结构一般不少于 10min，混凝土结构、砌体结构和木结构应不少于 15min。

③ 恒载时间

恒载时间是指结构在短期标准荷载作用下的持续时间。结构在标准荷载下的状态是结构的长期实际工作状态。为了尽量缩小短期试验荷载与实际长期荷载作用的差别，恒载时间应满足下列要求：钢结构不少于 30min；钢筋混凝土结构不少于 12h；木结构不少于 24h；砖砌体结构不少于 72h。

④ 空载时间

空载时间是指卸载后到下一次重新开始加载之间的间隔时间。空载时间的规定对于研究性试验是完全必要的，因为结构经受荷载作用后的残余变形和变形的恢复情况均可说明结构的工作性能。要使残余变形得到恢复需要有一定的空载时间，相关试验标准规定：对一般钢筋混凝土结构取 45min；跨度大于 12m 的结构取 18h；钢结构取 30min。为了解变形恢复过程，需定期观测和记录变形值。

（3）卸载阶段

卸载一般按加载级距进行，也可放大 1 倍或分 2 次卸完。视不同结构和不同试验要求而定。

7.3.2 观测方案

（1）确定观测项目

在确定观测项目时，首先应考虑结构的整体变形，因为整体变形最能反映结构工作的全貌，结构任何部位的异常变形或局部破坏都能在整体变形中得到反映。

例如：通过对钢筋混凝土简支梁跨中控制截面内力（弯矩）与挠度曲线的量测（图 7.2），不仅可以知道结构刚度的变化，而且可以了解结构的开裂、屈服、极限承载力和极限变形以及其他方面性能，其挠度曲线的不正常发展变化，还能反映结构的其他特殊情况。

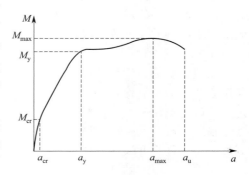

图 7.2 钢筋混凝土简支梁弯矩-挠度曲线

对于一般生产鉴定性检验，也应量测结构的整体变形。在缺乏量测仪器的情况下，只测定最大挠度一项也能作出基本的定量分析，说明结构变形测量是观测项目中必不可少的，也是最基本的。关于曲率和转角变形的量测以及支座反力的量测，也是实测分析的重要观测项目，在超静定结构中应用较多，通过其量测可以绘制结构的内力图。

局部变形量测是必不可少的观测项目。如钢筋混凝土结构的裂缝出现直接说明其抗裂性能，而控制截面上的应变大小和方向则可分析推断截面应力状态，验证设计与计算方法是否合理正确。在破坏性试验中，实测应变又是推断和分析结构最大应力及极限承载力的主要指标。在结构处于弹塑性阶段时，实测应变、曲率或转角、位移也是判定结构工作状态和结构抗震性能的主要依据。

（2）测点布置

对结构或构件进行内力和变形等各种参数的量测时，测点的选择和布置有以下原则：

① 在满足试验目的的前提下测点宜少不宜多，保证重点部位的测点。

② 测点的位置必须有代表性，便于分析和计算。

③ 为了保证量测数据的可靠性，在结构的对称部位应布置一定数量的校核点。

④ 测点的布置应使试验工作安全、方便地进行，特别是当控制部位的测点大多数处于比较危险的位置时，应妥善考虑安全措施。

（3）仪器选择与测读原则

综合多方面因素，选择仪器应考虑下列问题：

① 选用仪器仪表：必须能满足试验所需的精度和量程要求，尽可能测读方便。

② 现场试验：由于环境影响因素多，尽可能选用干扰少的机械式仪表。

③ 试验结构的变形与时间有关：测读时间应有一定限制，必须遵守相关试验方法标准的规定，尤其当试件进入弹塑性阶段，变形增加较快，应尽可能选用自动记录仪表。对于某些大型结构试验，从量测方便和安全角度考虑，宜采用远距离自动量测。

④ 量测仪器的规格和型号：选用时应尽可能相同，这样既有利于读数，又有利于数据分析，减少读数和数据分析的误差。

⑤ 测读原则：仪器的测读时间应在每加一级荷载后的间歇时间内，全部测点读数时间应基本相同。只有在同一时间测得的数据才能说明结构在某一承载状态下的实际情况。

对重要控制点的量测数据，应边记录边整理，并与预先估算的理论值进行比较，以便发现问题，查找原因，及时修正试验进程。

每次记录仪表读数时，应同时记下当时的天气情况，如温度、湿度、晴天或阴雨天等，以便发现气候变化对读数的影响。

对于具体结构静载试验的操作过程，将通过下面试验实例作详细介绍。

7.4　结构静载试验实例

本节以碳纤维布加固钢筋混凝土梁受弯承载力的试验研究为例进行说明。

（1）试验目的

碳纤维增强聚合物（Carbon Fiber Reinforced Polymer，简称 CFRP），又称碳纤维布（板），用于土木工程结构加固是近几年国内外开发应用的一项新技术。由于 CFRP 具有高于普通钢材数倍的抗拉强度和较高的弹性模量，极好的抗腐蚀性能，而且重量轻，施工方便等优点，在许多情况下比其他加固方法更有优势。如何应用于工程实践，必须通过实际结构的加固试验进行理论研究。试验时，重点了解：

① 碳纤维布加固钢筋混凝土梁后，其受弯承载力的提高程度；

② 碳纤维布粘贴面积或层数对加固效果的影响；

③ 碳纤维布加固后，对受弯梁挠度、裂缝及破坏形态的影响。

（2）试件设计与制作

试验梁设计为矩形截面简支梁，其截面尺寸、跨度见图 7.3，配筋详见表 7.1。

表 7.1　试验梁配筋表

梁号	纵向配筋	配筋率	架立筋	箍筋	配箍率	箍筋间距
W/La	2Φ6	0.11%	2Φ6	Φ6	0.25%	@150,仅在剪跨内
W/Lc	2Φ14	0.77%	2Φ6	Φ6	0.47%	@80,仅在剪跨内

混凝土设计强度等级为 C30，配筋为 HPB235 和 HRB335 级钢，钢筋和混凝土的实测力学性能见表 7.2。

表 7.2　试件用钢筋、混凝土实测力学性能指标

材料名称	直径/mm	f_g/MPa	f_b/MPa	E_s/MPa	极限应变/%	备注
钢筋	Φ6	461	393	2.0×10^5	10	HPB235
	Φ4	554	373	2.0×10^5	10	HRB335
材料名称	梁号	f_{cu}/MPa	f_c/MPa	E_c/MPa	极限应变/%	设计强度等级
混凝土	W/La	30.8	24.6	3.05×10^4	0.3	C30
	W/Lc	32.6	26.1	3.9×10^4	0.3	C30

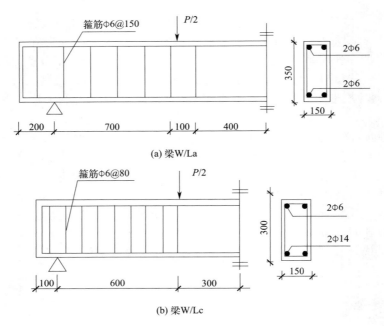

(a) 梁W/La

(b) 梁W/Lc

图 7.3   试验梁尺寸及截面配筋图

（3）试件的加固方式和碳纤维布粘贴方法

将制作好的试验梁受拉区底表面打磨平整，去掉表面
疏松层，清除浮灰，并用清洁剂（丙酮等）清洗混凝土加
固表面，然后均匀涂抹黏结剂，将裁剪好的碳纤维布贴到
上面，并压平赶出气泡。当粘贴两层以上碳纤维布时重复
上述过程，最后在贴好的碳纤维布表面再均匀涂一层黏结
剂。一周左右待黏结剂完全固化后，方可进行试验。试验
梁编号及加固情况见表 7.5 和图 7.3 及图 7.4，加固用碳
纤维布的主要性能指标见表 7.3。

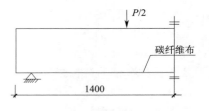

图 7.4   试验梁加固示意图

表 7.3   碳纤维布的性能指标

型号	厚度/mm	拉伸强度/MPa	弹性模量/MPa	极限拉应变($\mu\varepsilon$)
FTS-C1-20	0.111	3550	2.35×10^5	15100

（4）加载装置与加载方式

本次试验采用两点加载，由分配梁来实现。加载方法采用油压千斤顶，分级加载。当接
近纵筋屈服时，适当增加荷载等级密度以确定屈服荷载，然后再加载至试验梁破坏。

（5）仪表布置与量测内容

表 7.4 所示为量测仪表的布置及量测内容的说明。

表 7.4   量测仪表布置及量测内容说明

仪表名称	量测内容
位移计	量测跨中截面挠度和支座沉降
倾角仪	量测试验梁纯弯区段的截面转角和曲率变化
手持应变仪	量测试验梁纯弯区段跨中截面沿截面高度的平均应变值

仪表名称	量测内容
电阻应变片	① 在制作试件时,分别在纵筋和箍筋的不同部位粘贴应变片,量测在加载过程中钢筋的应力变化; ② 在跨中梁底面加固的碳纤维布上粘贴应变片,量测在各级荷载下碳纤维布的应变值变化
荷载传感器	测量和校核油压千斤顶的加载值
裂缝读数放大镜	量测在各级荷载下的裂缝发展和裂缝宽度

（6）主要试验结果

梁 W/La 为少筋梁（纵向配筋率 0.11%），梁号 W/Lc 为适筋梁（纵向配筋率为 0.76%）。

① 试验梁未加固和加固后的纯弯区段沿截面高度的实测平均应变对比。图 7.5 为沿梁截面高度的平均应变分布，由图 7.5 中可以看出，试验梁未加固，贴一层和贴三层碳纤维布加固后，梁截面中和轴位置和受压区高度有明显不同，反映了加固后有显著影响，但其截面应变分布基本符合平截面假定。

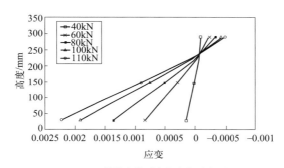

(a) W/Lc1梁跨中截面应变分布(未加固)

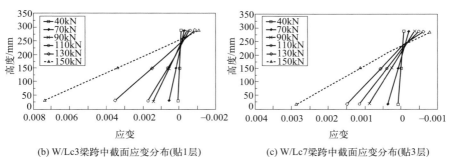

(b) W/Lc3梁跨中截面应变分布(贴1层)　　　　(c) W/Lc7梁跨中截面应变分布(贴3层)

图 7.5　沿梁截面高度的平均应变分布

② 极限承载力与试验梁破坏特征。表 7.5 为碳纤维布的不同加固方式对试验梁极限承载力影响的实测结果。

表 7.5　试验梁不同加固方式及主要试验结果

梁号	黏结剂	碳纤维布 加固方式	屈服荷载		极限荷载		裂缝宽度 /mm	破坏特征
			试验值/kN	提高/%	试验值/kN	提高/%		
W/La		基准梁（未加固）	—	—	30	0		做到开裂（出现少 筋梁破坏特征）
W/La1	J1	破坏后贴 1 层布	—	—	73	143	—	黏结破坏
W/La2	Jl	破坏后贴 2 层布	—	0	100	233	—	剪切破坏
W/Lcl		基准梁（未加固）	110	0	125	0	0.40	受压区混凝土压坏

梁号	黏结剂	碳纤维布加固方式	屈服荷载		极限荷载		裂缝宽度/mm	破坏特征
			试验值/kN	提高/%	试验值/kN	提高/%		
W/Lc3	J1	粘贴1层布	120	9	165	32	0.18	碳纤维布拉断破坏
W/Lc5	J3	粘贴1层布	120	9	155	24	0.20	胶界面剥离破坏
W/Lc7	J1	粘贴3层布	130	18	185	48	0.09	黏结破坏

注：表中黏结剂 J1 为日本产 FR-NS 型胶；J3 为国产 FN-1 型建筑结构胶。

在试验梁底部受拉区粘贴碳纤维布加固，等于增加纵向配筋。由表 7.5 可以看出，其加固效果对少筋梁 W/La 特别显著，粘贴 1 层和 2 层碳纤维布极限承载力分别提高 143% 和 233%。对适筋梁的极限承载力提高亦很明显，达到 24%~48%。

试验表明，采用碳纤维布加固对试验梁的裂缝有很大的抑制作用。图 7.6 为有代表性的梁加固前后的裂缝形态和破坏特征，可见，由于碳纤维布的约束作用，加固后梁的裂缝发展较为缓慢，裂缝间距变小，数量增多，宽度变小。由于混凝土与黏结胶界面上存在剪应力，当荷载增大，裂缝形态和破坏特征都与未加固的梁有明显差别。

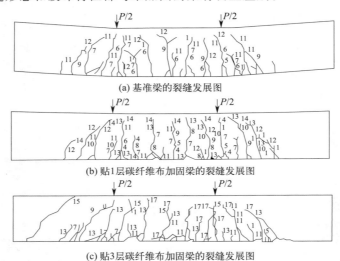

(a) 基准梁的裂缝发展图

(b) 贴1层碳纤维布加固梁的裂缝发展图

(c) 贴3层碳纤维布加固梁的裂缝发展图

图 7.6　梁的裂缝形态图及破坏特征（单位：kN）

（7）绘制实验曲线

实测试验梁加固前后跨中挠度变化见图 7.7(a)。不同加固方式的试验梁荷载-应变关系曲线见图 7.7(b)。

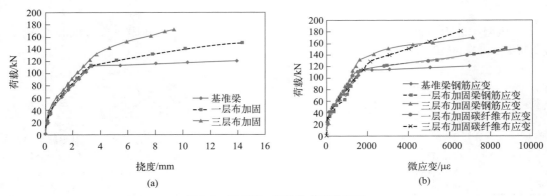

(a)

(b)

图 7.7　梁 W/Lc 的荷载-挠度关系图

7.5 静载试验量测数据的整理要点

量测数据包括在准备阶段和试验阶段采集到的全部原始数据，是分析试验结果的重要依据。实测数据的整理是大量、复杂而细致的工作。首先对所有原始资料由试验、测读、记录、校对和试验主持人审核、签字后方可备存，并集中管理。然后及时对试验原始记录数据进行运算，一般均应算出在各级荷载下的仪器读数增量和累计值，并经过必要的换算和修正，统一计量单位。最后用曲线或图表表达。对于研究性试验，在探讨计算方法时，可进一步采用方程式表达方法。本节仅对静载试验中部分基本数据的整理要点作简单介绍。

7.5.1 整体变形的量测数据整理要点

（1）挠度的计算与修正

结构或构件的挠度是指其本身的挠曲程度。由于试验时受到支座沉降、结构或构件自重和加载设备重量、加载图式及预应力反拱等的影响，所以要确定结构或构件在各级荷载作用下的短期实际挠度时，应对所测挠度值进行修正。下面以简支构件为例，其挠度修正值 a_s° 应按下式计算：

$$a_s^{\circ} = (a_q^{\circ} + a_g^{\circ})\phi \qquad (7.1)$$

$$a_q^{\circ} = a_3 - (a_1 + a_2)/2 \qquad (7.2)$$

$$a_g^{\circ} = \frac{M_g}{M_b}a_b^{\circ} \quad \text{或} \quad a_g^{\circ} = \frac{P_g}{P_b}a_b^{\circ} \qquad (7.3)$$

式中 a_q°——消除支座沉降后的跨中挠度实测值；

a_g°——构件自重和加载设备自重产生的跨中挠度值；

M_g——构件自重和加载设备自重产生的跨中弯矩值；

M_b，a_b°——从外加试验荷载开始至构件出现裂缝前一级荷载的加载值产生的跨中弯矩值和跨中挠度实测值；

ϕ——用等效集中荷载代替均匀荷载时的加载图式修正系数，按表 7.6 采用。

由于仪表初读数是在构件和试验装置安装后进行的，加载后量测的挠度值中不包括自重引起的挠度变化，因此在构件挠度值中应加上构件自重和设备自重产生的跨中挠度。a_g° 的值可近似认为构件在开裂前处在弹性工作阶段，弯矩-挠度为线性关系，故采用弯矩比折算法，按公式（7.3）计算，但对于屋架、桁架其自重等产生的挠度可按荷载-挠度曲线作图法修正，如图 7.8 所示。

试验构件消除支座沉降的原理和方法如图 7.9 所示，并按公式（7.2）修正计算。若量测的挠度值不是跨中挠度值时，支座沉降的影响应按测点距离的比例或图解法修正。

当支座处遇障碍，在支座反力作用线上不能安装位移计时，可将仪表安装在离支座反力作用线内侧距离 d 处，在 d 处所测挠度比支座沉降大，因而跨中实测挠度将偏小，应对式（7.1）中的 a_q° 乘以系数 ϕ_a。ϕ_a 为支座测点偏移修正系数。

对预应力混凝土结构，当预应力钢筋锚固后，对混凝土产生预压作用而使结构产生反拱，构件越长反拱值越大。因此实测挠度中应扣除预应力反拱值，即公式可写作

$$a_s^{\circ} = (a_q^{\circ} + a_g^{\circ} - a_p)\phi$$

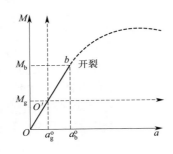

图 7.8　自重挠度计算图

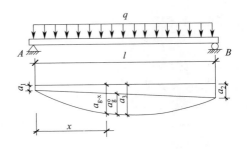

图 7.9　考虑支座沉降影响时梁的挠度变形

式中，a_p 为预应力反拱值，对研究性试验取实测值 a_p^0，对检验性试验取计算值 a_p^0，不考虑超张拉对反拱的加大作用。

若等效集中荷载的加载图式不符合表 7.6 所列图式时，应根据内力图形用图乘法或积分法求出挠度，并与均布荷载下的挠度比较，从而求出加载图式修正系数。

表 7.6　加载图式修正系数

名称	加载图示	修正系数
均布荷载		1.00
两集中力，四分点，等效荷载		0.91
两集中力，三分点，等效荷载		0.98
四集中力，八分点，等效荷载		0.99
八集中力，十六分点，等效荷载		1.00

上述修正方法是建立在假设构件刚度 EI 为常数的基础上的。因此，对于钢筋混凝土构件，裂缝出现后沿全长各截面的刚度为变量，仍按上述图式修正将有一定误差。

（2）求出最大挠度值

经过修正后得到的最大挠度值，是结构静力性能的一项重要指标，是结构性能检验中最重要的控制值。

（3）绘出荷载-挠度曲线

荷载-挠度曲线反映的是挠度值随荷载变化的规律，能说明结构的受力状态（弹性阶段还是塑性阶段），同时也能从某些突变点反映结构的局部现象（出现开裂或接点松动等）。

7.5.2　应力应变测量数据的整理要点

（1）机械式引伸仪量测值的修正

机械式引伸仪，如手持式引伸仪、杠杆引伸计、电测引伸计和千分表测应变装置等实际上是测长仪。它们所测得的读数值反映的是所选用标距内结构的绝对变形量，而不是应变值。因此，要求的应变需将读数值除以标距，即

$$\varepsilon = \Delta l / L \tag{7.4}$$

式中　ε——所求应变值；

　　Δl——仪器的读数差值；

　　L——仪器选用标距。

若机械式引伸仪有放大倍数 K，所求应变还应除以放大倍数，即

$$\varepsilon = \Delta l / (KL) \tag{7.5}$$

（2）电阻应变仪量测应变的修正

电阻应变仪能够直接读出结构的应变值，各分级荷载作用下仪器的读数差就是实际应变值，即 ε＝仪器的读数差。

当用同一台电阻应变仪同时量测混凝土和钢筋的应变时，两种材料所选用的电阻应变片的灵敏系数一般是不相同的，而仪器的灵敏系数度盘只能固定在一个位置上，则需对另一种灵敏系数测点的读数进行修正。另外一般动态应变仪没有灵敏系数调节装置，仪器是按灵敏系数 $K=2$ 设计和率定的，而一般电阻应变片的灵敏系数不可能都是 2。所以在上述两种情况下需对读数值进行修正，修正公式为：

$$\varepsilon_t = \varepsilon_r K_r / K_t \tag{7.6}$$

式中　ε_t——实际应变；

　　ε_r——应变仪上读出的应变；

　　K_t——应变片的灵敏系数；

　　K_r——应变仪上的灵敏系数定位值。

当导线长度大于 10m 时，对以电阻为参数的量测系统，其导线本身的电阻 R_L 就不可忽略，此时桥臂电阻为 $R_1 = R + R_L$，其中导线电阻 R_L 在加载试验过程中不发生变化，此时应变仪上的应变读数值应按下式修正：

$$\varepsilon_t = \varepsilon_r (1 + R_L / R) \tag{7.7}$$

式中　R——电阻应变片电阻值，Ω；

　　R_L——导线的实测电阻值，Ω。

（3）求出最大应力值

测得应变值后，按物理学和材料力学方法，计算应力。当结构处于弹性阶段时，其单向应力为 $\sigma = E\varepsilon$ 同时根据实测最大应变求得控制截面上的最大应力，并与设计值比较。

（4）绘出荷载-应力（应变）曲线

将第（3）步求得的应力值或由荷载值换算的截面应力值和对应的荷载值，绘制荷载-应力（应变）曲线，见图 7.7 梁 W/Lc 的荷载-挠度关系图。

7.5.3　间接测定值的推算要点

表达最后试验结果的数据中，许多是由直接测定值经过推算得到的，被称为间接测定值。因此，处理基本数据时，要进行大量间接值的推算工作。例如电阻应变式测力传感器量测荷载和支座反力，电阻应变式倾角仪量测截面转角，由仪器读取的是应变值，需根据传感器的荷载-应变或转角-应变的标定曲线或换算系数，经过换算才能得到实测的荷载值或转角值。

目前，常用的测定受弯构件曲率的方法是采用测定试件截面上、下表面的应变，再由下列公式：

$$\frac{1}{\rho} = \frac{\varepsilon_1 + \varepsilon_a}{h} \tag{7.8}$$

换算成曲率（式中 ε_1、ε_a 为试件截面上、下表面的实测应变值，h 为截面高度）。

总之，间接推算的工作量很大，其内容需根据不同的量测内容和量测方法而定。

7.6　结构性能的检验（产品检验）

结构性能检验多数是预制混凝土构件的检验。这些构件大多在专门预制厂生产，也有很多大型构件（屋架和桥梁的箱梁等），由于运输不方便而在施工现场预制，然后作为产品出售给用户在工程上使用或施工单位自产自用。根据我国《产品质量法》规定，工业产品必须进行产品出厂检验，出厂附有产品合格证。国家标准《混凝土结构工程施工质量验收规范》（GB 50204）第 9.1.2 条和附录 B 规定：预制构件应按标准图或设计要求的试验参数及检验指标进行结构性能检验。检验合格后才能使用。具体检验项目和检验要求列于表 7.7。

表 7.7　结构性能检验要求

预制构件类型及要求	检验项目与检验要求			
	承载力	挠度	抗裂	裂缝宽度
钢筋混凝土构件及允许出现裂缝的预应力构件、预应力混凝土构件中非预应力杆件	检	检	检	检
不允许出现裂缝的预应力构件	检	检	检	不检
设计成熟、数量较少的大型构件并有制作质量措施的	不检	检	检	检
采用加强材料和制作质量控制措施的具有可靠实践经验的现场预制大型构件	可免检			

检验数量：标准中规定对成批生产的构件，应按同一工艺正常生产的不超过 1000 件且不超过 3 个月的同类产品为一批。当连续检验 10 批且每批的结构性能检验结果均符合国家标准 GB 50204 规定要求时，对同一工艺正常生产的构件可改为不超过 2000 件且不超过 3 个月的同类产品为一批，在每批中应随机抽取一个构件作为试件进行试验。

检验方法：按 GB 50204 标准中附录 C 规定的方法，采用短期静力加载检验。

7.6.1　预制构件承载力检验

预制构件承载力按下列规定进行检验。

① 当按《混凝土结构设计规范》（GB 50010）规定进行检验时，应满足下式要求：

$$\gamma_u^o \geqslant \gamma_0 [\gamma_u] \tag{7.9}$$

式中　γ_u^o——构件的承载力检验系数实测值，即试件的荷载实测值与荷载设计值（均含自重）的比值；

　　　γ_0——结构构件的重要性系数，按设计要求确定，当无专门要求时取 1.0；

　　　$[\gamma_u]$——构件的承载力检验系数允许值，按表 7.8 采用。

表 7.8　预制构件承载力检验系数允许值

受力情况	达到承载能力极限状态的检验标志		$[\gamma_u]$
轴心受拉、偏心受拉、受弯、大偏心受压	受拉主筋处的最大裂缝宽度达到 1.5mm 或挠度达到跨度的 1/50	热轧钢筋	1.20
		钢丝、钢绞线、热处理钢筋	1.35
	受压区混凝土破坏	热轧钢筋	1.30
		钢丝、钢绞线、热处理钢筋	1.45
	受拉主筋拉断(或屈服)		1.50
受弯钢筋受剪	腹部斜裂缝达到 1.5mm 或斜裂缝末端受压混凝土剪压破坏		1.40
	沿斜截面混凝土斜压破坏，受拉主筋在端部滑脱，或其他锚固破坏		1.55
轴心受压、小偏心受压	混凝土受压破坏		1.50

注：热轧钢筋系指 HPB235 级、HRB335 级、HRB400 级和 RRB400 级钢筋。

②　当按构件实配钢筋的承载力进行检验时，应满足下式要求：

$$\gamma_u^o \geqslant \gamma_0 \eta [\gamma_u] \tag{7.10}$$

式中　η——构件承载力检验修正系数，根据现行国家标准《混凝土结构设计规范》（GB 50010）按实配钢筋的承载力计算确定。

　　　承载力检验的荷载设计值是指承载能力极限状态下，根据构件设计控制截面上的内力设计值与构件检验的加载方式，经换算后确定的荷载值（包括自重）。

7.6.2　预制构件的挠度检验

预制构件的挠度应按下列规定进行检验：

①　当按《混凝土结构设计规范》（GB 50010）规定的挠度允许值进行检验时，应满足下列公式要求：

$$a_s^o \leqslant [a_s] \tag{7.11}$$

$$[a_s] = \frac{M_k}{M_q(\theta-1)+M_k}[a_f] \tag{7.12}$$

式中　a_s^o，$[a_s]$——分别为在标准荷载作用下的挠度实测值和挠度检验允许值；

　　　M_k，M_q——分别为按荷载标准组合和荷载永久组合计算的弯矩值；

　　　　　θ——考虑荷载长期作用对挠度增大的影响系数；

　　　$[a_f]$——受弯构件的挠度限值，按现行国家标准确定。

②　当按实配钢筋确定的构件挠度值进行检验，或仅作为挠度、抗裂或裂缝宽度检验时，应满足下列公式要求，同时还应满足式（7.11）的要求：

$$a_s^o \leqslant 1.2 a_s^c \tag{7.13}$$

式中　a_s^o——在荷载标准值作用下，按实配钢筋确定的构件短期挠度计算值，按现行《混凝土结构设计规范》确定。

正常使用极限状态的荷载标准值是指正常使用极限状态下，根据构件设计控制截面上的荷载标准组合效应与构件检验的加载方式，经换算后确定的荷载值。

7.6.3　预制构件的抗裂检验

在正常使用阶段下允许出现裂缝的构件，应对其进行抗裂性检验。预制构件的抗裂性检验应符合下列要求：

$$\gamma_{cr}^0 \geqslant [\gamma_{cr}] \qquad (7.14)$$

$$[\gamma_{cr}] = 0.95 \frac{\sigma_{pc} + \gamma f_{tk}}{\sigma_{sc}} \qquad (7.15)$$

式中　γ_{cr}^0——构件抗裂检验系数实测值，即构件的开裂荷载实测值与荷载标准值（均包括自重）之比；

　　$[\gamma_{cr}]$——构件的抗裂检验系数允许值；

　　γ——混凝土构件截面抵抗矩塑性影响系数，按现行《混凝土结构设计规范》计算确定；

　　σ_{sc}——由荷载标准值产生的构件抗拉边缘混凝土法向应力值，按现行《混凝土结构设计规范》确定；

　　σ_{pc}——由预加力产生的构件抗拉边缘混凝土法向应力值，按现行国家标准确定；

　　f_{tk}——混凝土抗拉强度标准值。

7.6.4　预制构件裂缝宽度检验

对正常使用阶段允许出现裂缝的构件，应限制其裂缝宽度。预制构件的裂缝宽度应满足下列要求：

$$\omega_{s,max}^0 \leqslant [\omega_{max}] \qquad (7.16)$$

式中　$\omega_{s,max}^0$——在荷载标准值作用下，受拉主筋处最大裂缝宽度实测值，mm；

　　$[\omega_{max}]$——构件检验的最大裂缝宽度允许值，按表 7.9 取用。

表 7.9　构件检验的最大裂缝宽度允许值　　　　　　　　　　　　单位：mm

设计要求的最大裂缝宽度限值	0.20	0.30	0.40
$[\omega_{max}]$	0.15	0.20	0.25

7.6.5　预制构件结构性能评定与验收

① 当结构性能的全部检验结果均符合 GB 50204 中相关规定的检验要求时，该批构件的结构性能应通过验收。

② 当第一次构件的检验结果不能全部符合上述标准要求，但能符合第二次检验要求时，可再抽两个试件进行检验。第二次检验时，对承载力和抗裂检验要求降低 5%；对挠度检验提高 10%（详见表 7.10 规定）。当第二次抽取的两个试件的全部检验结果均符合第二次检验要求时，则该批构件可通过验收。

表 7.10　复式抽样再检的条件

检验项目	标准要求	二次抽样检验指标	相对放宽
承载力	$\gamma_0[\gamma_u]$	$0.95\gamma_0[\gamma_u]$	5%
挠度	$[a_s]$	$1.10[a_s]$	10%

续表

检验项目	标准要求	二次抽样检验指标	相对放宽
抗裂	$[\gamma_{cr}]$	$0.95[\gamma_{cr}]$	5%
裂缝宽度	$[\omega_{max}]$	—	0

③ 对第二次抽取的第一个试件的全部检验结果都能满足标准要求时，则该批构件结构性能可通过验收。

应该指出，对每一个试件，均应完整地取得三项检验指标。只有三项指标均合格时，该批构件的性能才能评为合格。在任何情况下，只要出现低于第二次抽样检验指标的情况，即应判为不合格。

 思考拓展

7.1　一般结构静载试验的加载程序分为哪几个阶段？预载的目的是什么？对预载的荷载值有何要求？

7.2　正式加载试验应如何分级？对分级间隔时间有何要求？对在短期标准荷载作用下的恒载时间有何规定？为什么？

7.3　对结构或构件进行内力和变形测量时，对测点的选择和布置有哪些要求？

7.4　如何计算和修正受弯构件的实测挠度值？

7.5　量测数据的整理包括哪些内容？试验结果的表达方法有哪几种？

7.6　进行预制混凝土构件性能检验时，对不允许出现裂缝的预应力构件应检验哪些项目？对允许出现裂缝的构件应检验哪些项目？

第 8 章
工程结构的动载试验

本章数字资源

教学要求
知识总结
拓展阅读
在线题库
课件获取

学习目标

熟悉结构动力试验常用的荷载模拟方法。

熟悉动载试验测量仪器的工作原理及技术指标。

掌握结构动力特性的各种测试方法。

掌握结构动力反应的各种测试方法。

了解地震模拟振动台试验、强震观测和人工爆破模拟地震试验等内容。

掌握结构疲劳试验的方法。

8.1　概述

土木工程结构，如房屋建筑、桥梁、隧道等，在实际使用过程中除了受静荷载作用外，常常还受各种动荷载作用，如风荷载、车辆振动、列车振动和地震作用等，因此在工程结构中经常有许多动荷载引起的振动问题对结构安全和产品质量所产生的不利影响，需要通过试验检测寻求解决办法。

解决工程振动问题，通常采用结构动力分析和试验研究两种方法进行。结构动载试验就是通过实验方法对各类受动荷载作用的结构进行动力性能试验研究。随着结构动力加载设备和振动测试技术的发展，结构的动力加载试验研究和现场实测已成为人们研究结构振动问题的重要手段。动力加载试验和实测工程结构在动荷载下的振动，主要解决以下问题：

① 实测工程结构物在实际动荷载下的振动反应（振幅、频率、加速度、动应力等）。通过量测得到的数据和资料，来研究受振动影响的结构性能是否安全可靠。

a. 实测在动力机器作用下的厂房结构振动；

b. 实测在车辆移动荷载作用下的桥梁振动；

c. 实测在风荷载作用下高层建筑或高耸构筑物（电视塔、输电铁塔、斜拉桥和悬索桥的桥塔等）所引起的风振反应；

d. 实测大雨对斜拉桥的斜拉索产生的雨振对桥塔的振动反应；

e. 实测爆炸产生的瞬时冲击荷载对结构引起的振动影响；

f. 实测地震作用时，工程结构所产生的振动反应。

② 采用各种类型的激振手段，对原型结构或模型结构进行动力特性试验。主要测量工程结构物的自振频率、阻尼系数和振型等，动力性能参数亦称自振特性参数或振动模态参数。这是研究结构动力设计和抗风性能的基本参数。

a. 在抗震设计时，地震作用影响在很大程度上取决于结构的自振周期。为了判定地震作用影响的大小，必须了解各类结构的自振周期。据调查，对于不同类型的工程结构在同一动荷载作用下，其动力反应（抗震性能）相差几倍，甚至十几倍。因此，国内外专家对各类结构自振特性的实测和研究十分重视。

b. 通过结构动力性能加载试验和工程实测，了解结构的自振频率，可以避免和防止动荷载作用所产生的干扰力与结构发生共振现象，以及对仪器设备的生产和人体健康所产生的不利影响，根据实测结果可以采取必要的措施进行隔振或减振。

c. 结构受动力作用后，受损开裂使其刚度发生变化，刚度的减弱使结构的自振周期变长，阻尼增大。由此，可以通过实测结构自身动力特性的变化来识别结构的损伤程度，为结构的可靠度诊断提供依据。

③ 工程结构或构件（桥梁、吊车梁等）的疲劳试验。研究和实测移动荷载及重复荷载作用下的结构疲劳强度。

与静载试验比较，动载试验具有一定的特殊性。首先，造成结构振动的动荷载是随时间而改变的，其中有些是确定性振动，例如机器设备产生的简谐振动，可以根据机器转速用确定函数来描述其有规律的振动。而在很多实际情况下振动属于随机振动，即不确定性振动。对于确定性振动和随机振动从量测到数据分析处理，其方法和难易程度都有较大差别。其次，结构在动荷载作用下的反应与结构本身动力特性有密切关系，动荷载产生的动力效应，有时远远大于相应的静荷载效应，甚至一个不大的动荷载就可能使结构遭受严重破坏。因此，结构的动载试验要比静载试验复杂得多。

8.2   工程结构动力特性的试验测定

工程结构的动力特性又称结构的自振特性，反映结构本身所固有的动态参数，主要包括结构的自振频率、阻尼系数和振型等基本参数。这些特性是由结构体系、质量分布、结构刚度、材料性质、构造连接等因素决定的，而与外荷载无关。

工程结构的动力特性可以根据结构动力学的原理计算得到，但由于实际结构的结构体系、刚度、质量分布和材料性质等因素不同，经过计算得出的理论值有一定误差，因此结构的动力特性参数需要通过试验测定。为此，采用试验手段研究各种结构物的动力特性受到关注和重视。由于建筑物的结构形式各异，其动力特性相差很大，所采用的试验方法和仪器设备也不完全相同，其试验结果会出现较大差异。但因为结构动力特性试验一般不会破坏结构，通常可以在实际结构上进行多次反复试验，以获得可靠的试验结果。

要用试验方法实测结构的自振特性，就要设法对结构激振，使结构产生振动，根据试验仪器记录到的振动波形图进行分析计算。

结构动力特性试验的激振方法主要有人工激振法和环境随机激振法。人工激振法又可分为自由振动法和强迫振动法。

8.2.1   人工激振法测定结构动力特性

（1）自由振动法

在试验中可采用初位移或初速度的突卸或突加荷载的方法，使结构受一冲击荷载作用而产生有阻尼的自由振动。在现场试验中可用反冲激振器（简易火箭法）对结构产生冲击荷载；在工业厂房中可以通过锻锤、冲床、行车刹车等使厂房产生自由振动；在桥梁上则可用载重汽车越过障碍物或紧急刹车产生冲击荷载；在实验室内进行模型试验时可用锤击法使模型产生自由振动。

试验时一般将测振传感器布置在结构可能产生最大振幅的部位，但要避开某些杆件可能产生的局部振动。

图 8.1 表示结构自由振动时的振动记录图例。图 8.1（a）是突卸荷载产生的自由振动记录；图 8.1（b）是撞击荷载位置与测震器布置较远时的振动记录；图 8.1（c）是吊车刹车时的制动力引起的厂房自由振动图形；图 8.1（d）是对结构整体激振时，其组成构件也产生振

动，它们之间频率相差较大，从而形成两种波形合成的自由振动图。

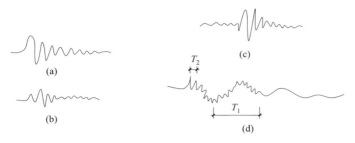

图 8.1　几种结构的自由振动记录

① 自振频率的测定

从实测得到的有阻尼的结构自由振动图上，可以根据时间信号直接测量振动波形的周期，如图 8.2，为了消除荷载影响，起始的第一、第二个波不用。同时，为了提高精确度，可以取若干个波的总时间除以波的数量得出平均数作为基本周期。其倒数就是基本频率，即 $f = 1/T$。

② 结构的阻尼特性测定

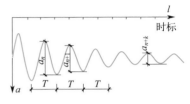

图 8.2　周期和阻尼系数的确定

结构的阻尼特性用对数衰减率或阻尼比来表示。根据动力学公式，在有阻尼的自由振动中，相邻两个振幅按指数曲线规律衰减，二者之比为常数，即

$$\frac{a_{n+1}}{a_n} = e^{-\gamma T} \tag{8.1}$$

对上式两边取对数，则对数衰减率为

$$\lambda = \gamma T = \ln\left(\frac{a_n}{a_{n+1}}\right) \tag{8.2}$$

在实际工程测量中，常采用平均对数衰减率，在实测振动图中量取 k 个周期进行计算，即

$$\lambda_{平均} = \frac{1}{k}\ln\left(\frac{a_n}{a_{n+k}}\right) \tag{8.3}$$

阻尼比

$$\xi = \lambda/2\pi \tag{8.4}$$

式中　a_n——第 n 个波峰的峰值；

　　　a_{n+k}——第 $n+k$ 个波峰的峰值；

　　　λ——对数衰减率；

　　　γ——波曲线衰减系数；

　　　T——周期；

　　　ξ——阻尼比。

由于实测振动波形记录图一般较难找到理想的零线，所以测量阻尼时，可采用波形的峰-峰量法，如图 8.2 所示，这样比较方便而且准确度高。因此，用自由振动法得到的周期和阻尼系数均比较准确。

（2）强迫振动法

强迫振动法亦称共振法。一般采用惯性式机械离心激振器对结构施加周期性的简谐振动，使结构产生简谐强迫振动。由结构动力学可知，当干扰力的频率与结构本身自振频率相等时，结构就出现共振，以此来测定结构的自振特性。

机械式激振器的原理和激振方法之前章节中已介绍过。试验时，应将激振器牢牢地固定在结构上，不让其跳动，避免影响试验结果。激振器的激振方向和安装位置要根据所测试结构的情况和试验目的而定。一般说来，整体建筑物的动荷载试验多为水平方向激振，楼板或桥梁的动荷载试验多为垂直方向激振。要特别注意，激振器的安装位置应选在所要测量的各个振型曲线都不是节点的地方。

① 结构的固有频率（第一频率或基本频率）测定

利用激振器可以连续改变激振频率的特点，使结构发生第一次共振、第二次共振……当结构产生共振时，振幅出现最大值，这时候记录下振动波形图，在图上可以找到最大振幅对应的频率就是结构的第一自振频率（即基本频率）。然后，再在共振频率附近进行稳定的激振试验，仔细地测定结构的固有频率和振型。图 8.3 为对结构进行频率扫描激振时所得到的发生共振时的记录波形图。根据记录波形图可以作出频率-振幅关系曲线或称共振曲线。当采用偏心式激振器时，应注意到转速不同，激振力大小也不一样。激振力与激振器转速的平方成正比。为了准确地定出共振曲线，应把振幅折算为单位激振力作用下的振幅，即振幅除以相应的激振力，或把振幅换算为在相同激振力作用下的振幅，即 A/ω^2，A 为振幅，ω 为激振器的圆频率。

以 A/ω^2 为纵坐标，ω 为横坐标，作出共振曲线，图 8.3 和图 8.4 曲线上振幅最大峰值所对应的频率即为结构的固有频率（或称基本频率）。基本频率是结构的动力特性中最重要的参数。

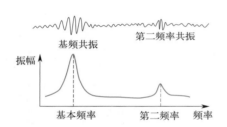

图 8.3　共振时的振动图形和共振曲线

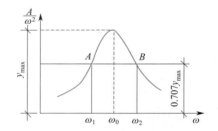

图 8.4　由共振曲线求阻尼系数和阻尼比

② 由共振曲线确定结构的阻尼系数和阻尼比

按照结构动力学原理，采用半功率法（$\sqrt{2}/2$ 即 0.707 法）由共振曲线图求得结构的阻尼系数和阻尼比。具体如下：

如图 8.4 所示，共振曲线的纵坐标最大值 $y_{\max}$ 的 0.707 倍处作一水平线与共振曲线相交于 A 和 B 两点，其对应横坐标为 ω_1 和 ω_2，则半功率点带宽为

$$\Delta\omega = \omega_2 - \omega_1 \tag{8.5}$$

阻尼系数

$$\beta = \Delta\omega/2 = (\omega_2 - \omega_1)/2 \tag{8.6}$$

阻尼比

$$\xi = \beta/\omega \tag{8.7}$$

③ 结构的振型测量

结构振动时，结构上各点的位移、速度和加速度都是时间和空间的函数。由结构动力学可知，当结构按某一固有频率振动时各点的位移之间呈现一定的比例关系。如果这时沿结构各点将其位移连接起来，形成一定形式的曲线，则称为结构按此频率振动的振动型式，亦称

对应该频率时的结构振型。对应于基本频率、第二频率、第三频率分别有基本振型（第一振型）、第二振型、第三振型。

采用共振法测量结构振型是最常用的基本试验方法。为了易于找到所需要的振型，在结构上布置激振器或施加激振力时，要使激振力作用在振型曲线上位移最大的部位。为此在试验前需要通过理论计算，对可能产生的振型"心中有数"，然后决定激振力的作用点，即安装激振器的位置。对于测点的数量和布置，依据结构而定，要求能满足获得完整的振型曲线即可。对整体结构如高层建筑试验时，沿结构高度的每个楼层或跨度方向连续布置水平或垂直方向的测振传感器。当激振器使结构发生共振时，同时记录下结构各部位的振动图，通过比较各点的振幅和相位，即可给出该频率的振型图。图 8.5 为共振法测量某多层建筑物的振型。图 8.5(a) 为测振传感器的布置；图 8.5(b) 为共振时记录下的振动波形图；图 8.5(c) 为建筑物的振型曲线。必须注意，绘制振型曲线时，要根据相位，规定位移的正负值。

对于框架结构，激振器布置在框架横梁的中间（如图 8.6 所示），测振传感器布置在梁和柱子的中间、柱端及 1/4 处，这样便能较好地测出框架结构的振型曲线。图 8.6 为第一振型和第二振型。

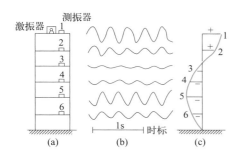

图 8.5　用共振法测建筑结构振型

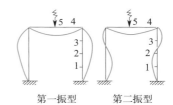

图 8.6　测框架振型时测点布置

对于桥梁结构的振型测量方法与上述方法基本相同，桥梁结构多数为梁、板结构，激振器一般布置在跨中位置，测点沿跨度方向（从跨中到两端支座处）连续布置垂直方向的测振传感器，视跨度大小一般不少于五个测点，以便将各测点的振幅（位移）连接形成振型曲线。亦可用自由振动法即采用载重汽车行驶到梁跨中位置紧急刹车，使桥梁产生自由振动，但只能测量到结构的第一振型（主振型）。

8.2.2　环境随机振动法测量结构动力特性

环境随机振动法又称为脉动法，即利用脉动来测量和分析结构动力特性的方法。人们在试验观测中发现，建筑物由于受外界环境的干扰而经常处于微小而不规则的振动之中，其振幅一般在 0.01mm 以下，这种环境随机振动称为脉动。

建筑物或桥梁的脉动与地面脉动、风动或气压变化有关，受火车和机动车辆行驶、机器设备开动等所产生的扰动，以及大风或其他冲击波的影响尤为显著，其脉动周期为 0.1～0.8s。由于任何时候都存在着环境随机振动，因此由其引起建筑物或桥梁结构的脉动是经常存在的。其脉动源不论是风动还是地面脉动，都是不规则的和不确定的变量，在随机理论中称此变量为随机过程，它无法用一个确定的时间函数来描述。由于脉动源是一个随机过程，因此所产生的建筑物或桥梁结构的脉动也必然是一个随机过程。大量试验证明，建筑物或桥梁的脉动有一个重要性质，它能明显地反映出其本身的固有频率和其他自振特性。所以采用脉动法测量和分析结构动力特性成为目前最常用的试验方法。

采用脉动法的优点是不需要专门的激振设备，而且不受结构形式和大小的限制，适用于各种结构。但由于脉动信号比较微弱，测量时要选用低噪声和高灵敏度的测振传感器和放大器，并配有足够快速度的记录设备。

脉动法测量的记录波形图的分析通常采用以下几种方法：

（1）主谐量法

从结构脉动反应的时程记录波形图上，发现连续多次出现"拍"现象，因此根据这一现象可以按照"拍"的特征直接读取频率量值。其基本原理是建筑物的固有频率的谐量是脉动信号中最主要的成分，在实测脉动波形记录上可直接反映出来。振幅大时，"拍"现象尤为明显，其波形光滑处的频率总是重复出现，这就充分反映了结构的某种频率特性。如果建筑物各部位在同一频率处的相位和振幅符合振型规律，那么就可以确定该频率就是建筑物的固有频率。通常基本频率出现的机会最多；比较容易确定。对一些较高的建筑物、斜拉桥或悬索桥的索塔，有时第二、第三频率也可能出现，但相对基本频率出现的次数少。一般记录的时间要长一些，分析结果的可靠性就大一些。在记录比较规则的部分，确定是某一固有频率后，就可分析出频率所对应的振型。

（2）频谱分析法

在脉动法测量中采用主谐量法确定基本频率和主振型比较容易，测定第二频率及相应振型时，由于脉动信号在记录曲线中出现的机会少，振幅也小，所测得的值误差较大，而且运用主谐量法无法确定结构的阻尼特性。

（3）功率谱分析法

从频谱分析法人们可以利用脉动振幅谱即功率谱（又称均方根谱）的峰值确定建筑物的固有频率和振型，用各峰值处的半功率带确定阻尼比。

将建筑物各测点处实测所得到的记录信号输入到傅里叶信号分析仪进行数据处理，就可以得到各测点的脉动振幅谱（均方根谱）$\sqrt{G_g(f)}$ 曲线（如图 8.7 所示）。然后根据振幅谱曲线图的峰值点对应的频率确定各阶固有频率。由于脉动源是由多种情况产生的，所以实测到的振幅谱曲线上的所有峰值并不都是系统整体振动的固有频率，这就要对各

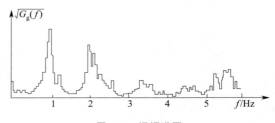

图 8.7 振幅谱图

测点振谱图综合分析加以识别，单凭一条曲线判断不了，一般来说，如果各测点的振幅谱图上都有某频率的峰值，而且幅值和相位（下面叙述）也符合振型规律，这就可以确定为该系统的固有频率。

根据振幅谱图上各峰值处半功率带宽确定系统的阻尼比 ξ：

$$\xi_i = \Delta f_i / (2f)_i \quad (i = 1, 2, 3\cdots) \tag{8.8}$$

一般要准确测量阻尼比 ξ 比较困难，要求信号分析仪的频率分辨率高，尤其对阻尼和振动频率比较小的振动系统，如果分辨率不高，则误差会更大。

由振幅谱曲线图的峰值还可以确定固有振型幅值的相对大小，但不能确定振型幅值的正负号。为此可以选择某一有代表性的测点，例如将建筑物顶层的信号作为标准，再将各测点信号分别与标准信号作互谱分析，求出各个互谱密度函数的相频特性 $\theta_{kg}(f)$。若 $\theta_{kg}(f) = 0$ 说明两点同相位，若 $\theta_{kg}(f) = \pm\pi$ 说明两点相位相反。这样可确定振型幅值的正负号。

以上仅是对建筑物脉动进行功率谱分析方法的简要叙述，要准确获得结构的实际动力特

性参数，问题还有很多，具体操作时应参考专门的文献资料。特别是新的振动模态参数识别技术（或称实验模态分析法）的发展和应用，为快速而准确地确定结构的动力特性开辟了新途径。

8.3 工程结构的动力反应试验测定

工程结构一般在动荷载持续作用下会产生强迫振动。强迫振动所引起的结构动力反应，即动位移、动应力、振幅、频率和加速度等，有时会对结构安全和生产中的产品质量产生不利影响，对人类健康构成危害。产生强迫振动的动荷载大部分是直接作用的，例如工业厂房的动力机械设备作用，桥梁在汽车、火车通过时的作用，风荷载对高层建筑和高耸构造物的作用，以及地震力或爆炸力对结构的作用等。但也有部分动荷载对结构不是直接作用，即属于外部干扰力（如汽车、火车及附近的动力设备等）对结构间接作用引起的振动，在设计时难以确定的。因此在科研和生产活动中，人们常常通过结构振动实测，用直接量测得到的动力反应参数来分析研究结构是否安全和其最不安全部位，存在什么问题。若属于外部干扰力引起的振动，亦可通过实测数据查明影响最大的主振源在何处。根据这些实测结果，对结构的工作状态作出评价，并对结构的正常使用提出建议和解决方案。

8.3.1 寻找主振源的试验测定

引起结构动力反应的动荷载常常是很复杂的，许多情况下是由多个振源产生的。若是直接作用在结构上的动力设备，可以根据动力设备本身的参数（如转速等）进行动荷载特性计算；但在很多场合下是外界干扰力间接作用引起的，振动反应不可能用计算方法得到，这时就得用试验方法确定。首先要找出对结构振动起主导作用且危害最大的主振源，然后测定其特性，即作用力的大小、方向和性质。寻找主振源的试验测定方法主要有以下几种。

（1）逐台开动法

当有多台动力机械设备同时工作时可以逐台开动，实测结构在每个振源影响下的振动反应，从中找出影响最大的主振源。

（2）实测波形识别法

根据不同振源将会引起规律不同的强迫振动这一特点，其实测振动波形一定有明显的不同特征（如图 8.8 所示）。因此可采用波形识别法判定振源的性质，作为探测主振源的参考依据。

当振动记录波形为间歇性的阻尼振动，并有明显尖峰和衰减特点时，表明是冲击性振源引起的振动，如图 8.8（a）。

图 8.8（b）为单一简谐振动并接近正弦规律的振动图形，这可能是一台机器或多台转速相同的机器所产生的振动。

图 8.8（c）是两个频率相差 2 倍的简谐振源引起的合成振动图形。

图 8.9（d）为三个简谐振源引起的更为复杂的全盛振动图形。振动图形符合"拍振"规律时，振幅周期性地由小变大，又由大变小，如图 8.8（e）所示。这表明有可能是两个频率相近的简谐振源共同作用；另外也有可能只有一个振源，但其频率与结构的固有频率接近。

图 8.8（f）是属于随机振动一类的记录图形，可能是由随机性动荷载引起的，例如液体或气体的压力脉冲。

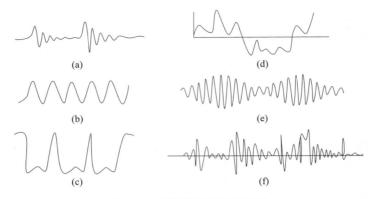

图 8.8　各种振源的振动记录图

　　根据实测记录波形图再进行频谱分析,可作为进一步判断主振源的依据,在频谱图上可以清楚地识别出合成振动是由哪些频率成分组成的,哪一个频率成分具有较大的振幅,从而判断哪一个振源是主振源。

8.3.2　结构动态参数的量测

　　结构动态参数的量测就是在现场实测结构的动力反应,在生产实践中经常会遇到,很多是在特定条件下进行的。一般根据在动荷载作用时结构产生振动的影响范围,选择振动影响最大的特定部位布置测点,记录下实测振动波形,分析其振动产生的影响是否有害。例如,高层建筑建造时需要打桩,打桩时所产生的冲击荷载对周围居住建筑的振动影响很大。有些建筑由于年久失修,墙体开裂,地基下沉,房屋在摇晃,显得不安全。这就需要对在打桩影响范围内的居住建筑布置测点,实测打桩对周围建筑物的振动影响。根据实测结果,采取必要的措施,确定建筑安全性。还有为了校核结构强度就应将测点布置在最危险的部位;若是测定振动对精密仪器和产品生产工艺的影响,则需要将测点布置在精密仪器的基座处和产品生产工艺的关键部位;如果是测定机器运转时(如织布机和振动筛等)所产生的振动频率对操作人员人体健康的影响,则必须将测点布置在操作人员经常所处的位置上。根据实测结果,参照国家相关标准作出结论。

8.3.3　工程结构动力系数的试验测定

　　承受移动荷载的结构如吊车梁、桥梁等,常常要测定其动力系数,以判定结构的工作情况。移动荷载作用于结构上所产生的动挠度,往往比静荷载时产生的挠度大。动挠度和静挠度的比值称为动力系数。结构动力系数一般用试验方法实测确定。为了求得动力系数,先使移动荷载以最慢的速度驶过结构,测得挠度[如图 8.9(a)],然后使移动荷载按某种速度驶过,这时结构产生最大挠度(实际测试中采取以各种不同速度驶过,找出产生最大挠度的某一速度),如图 8.9(b)。从图上量得最大静挠度 y_j 和最大动挠度 y_d,即可求得动力系数 μ。

$$\mu = y_j / y_d \tag{8.9}$$

　　上述方法只适用于一些有轨的动荷载,对于无轨的动荷载(如汽车)不可能使两次行驶的路线完全相同,有的移动荷载由于生产工艺上的原因,用慢速行驶测最大静挠度也有困难。这时可以采取只试验一次用高速通过,记录图形如图 8.9(c)。取曲线最大值为 y_d,同时在曲线上绘出中线,相应于 y_d 处中线的纵坐标即 y_j,按上式即可求得动力系数。

　　量测动挠度一般采用差动式位移传感器,配备信号放大器和记录仪即可。

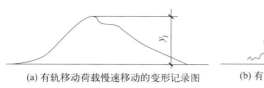
(a) 有轨移动荷载慢速移动的变形记录图

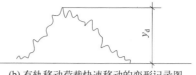
(b) 有轨移动荷载快速移动的变形记录图

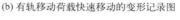
(c) 无轨移动荷载快速移动的变形记录图

图 8.9　动力系数测定

8.4　工程结构疲劳试验

8.4.1　概述

　　工程结构中存在着许多疲劳现象，如桥梁、吊车梁，直接承受悬挂吊车作用的屋架和其他主要承受重复荷载作用的构件等。其特点都是受重复荷载作用。这些结构物或构件在重复荷载作用下达到破坏时的强度比其静荷载强度要低得多，这种现象称为疲劳。结构疲劳试验的目的就是要了解在重复荷载作用下结构的性能及其变化规律。

　　疲劳问题涉及的范围比较广，对某一种结构物而言，它包含材料的疲劳和结构构件的疲劳。如钢筋混凝土结构中有钢筋的疲劳、混凝土的疲劳和组成构件的疲劳等。目前疲劳理论研究工作正在不断发展，疲劳试验也因目的要求不同而采取不同的方法。这方面国内外试验研究资料很多，但目前尚无标准化的统一试验方法。

　　近年来，国内外对钢结构构件特别是钢筋混凝土构件的疲劳性能的研究比较重视，其原因在于：

　　① 普遍采用极限强度设计和高强材料，以致许多结构构件处于高应力状态工作；

　　② 正在扩大钢筋混凝土构件在各种重复荷载作用下的应用范围，如吊车梁、桥梁、轨枕、海洋石油平台、压力机架、压力容器等；

　　③ 使用荷载作用下采用允许截面受拉开裂设计；

　　④ 为使重复荷载作用下构件具有良好的使用性能，改进设计方法，防止重复荷载导致过大的垂直裂缝和提前出现斜裂缝。

　　疲劳试验一般均在专门的结构疲劳试验机上进行，并通过脉冲千斤顶对结构构件施加重复荷载，也有采用偏心轮式激振设备。目前，国内对疲劳试验还是采取对构件施加等幅匀速脉动荷载，借以模拟结构构件在使用阶段不断反复加载和卸载的受力状态。其荷载作用如图 8.10 所示。

　　下面以钢筋混凝土结构为例介绍疲劳试验的主要内容和方法。

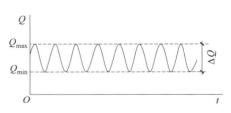

图 8.10　疲劳试验荷载简图

8.4.2 疲劳试验项目

对于鉴定性疲劳试验，在控制疲劳次数内应取得下述有关数据，同时应满足现行设计规范的要求。

① 抗裂性及开裂荷载；

② 裂缝宽度及其发展；

③ 最大挠度及其变化幅度；

④ 疲劳强度。

对于科研性的疲劳试验，按研究目的和要求而定。如果是正截面的疲劳性能，一般应包括：

① 各阶段截面应力分布状况，中和轴变化规律；

② 抗裂性及开裂荷载；

③ 裂缝宽度、长度、间距及其发展；

④ 最大挠度及其变化规律；

⑤ 疲劳强度的确定；

⑥ 破坏特征分析。

8.4.3 疲劳试验荷载

疲劳试验荷载取值、疲劳荷载频率、疲劳循环次数、疲劳加载程序及试件安装要求等详见第 4 章。

8.4.4 疲劳试验的步骤

疲劳试验荷载取值、疲劳荷载频率、疲劳循环次数、疲劳加载程序及试件安装要求等详见第 4 章 4.3.6 节。

8.4.5 疲劳试验的观测

（1）疲劳强度

构件所能承受疲劳荷载作用次数 n，取决于最大应力值 σ_{max}（或最大荷载 Q_{max}）及应力变化幅度 ρ（或荷载变化幅度），按设计要求取最大应力值 σ_{max} 和应力变化幅度 $\rho = \sigma_{min}/\sigma_{max}$ 依据此条件进行疲劳试验，在控制疲劳次数内，构件的强度、刚度、抗裂性应满足现行规范要求。

当进行科研性疲劳试验时，构件以疲劳极限强度和疲劳极限荷载作为最大的疲劳承载能力。构件达到疲劳破坏时的荷载上限值为疲劳极限荷载。构件达到疲劳破坏时的应力最大值为疲劳极限强度。为了得到给定 ρ 值条件下的疲劳极限强度和疲劳极限荷载，一般采取的办法是：根据构件实际承载能力，取定最大应力值 σ_{max} 进行疲劳试验，求得疲劳破坏时荷载作用次数 n，从 σ_{max} 与 n 双对数直线关系中求得控制疲劳次数下的疲劳极限强度作为标准疲劳极限强度。它的统计值作为设计验算时疲劳强度取值的基本依据。

疲劳破坏的标志应根据相应规范的要求而定，对科研性的疲劳试验有时为了分析和研究破坏的全过程及其特征，往往将破坏阶段延长至构件完全丧失承载能力。

（2）疲劳试验的应变测量

一般采用电阻应变片测量动应变，测点布置依试验具体要求而定。测试方法为采用动态电阻应变仪（如 D2001 型和 DH1204 型）配备电脑组成数据采集测量系统。这种方法简便且具有一定的精度，可多点测量。

（3）疲劳试验的裂缝测量

由于裂缝的开始出现和微裂缝的宽度对构件安全使用具有重要意义。因此，裂缝测量在疲劳试验中也是重要的，目前测裂缝的方法还是利用光学仪器目测或采用裂缝自动测量仪等。

（4）疲劳试验的动挠度测量

疲劳试验中动挠度测量可采用差动式位移计和电阻应变式位移传感器等，如 LVTD 差动式位移计（量程 $5\sim20\text{mm}$），配备动态应变放大器和电脑组成测量系统，直接读出最大荷载和最小荷载下的动挠度。

8.4.6　疲劳试验试件的安装要点与疲劳加载试验方法存在的缺陷

构件的疲劳试验不同于静载试验，它连续试验时间长，试验过程振动大，因此构件的安装就位以及相配合的安全措施尤为重要，否则将会产生严重后果。

① 严格对中。荷载架上的分布梁、脉冲千斤顶、试验构件、支座以及中间垫板都要对中。特别是千斤顶轴心一定要同构件断面纵轴在一条直线上。

② 保持平稳。疲劳试验的支座最好是可调的，即使构件不够平直也能调整安装水平。另外千斤顶与试件之间、支座与支墩之间、构件与支座之间均要求密切接触。应采用砂浆找平但不宜铺厚，因为厚砂浆层容易压酥。

③ 安全防护。疲劳破坏通常是脆性断裂，事先没有明显预兆。为防止发生意外事故，对人身安全、仪器安全均应做相应预案。

现行的疲劳试验都是采取实验室等幅疲劳试验方法，即疲劳强度是以一定的最小值和最大值重复荷载来确定试验结果的。实际上结构构件承受的是变化的重复荷载作用，随着测试技术的不断进步，等幅疲劳试验将被符合实际情况的变幅疲劳试验代替。

另外，疲劳试验结果具有离散性，即使在同一应力水平下的许多相同试件，它们的疲劳强度也有显著的变异，显然这与疲劳试验方法存在缺陷有关。因此，对于疲劳试验结果的处理，大都采用数理统计的方法进行分析。

各国结构设计规范对构件在多次重复荷载作用下的疲劳设计都只是提出原则要求，而无详细的计算方法，有些国家则在有关文件中加以补充规定。

8.5　工程结构的风洞试验

8.5.1　风的定义与风作用力对建筑物的危害

风是由强大的热气流形成的空气动力现象，其特性主要表现在风速和风向。而风速和风向随时都在变化，风速有平均风速和瞬时风速之分，瞬时风速最大可达 60m/s 以上，对建筑物将产生很大的破坏力。风向多数是水平向的，但极不规则。我国将风力划分为 12 个等级，6 级以上的大风就要考虑风荷载对建筑物的影响。风还有台风、旋风、飓风和龙卷风之分。这些都属于破坏力很大的强风。为此，很多专家学者致力于工程结构的抗风研究。

8.5.2　工程结构在风荷载作用下的实测试验

要了解作用在工程结构上的风力特性,多数需要通过实测试验才能得到。实测试验就是建筑物在自然风作用下的状态,包括位移、风压分布和建筑物的振动参数的测定。风荷载可以看作是静荷载和动荷载的叠加。对于一般刚性结构,风的动力作用很小,可视为静荷载。但对于高耸结构,如烟囱、水塔、电视塔、斜拉桥和悬索桥的索塔以及超高层建筑物(30层以上)等,则必须视为动荷载。这些高耸结构在风力作用下的受力和振动情况非常复杂。实测时由于在现场自然条件下进行,通常选定经常有强风发生的地区和有代表性的建筑物,应用各种类型的仪器综合配套,同时测出结构顶部的瞬时风速、风向,建筑物表面的风压以及建筑物在风力作用下的位移、应力和振动特性等物理量,然后对大量的实测数据进行综合分析,得出不同等级的风力对建筑作用的影响程度,为结构的抗风设计提供依据。

8.5.3　风洞实验室

风洞是产生不同速度和不同方向(单向、斜向、乱方向)气流的专用试验装置。为适应各种不同结构形式的风洞试验,风洞的构造形成和尺寸也各不相同。

同济大学风洞实验室拥有四座大、中、小配套的边界层风洞实验设施(见图8.11),其中 TJ-3 为竖向回流式低速风洞,试验段尺寸为 2m(高)×15m(宽)×14m(长),其规模在同类边界层风洞中居世界第二位。在试验段底板上的转盘直径为 4.8m,其转轴中心距试验段进口为 10.5m。并列的 7 台风扇由直流电机驱动,每台电机额定功率为 45kW,额定转速为 750r/min。试验风速范围从 0.2~17.6m/s 连续可调。流场性能良好,试验区流场的速度不均匀性小于 2%、湍流度小于 2%、平均气流偏角小于 0.2°。

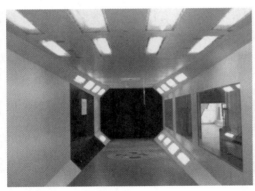

图 8.11　同济大学风洞实验室

中国建筑科学研究院建筑安全与环境国家重点实验室拥有总长 96.5m 的风洞(图8.12),目前是国内最长的建筑风洞。布置在长 108m、宽 27m、高 16.8m 的封闭实验大厅内,利用大厅空间作为气流循环通道。在实验大厅大门开启之后,可使风洞以外循环方式运行,以开展雪荷载模拟、污染扩散等环境评估试验。风洞包含两个试验段。高速试验段为主力试验段,主要进行结构抗风试验研究;低速试验段截面尺寸较大,可满足地形模拟和小区风环境评估等大尺寸模型试验的要求。

图 8.12 中国建筑科学研究院风洞实验室

拓展阅读：摩天大厦左右摇晃屹立不倒的定海神针。

 思考拓展

8.1 工程结构的动力特性是指哪些参数？它与结构的哪些因素有关？

8.2 结构动力特性试验通常采用哪些方法？

8.3 采用自由振动法如何测得结构的自振频率和阻尼？

8.4 采用共振法如何测定结构的自振频率和阻尼？振型是如何确定的？

8.5 工程结构的动力反应是指哪些参数？如何测定？测定动力反应参数有何意义？

8.6 结构的动力系数的概念是什么？如何测定？

8.7 结构疲劳试验的荷载值和荷载频率应如何确定？

8.8 什么叫风洞试验？风洞试验主要量测些什么内容？

第 9 章
结构抗震试验

本章数字资源

教学要求
知识总结
拓展阅读
在线题库
课件获取

学习目标

熟练掌握结构抗震的低周反复加载试验方法。
了解拟动力试验内容。
掌握模拟地震振动台试验方法。

9.1 概述

9.1.1 结构抗震试验的目的和任务

地震又称地动、地振动，是在地壳快速释放能量过程中造成的振动，是一种自然现象。地球上板块与板块之间相互挤压碰撞，造成板块边沿及板块内部产生错动和破裂，是引起地震的主要原因。强烈的地震会造成建筑物的破坏，并危及人类生命和财产安全。全世界每年大约发生 500 万次地震，其中造成灾害的强烈地震平均每年发生十几次。我国是一个多地震国家，平均每年至少有 2 次 5 级以上的地震。

为了防止建筑物等基础设施遭到地震破坏，减少人员伤亡，研究人员在抗震设计理论和抗震试验方法方面对结构抗震性能进行了大量的研究。结构抗震性能一般从结构的强度、刚度、延性、耗能能力、刚度退化等方面来衡量，结构的抗震能力是结构抗震性能的表现。根据我国现行抗震设计规范的要求，结构应具有"小震不坏、中震可修、大震不倒"的抗震能力。因此，结构抗震试验研究的主要任务有：

① 研究开发具有良好抗震性能的新材料；

② 对不同结构体系的抗震性能（包括抗震构造措施）进行试验研究，寻求新的抗震设计方法；

③ 通过对结构的地震作用模型试验，研究结构的破坏特征与破坏过程，验证结构的抗震性能和抗震能力，评定结构的安全性；

④ 为制定和修改抗震设计规范提供科学依据。

9.1.2 结构抗震试验的特点和分类

（1）特点

地震作用对结构物的作用，实质上就是结构承受多次反复的水平或竖向荷载作用。因此，工程结构抗震试验的特点就是探索和再现结构在地震的反复作用下产生变形来消耗地震作用输给的能量。结构抗震试验一般要求做到结构或材料屈服以后，进入非线性工作阶段直至完全破坏的过程，能观测到结构的强度、非线性变形性能和结构的实际破坏状态。

结构抗震试验在设备和技术难度及复杂性方面都比结构静力试验要大得多，其主要原因是：

① 结构抗震试验的荷载一般均以动态或模拟动态形式出现，荷载的速度或加速度及频率将使结构产生动力响应。

② 应变速率的大小会直接影响结构的材料强度。动荷载作用对结构的应变速率会产生影响，加载速度越快，应变速率越高，使试件强度和弹性模量也相应得到提高。在冲击荷载作用下，材料强度与弹性模量的变化更加明显。

（2）结构抗震试验的分类

结构抗震试验一般可分为结构抗震静力试验和结构抗震动力试验两大类，其中结构抗震静力试验又分为伪静力试验和拟动力试验；结构抗震动力试验又分为模拟地震振动台试验、建筑物强震观测试验和天然地震场长期观测试验。其方法分类见图 9.1 所示。

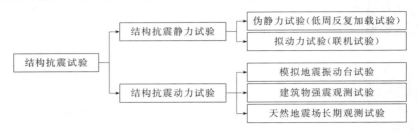

图 9.1　结构抗震试验分类

9.1.3　结构抗震试验方法的发展和抗震技术规范化

自 1975 年辽宁海城和 1976 年唐山特大地震后，我国投入了大量人力物力进行抗震防灾减灾研究，相继颁布《建筑抗震设计规范（2016 年版）》（GB 50011—2010）、《混凝土结构试验方法标准》（GB/T 50152—2012）和《建筑抗震试验规程》（JGJ/T 101—2015）、《中国地震动参数区划图》（GB 18306—2015）、《超高性能混凝土试验方法标准》（T/CECS 864—2021），2008 年汶川大地震后，国家十分重视对上述标准及规范的修订和提高，颁布了《建筑工程抗震设防分类标准》（GB 50223—2008），2021 年又对其进行局部修订。这一系列举措，无疑将对我国抗震防灾减灾工作发挥积极作用。

抗震试验方法规程出台后，对抗震试验方法的发展和规范化起到了重要的推动作用。近年来，随着科学技术的发展，抗震试验设备和试验技术得到迅速发展，由过去的模拟地震试验发展到当前的通过数字技术输入实际采集的地震波再现地震试验，使之更接近实际地震作用。

9.2　结构的伪静力试验（低周反复加载试验）

9.2.1　伪静力试验的基本概念

结构伪静力试验是以试验结构或试件的荷载值或位移值作为控制量，在正、反两个方向对试件进行反复加载和卸载[如图 9.2 所示]，使试件从弹性阶段到塑性阶段直至破坏的一种全过程试验，加载过程的周期远大于结构的基本周期。因此，伪静力试验实质是用静力加载方法来近似模拟地震作用，并由其评价结构的抗震性能和抗震能力，故称其为伪静力试验或低周反复加载试验。该试验方法的研究对象主要是钢筋混凝土框架结构、剪力墙、梁柱节点和砌体结构及钢框架结构。伪静力试验中的加载历程可人为控制，并可按需要随时加以修正，改变加载历程，或暂停试验，以观察结构的开裂情况和变形过程及破坏形态。

由于是用静力模拟地震作用，因此它与实际地震作用的历程无关，不能完全反映实际地震作用下的结构变形速率的影响，这是伪静力试验的不足之处。

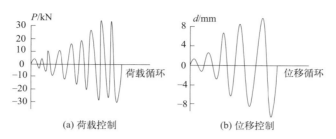

图 9.2 伪静力试验中低周反复加载控制方法

9.2.2 加载设备与加载反力装置

（1）加载设备

① 单向作用千斤顶：作用原理与普通油压千斤顶一样，但必须要求大行程，即活塞行程大于 100mm 以上，以满足结构大变形的需要。千斤顶行程中点安装结构变形的左、右或上、下对称位置，行程一拉一压，以满足反复加载要求。

② 伺服液压加载千斤顶（又称为拉压千斤顶）：其主要特点是安装有伺服阀，千斤顶活塞在油缸内可通过伺服阀控制油路产生拉、压双向作用，以满足反复加载的要求。

③ 电液伺服控制加载系统：是将伺服液压技术、自动控制技术和专用计算机相结合的反复加载控制技术，其工作原理详见第 2 章。

（2）加载支承反力装置

在伪静力试验中，加载主要用于模拟地震作用的水平反复荷载作用。因此加载设备除了需要有满足竖向荷载的反力装置外，还必须有能满足水平反复加载的反力装置，详见第 2.5 节，并要求加载反力装置尽可能模拟结构的实际边界条件。目前常用的反力装置由反力墙、反力台座、钢结构竖向加载反力架等组成。反力墙由移动式钢结构反力支架与台座锚固形成水平荷载反力装置。

目前应用最多的是钢筋混凝土或预应力混凝土反力墙，一般做成单面反力墙和 L 形双面反力墙（图 9.3 所示），以满足单向水平加载和双向水平加载的模拟地震作用的要求。

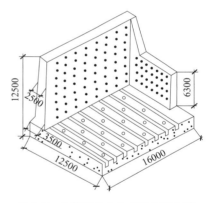

图 9.3 钢筋混凝土 L 形双面反力墙

（3）不同结构或试件的伪静力试验加载装置设计实例

伪静力试验加载装置的设计应根据不同结构或试件及试验研究的目的，提供与实际结构受力情况尽可能一致的模拟边界条件，即尽可能使试件满足试验的支承方式和受力条件的要求。以下介绍几种典型的加载装置：

① 梁式压弯构件伪静力试验加载装置

图 9.4 所示的梁式压弯构件，在低周反复加载试验后，塑性铰一般出现在试验荷载作用点的左、右两侧。试验时，试件既要满足支座上下的简支条件，又要能满足试件在轴压下的纵向变形。当反复加载时，特别当向上施加荷载时，要通过平衡重消除自重的影响。一般情况下，这种简支静定结构的边界条件容易满足。

② 砖石或砌块墙体试验装置

a. 模拟墙体受竖向荷载作用的伪静力试验装置（图 9.5 所示）。

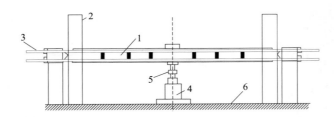

图 9.4 梁式压弯构件伪静力试验加载装置

1—试件；2—反力架；3—钢拉杆或预应力筋；4—双向液压加载器；5—荷载传感器；6—试验台座

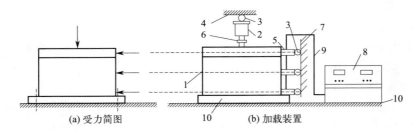

(a) 受力简图   (b) 加载装置

图 9.5 模拟墙体受竖向荷载作用的伪静力试验装置

1—试件；2—竖向荷载加载器；3—滚轴；4—竖向荷载反力架；5—水平荷载双作用加载器；
6—荷载传感器；7—水平荷载反力架；8—液压加载控制台；9—油管；10—试验台座

b. 模拟墙体顶部受弯矩作用的伪静力试验装置（图 9.6 所示）。

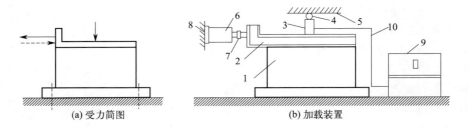

(a) 受力简图   (b) 加载装置

图 9.6 模拟墙体顶部受弯矩作用的伪静力试验装置

1—试件；2—L 形刚性梁；3—竖向荷载加载器；4—滚轴；5—竖向荷载反力架；
6—水平荷载双作用加载器；7—荷载传感器；8—水平荷载反力架；9—液压控制台；10—输油管

c. 模拟墙体顶部水平位移的固定平移式伪静力试验装置。这是为了模拟墙体实际受力与边界条件，以满足在试验中只允许墙体顶部产生水平位移而不产生转动而设计的一种固定平移式（四连杆机构）加载装置，如图 9.7 所示。

③ 框架节点及梁柱组合体试验装置

a. 框架节点及梁柱组合体有侧移柱端加载的伪静力试验装置，如图 9.8 所示。

在框架结构中，当侧向水平荷载作用时，框架产生水平向侧移变形。这时，节点上柱反弯点可看作水平方向可移动的铰。相对于上柱反弯点可看作固定铰，而节点两侧梁的反弯点均为水平可移动的铰，其变形如图 9.9（a）所示。这样的边界条件考虑柱子的荷载-位移（P-Δ）效应，比较符合节点在实际结构中的受力状态。试验时，由固定在反力支承装置上的水平双作用液压加载器对框架试验架顶部施加低周反复水平荷载，使之形成如图 9.8（b）

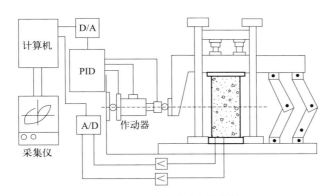

图 9.7　固定平移式加载装置

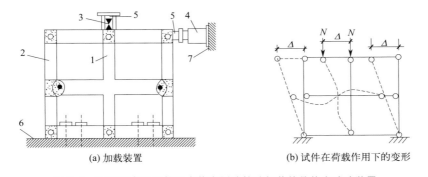

(a) 加载装置　　　　　　　　　(b) 试件在荷载作用下的变形

图 9.8　框架节点及梁柱组合体有侧移柱端加载的伪静力试验装置

1—试件；2—几何可变的加载框；3—竖向加载器；4—水平加载器；5—荷载传感器；6—试验台座；7—反力墙

所示柱顶加载有侧移的边界条件。

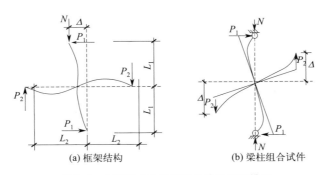

(a) 框架结构　　　　　　　　　(b) 梁柱组合试件

图 9.9　框架节点及梁柱组合体的边界模拟

b. 框架节点及梁柱组合体梁端加载的伪静力试验装置

在实际试验中，当以梁端塑性铰或节点核心区为主要研究对象时，可采用在梁端施加反对称反复荷载的方案。这时，节点边界条件是上、下柱反弯点均为不动铰；梁的两侧反弯点为自由端。试验采用如图 9.10 所示的装置。试件安装在荷载支承架内，在柱的上下端都安装有铰支座，在柱顶由液压加载器施加固定的轴向荷载。在梁的两端用四个液压加载器同步施加反对称的低周反复荷载。也可使用两台双向作用加载器或电液伺服加载器代替两对反向加载的液压加载器作梁端反对称反复加载。其变形如图 9.8(b) 所示。

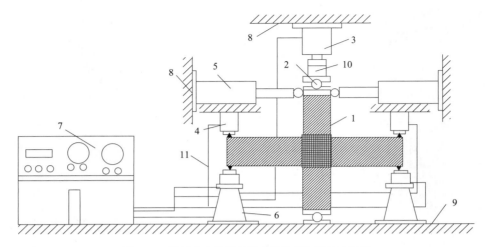

图 9.10　框架节点及梁柱组合体梁端加载试验装置

1—试件；2—柱顶球铰；3—竖向加载器；4—梁端加载器；5—端侧向支撑；6—支座；

7—液压加载控制台；8—荷载反力架；9—试验台座；10—荷载传感器；11—输油管

9.2.3　伪静力试验的加载制度

伪静力试验加载制度有单向反复加载制度和双向反复加载制度，详见 4.3.3 节。

9.2.4　伪静力试验测试项目

伪静力试验的测试项目应根据试验的具体内容、目的和要求确定。伪静力试验多数用于砌体或砌块的墙体试验、钢筋混凝土框架结构的节点和梁柱组合体试验、剪力墙抗震试验、钢结构框架试验。主要测试项目有：

（1）墙体试验

① 墙体变形

a.墙体的荷载-变形曲线

将由墙体顶部布置的电测位移计和水平液压加载器端部的荷载传感器测得的位移、荷载信号，绘制成墙体的荷载-变形曲线，即墙体的恢复力曲线。砖石或砌块的墙体试验装置见图 9.11 所示。

b.墙体侧向位移

主要量测试件在水平方向的低周反复荷载作用下的侧向变形。可在墙体另一侧沿高度在其中心线上均匀布置五个测点，既可测得墙顶最大位移值，又可测得侧向的位移曲线（如图 9.12 所示），并可由底梁处测得的位移值消除试件整体平移的影响。同时可由安装在底梁两侧的竖向位移计测得墙体的转动。如果将安装仪表的支架固定在试件的底梁上，试件整体平移的影响则自动消除。

c.墙体剪切变形

可由布置在墙面对角线上的位移计来量测（如图 9.12 所示）。

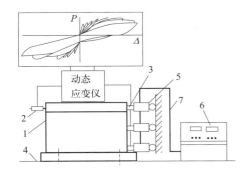

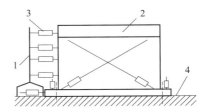

图 9.11　墙体荷载-变形曲线加载系统
1—试件；2—位移传感器；3—荷载传感器；
4—试验台座；5—作动器；6—液压加载装置；7—油管

图 9.12　墙体侧向位移和剪切
1—安装位移计的支架；2—试件；
3—位移计；4—试验台座

② 墙体应变

墙体应变量测需要布置三向应变测点（即应变花），从而求得主拉应力和剪切应力。测试时，由于墙体材料的不均匀性，较多使用大标距电阻应变片及机械式仪表，在较大标距内测得特定部位的平均应变。

③ 裂缝观测

要求量测墙体的初裂位置、裂缝发展过程和墙体破坏时的裂缝分布形式。目前，大多用肉眼或读数放大镜或电子裂缝仪观测裂缝。实际上，微裂缝往往发生在肉眼看见之前。可以利用应变计读数突增的方法，检测到最大应力和开裂部位。

④ 开裂荷载及极限荷载

只要准确测到初始裂缝，就可以确定开裂荷载。以荷载-变形曲线上的转折点为开裂荷载实测值；以荷载-变形曲线上荷载的最大值为极限荷载。此时，还需要记录竖向荷载的加载数值。

（2）钢筋混凝土框架节点及梁柱组合体试验

① 节点梁端或柱端位移

在控制位移加载时，由量测的梁端或柱端加载截面处的位移控制加载量和加载程序（见图 9.13）。

② 梁端或柱端的荷载-变形曲线

由所测位移和荷载绘制试验全过程的荷载-变形曲线。

③ 节点梁柱部位塑性铰区段转角和截面平均曲率

在梁上，可在距柱面 $h_b/2$（h_b 为梁高）或 h_b 处布置测点；在柱上，可在距梁面 $h_c/2$（h_c 为柱宽）处布置测点，如图 9.13 所示。

④ 节点核心区剪切变形

由量测核心区对角线的变形计算确定。

⑤ 节点梁柱主筋应变

主筋上的应变由布置在梁柱与节点交界截面处的纵筋上的应变测点量测。为测定钢筋塑性铰的长度，可按试验要求沿纵筋布置一定数

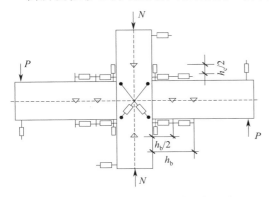

图 9.13　梁柱节点试验测点的布置

量的测点。

⑥ 节点核心区箍筋应变

测点可按节点核心区箍筋排列位置的对角线方向布置，这样可以测得箍筋的最大应力。如果沿柱的轴线方向布置，则可测得沿柱轴线垂直截面上箍筋应力的分布规律，每一箍筋上布置 2~4 个测点，这样可以估算箍筋的抗剪能力和核心区混凝土剪切破坏后的应变发展情况。

⑦ 节点和梁柱组合体混凝土裂缝开展及分布情况。

⑧ 荷载值与支承反力。

9.2.5　伪静力试验的数据整理要点

荷载-变形滞回曲线及有关参数是伪静力试验结果的主要表达方式，它们是研究结构抗震性能的基本数据，可用以评定结构的抗震性能。例如可以从对结构的强度、刚度、延性、退化率和能量耗散等方面的综合分析，来判断诸如结构是否具有良好的恢复力特性、是否具有足够的承载能力和一定的变形及耗能能力来抗御地震作用。同时，这些指标的综合评定可用于比较各类结构、各种构造和加固措施的抗震能力，建立和完善抗震设计理论。

（1）强度

伪静力试验中各阶段强度指标的确定方法如下：

① 开裂荷载。试件出现垂直裂缝或斜裂缝时的荷载 P_c。

② 屈服荷载。试件刚度开始明显变化时的荷载 P_y。

③ 极限荷载。试件达到最大承载能力时的荷载 P_u。

④ 破坏荷载。试件经历最大承载能力后，达到某一剩余能力时的荷载值。目前的试验标准和规程规定可取极限荷载的 85%。

（2）刚度

结构刚度是结构变形能力的反映。结构在受地震作用后通过自身的变形来平衡和抵抗地震作用的干扰和影响，而结构的地震反应将随着结构刚度的改变而变化。

由伪静力试验的 P-Δ 曲线可以看出其刚度一直是在变化之中的，它与位移及循环次数均有关。在非线性恢复力特性中，由于是正向加载、卸载，反向加载的重复荷载试验，且有刚度的退化现象存在，其刚度问题远比单调加载时要复杂，见图 9.14。

① 加载刚度

初次加载的 P-Δ 曲线有一个切向刚度 K_0；当荷载加到 P_c 时，连接 OA 可得开裂刚度 K_c；荷载继续增加到 P_y 时，连接 OB 可得屈服刚度 K_y；P-Δ 曲线的 C 点为受压区混凝土压碎剥落点，连接 BC 可得屈服后刚度 K_s。

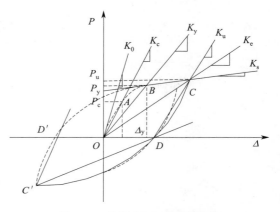

图 9.14　结构反复加载时的刚度

② 卸载刚度

从 C 点卸载后到 D 点时，荷载为 0。这时连接 CD 可得卸载刚度 K_u，卸载刚度与开裂刚度或屈服刚度非常接近，并将随着结构的受力特性和自身构造而改变。

③ 重复加载刚度

从 D 点到 C' 点为反向加载，从 C' 到 D' 为反向卸载。

从 D' 开始正向重复加载时，刚度随着循环次数的增加而降低，且与 DC' 段相对称。

④ 等效刚度

连接 OC，得到作为等效线性体系的等效刚度 K_e，它随着循环次数的增加而不断降低。

（3）骨架曲线

在变位移幅值加载的低周反复加载试验中，骨架曲线是将各次滞回曲线的峰值点连接后形成的包络线，图 9.15 是伪静力试验骨架曲线示意图。由图可见，低周反复加载的骨架曲线与单调的荷载-位移曲线相似，但极限荷载稍小一些。

（4）延性系数

延性系数 μ 是最大荷载点相应的变形 δ_u 与屈服点变形 δ_y 之比，即 $\mu = \delta_u / \delta_y$。这里的变形指的是广义变形，它可以是位移、曲率、转角等。延性的大小对结构的抗震能力（变形）有很大的影响。

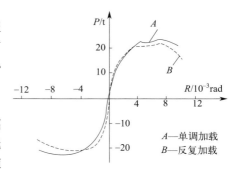

图 9.15　伪静力试验的骨架曲线

（5）退化率

结构强度或刚度的退化率是指在控制位移作等幅低周反复加载时，每施加一次荷载后强度或刚度降低的速率。它反映在一定的变形条件下，强度或刚度随着反复荷载次数增加而降低的特性，退化率的大小反映了结构是否经受得起地震的反复作用。当退化率小的时候，说明结构有较大的耗能能力。

（6）滞回曲线

滞回曲线是指加载一周得到的荷载-位移（P-Δ）曲线，滞回环面积大小反映了试件能力。根据结构恢复力特性的试验结果，可将滞回曲线归纳为梭形、弓形、反 S 形及 Z 形四种基本形状，如图 9.16 所示。

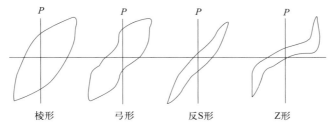

　　　梭形　　　　　　弓形　　　　　　反S形　　　　　　Z形

图 9.16　四种典型的滞回曲线

这四种滞回曲线的发生各有特点：

① 梭形：通常发生于受弯、偏压、压弯以及不发生剪切破坏的弯剪构件；

② 弓形：通常发生于剪跨比较大、剪力较小，且配有一定箍筋的弯剪构件和偏压构件，它反映了一定的滑移影响；

③ 反 S 形：通常发生于一般框架和有剪刀撑的框架、梁柱节点及剪力墙等，它反映了更多的滑移影响；

④ Z 形：通常发生于小剪跨而斜裂缝又可以充分发展的构件以及锚固钢筋有较大滑移的构件，它反映了大量的滑移影响。

但是，结构的滞回曲线并非一定仅仅是以上四种之一。在许多有大剪力和锚固钢筋滑动的结构中，经常开始是梭形，继而发展为弓形、反S形直至最终发展为Z形。因此，也有人将后三种形状的滞回曲线均视为反S形滞回曲线。事实上，是滑移量决定了滞回曲线的形状。

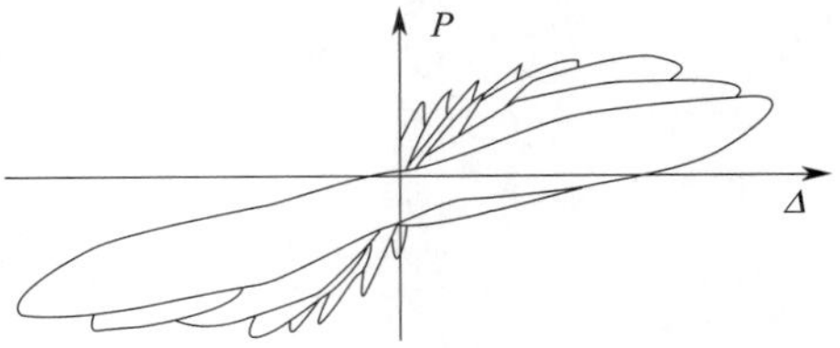

图 9.17   梁柱节点滞回曲线

图 9.17 为一梁柱节点滞回曲线举例。在钢筋屈服前，曲线呈梭形；当斜裂缝出现后，曲线变成了弓形；当刚度显著退化后，曲线出现了S形。

（7）能量耗散

结构吸收能量的好坏，可以用滞回曲线所包围的滞回环面积及其形状来衡量。

9.2.6   伪静力试验实例

（1）工程概况

近年来，我国高层建筑迅速发展。从建筑功能上看，上部只需要小空间的轴线布置，以满足旅馆、住宅的需要；中部需要中等大小的室内空间，以满足办公用房的需要；下部则需要大空间，以满足商店、餐厅等公用设施的需要。正常的结构布置应是下部刚度大、柱网密，上部柱网大、刚度减小，显然，高层建筑的功能要求与合理自然的结构布置正好相反。因此，对结构进行反常规设计，就必须在结构转换处设置转换层。

预应力开洞大梁是一种较为理想的转换层结构形式，但在设计中，尚有下列问题有待于研究：

① 预应力转换层结构的抗震性能如何？

② 梁上开洞对于整个转换层的受力性能有何影响？

③ 洞口的应力分布和破坏特点如何？

为了解决以上问题，对其进行了低周反复荷载试验。

（2）试件设计及试验装置

试件按实际工程的 1:5 设计，考虑到实验室条件，取三层。混凝土采用 C50（加载时，实测强度 $f_{cu}=28\text{MPa}$，预应力筋用高强碳素钢丝 $\phi^s 5$，$f_{pty}=1570\text{MPa}$），采用后张法有黏结预应力。试件简图及试验装置示意图见图 9.18。

（3）试验过程及主要结果

① 试验量测内容

本次试验的主要量测内容有：量测开洞梁跨中的挠度及中柱处的反拱、水平荷载下和节点处的侧向位移、梁及柱中各截面的应变、沿洞口周围的应力及裂缝情况等。

② 试验过程

a. 预加应力阶段；

b. 竖向荷载阶段；

c. 低周反复水平力作用阶段。

加载制度见图 9.19，加载示意图见图 9.20。

③ 主要试验结果

预加应力阶段和竖向荷载下的结构性能属弹性阶段，所以其试验结果与计算值是一致的。下面简述低周反复荷载下的试验结果。

a. 裂缝开展

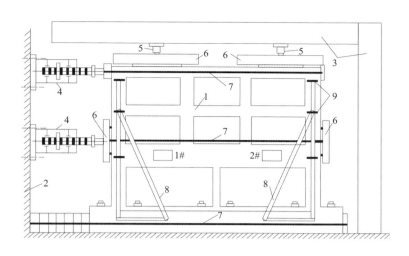

图 9.18　试件简图及试验装置示意图
1—试件；2—反力墙；3—钢梁柱；4—伺服千斤顶；5—千斤顶；6—分配梁；7—拉杆；8—表架；9—位移传感器

试验表明，开洞梁的裂缝开展情况是比较满意的。一方面，裂缝开展速度慢、宽度小，在使用荷载作用下，当竖向荷载为 4×120kN 时，主要是洞口交角处出现裂缝，在竖向荷载 4×120kN 和水平荷载 77kN 时，开洞梁端部出现第一条弯曲裂缝。另一方面，裂缝的闭合能力较强，一旦卸去外载，梁上的裂缝很快闭合。裂缝在开洞梁上的分布，主要集中在洞口周围以及两端支座处，而弯矩较大的中间支座和上柱传力处找不到裂缝，这说明预应力筋作用明显。

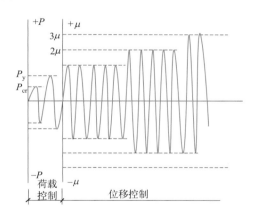

图 9.19　荷载和位移混合加载制度

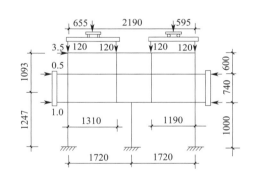

图 9.20　加载示意图

b. 洞口处的应力分布

根据实际工程需要，在转换层大梁的跨中设置了两个大孔洞（300×150），见图 9.18 所示 1♯ 和 2♯ 洞，其洞口高度超过梁高的 1/3。因此，这次试验中也量测了孔洞对整个转换层大梁性能（特别是抗剪强度）的影响。由于两边上柱距洞口的距离不一样，1♯ 洞正好处于受力点 45°扩散角上，2♯ 洞处于 45°扩散角以外。这样的设计无意中给试验带来了两种不同的结果，有助于比较洞口不同布置对抗剪强度的影响，也为实际工程提供了有价值的参考。

量测结果表明：1♯ 洞上下弦杆裂缝较多，上弦杆中钢筋在 91kN 水平力作用下屈服，随着水平力不断增大，上弦杆形成一条由洞边至上柱根的斜向贯通裂缝即临界斜裂缝，破坏时被临界斜裂缝分开的两部分有较明显的相对错动，裂缝内有混凝土被压碎，这种破坏属于剪压破坏。2♯洞下弦杆裂缝不太多，框架破坏时钢筋也未屈服，上弦杆的裂缝形式和1♯洞相似，但没有贯通，下弦杆出现一条垂直裂缝。

c. 试件的极限承载力和破坏特征

框架在竖向荷载加至 $4 \times 120kN$ 时开始加水平荷载，并将垂直荷载稳定在 $4 \times 120kN$。第一、二、三层的最初水平荷载分别为 2kN、1kN、7kN，然后以 1，2，3…倍数递增。试件水平荷载分别为 10kN，5kN，35kN，此时试件的内力与实际工程的内力成正比。当水平荷载继续增加时，跨中和中间支座弯矩的增长较两端支座弯矩慢，当水平拉力为 84kN 时，第二层小梁端部钢筋首先进入屈服状态；当水平拉力为 91kN 时，1♯洞上弦内钢筋开始屈服，它标志着转换层即将进入破坏阶段，此时推算出洞口处的剪力为 64kN，而大梁截面的最大剪力设计值为 117.6kN，说明洞口的存在降低了梁的抗剪能力，使梁提前破坏。在 91kN 水平力作用下，2♯洞口钢筋没有屈服，这是因为 2♯洞口的剪力比 1♯洞口小，只有 53kN。另外，2♯洞口处的位置比 1♯洞有利。跨中、中支座、端支座处在水平荷载为 91kN 时的实测弯矩值以及最大极限弯矩设计值如表 9.1 所示。

表 9.1   实测弯矩值及最大极限弯矩设计值

水平力/kN	位 置	实测剪力/kN	截面最大剪力设计值/kN	按实际工程推算的使用剪力值/kN
91.0	1♯洞	64.0	117.6	35.0

水平力/kN	位 置	实测弯矩/$(kN \cdot m)$	最大弯矩设计值/$(kN \cdot m)$	按实际工程推算的使用弯矩值/$(kN \cdot m)$
91.0	跨中 M_{max}	29.0	33.0	30.0
91.0	中间支座 M_{max}	47.4	48.5	43.0
91.0	端支座	32.6	36.0	11.7
84.0	第二层框架梁	4.8	5.0	1.1

d. 开洞梁的变形和弹塑性性能

开洞梁在竖向荷载作用下，跨中只有很小的挠度，下部混凝土受拉，上部混凝土受压，端支座上部受拉、下部受压。

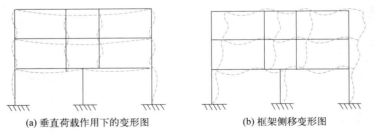

(a) 垂直荷载作用下的变形图   (b) 框架侧移变形图

图 9.21   框架变形示意图

在水平力作用下，中间支座有微小的变形，上部受拉，下部受压。跨中截面上部变为受拉，下部变为受压。端支座上部变为受压，下部变为受拉。框架变形见图 9.21。位移变化值见表 9.2。

表 9.2 竖向及水平力共同作用下结构的位移变化值

位移计编号	位移变化值	位移计编号	位移变化值	位移计编号	位移变化值
1	0.0028	5	0.006	9	−0.0032
2	0.0034	6	−0.045	10	0.024
3	−0.0038	7	−0.031	11	0.103
4	−0.0139	8	−0.010	12	0.190

9.3 结构拟动力试验

9.3.1 结构拟动力试验的基本概念

地震是一种随机突发的地球地质构造运动的自然现象。土木工程结构在强烈地震的作用下，将由弹性状态进入塑性状态甚至破坏。在低周反复加载试验中，其加载历程所模拟的地震荷载是假定的，因此，它与地震引起的实际反应相差很大。显然，如果能按某一确定的地震反应来制订相应的加载历程，是最理想的。为寻求这样一种理想的加载方案，人们按实际地震反应建立了结构恢复力特性数学模型，通过计算机数值分析求解运动微分方程所得出的结构位移时程曲线控制结构试验加载，这种利用计算机直接来检测结构地震反应和控制整个试验的方法是将计算机分析与恢复力实测结合起来的半理论半经验的非线性地震反应分析方法，结构的恢复力模型不需事先假定，直接通过自动量测和采集作用在试件上的荷载和位移经过计算机求解得出的恢复力特性，再通过计算机来反复求解结构非线性地震反应方程对结构进行反复加载，这就是计算机联机试验加载方法，即拟动力试验。

9.3.2 拟动力试验的操作方法和过程

拟动力试验是指计算机与加载器联机，对试件进行加载试验（这里所指的加载是广义的加载，一般情况下是指向试件施加位移）。拟动力试验的原理见图 9.22，图中的计算机系统用于采集结构反应的各种参数，并根据这些参数进行非线性地震反应分析计算，通过 D/A 转换，向加载器发出下一步指令。当试件受到加载器作用后，产生反应，计算机再次采集试件反应的各种参数，并进行计算，向加载器发出指令，直至试验结束。在整个试验过程中，计算机实际上是在进行结构的地震反应时程分析。在分析中，只要注意计算方法的适用范围，保证计算结果的收敛性，有多种计算方法可供选择，如线性加速度法、Newmark-β 法，Wilson-θ 法等。下面以线性加速度法为例，介绍拟动力试验的运算过程。

（1）输入地面运动加速度

地震波的加速度值是随时间 t 的变化而改变的。为了便于计算，首先将实际地震记录的加速度时程曲线按一定时间间隔 Δt 数字化，可以认为在这一时间段内加速度呈直线变化。这样，就可以用数值积分来求解运动方程

$$m\ddot{x}_n + c\dot{x}_n + F_n = -m\ddot{x}_{0n} \tag{9.1}$$

上式中，$\ddot{x}_{0n}$、$\ddot{x}_n$、$\dot{x}_n$ 分别为第 n 步时地面运动加速度、结构运动加速度及速度；F_n 为结构第 n 步时的恢复力。

（2）计算下一步的位移值

当采用中心差分法求解时，第 n 步的加速度可以用第 $n-1$ 步、第 n 步和第 $n+1$ 步的位移量表示。此时有

第9章

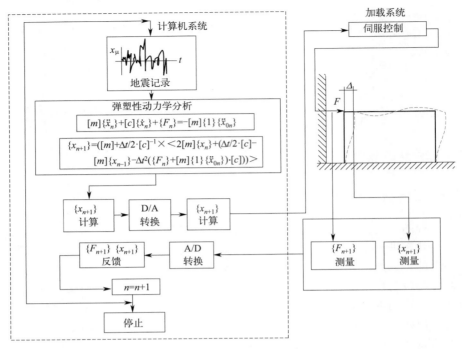

图 9.22 拟动力试验原理示意图

$$\ddot{x}_n = \frac{x_{n+1} - 2x_n + x_{n-1}}{\Delta t^2} \tag{9.2}$$

$$\dot{x}_n = \frac{x_{n+1} - x_{n-1}}{2\Delta t} \tag{9.3}$$

将两式代人方程可得

$$x_{n+1} = \left(m + \frac{\Delta t}{2}c\right)^{-1} \times \left[2mx_n + \left(\frac{\Delta t}{2}c - m\right)x_{n-1} - \Delta t^2 \ddot{x}_{0n}\right] \tag{9.4}$$

即由位移 x_{n-1}、x_n 和恢复力 F_n 求得第 $n+1$ 步的指令位移 x_{n+1}。

（3）位移值的转换

由加载控制系统的计算机将第 $n+1$ 步指令位移 x_{n+1} 通过 D/A 转换成输入电压，再通过电液伺服加载系统控制加载器对结构加载，由加载器用准静态的方法对结构施加与 x_{n+1} 位移相对应的荷载。

① 量测恢复力 F_{n+1} 及位移值 x_{n+1}

当加载器按指令位移值 x_{n+1} 对结构施加荷载时，通过加载器上的荷载传感器测得此时的恢复力 F_{n+1}，并由位移传感器测得位移反应值 x_{n+1}。

② 由数据采集系统进行数据处理和反应分析

将 x_{n+1} 及 F_{n+1} 值连续输入用于数据处理和反应分析的计算机系统，利用位移 x_n、x_{n+1} 和恢复力 F_{n+1} 按同样方式重复进行计算和加载，用求得的位移值 x_{n+2} 和恢复力值 F_{n+2} 值连续对结构进行试验。直到输入加速度时程的指定时刻。

9.3.3 拟动力试验实例

预应力开洞大梁的拟动力试验。试件及加载装置简图见图 9.23。数值积分采用 Newmark 算法，试验输入 EL-Centro 地震波，时间间隔为 14ms。电液伺服加载器最大输出力为 300kN，最大位移为±300mm。

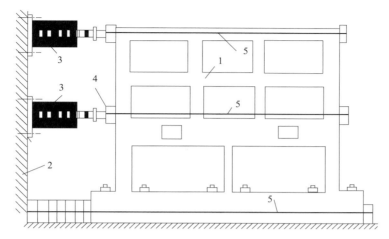

图 9.23　试件加载及试验装置示意
1—试件；2—反力墙；3—电液伺服拉压千斤顶；4—垫块；5—拉杆

　　地震波的输入采用了如表 9.3 所示的 8 种工况，分别量测结构的层间变形及各阶频率。由试验结果可见，随着地震波峰值的增加，结构的层间变形也随之增大；层间刚度不断退化，结构各阶频率相应降低。

　　各工况下结构的实测自振频率见表 9.4。由表可见，当输入地震波超过 0.2g 时，结构的自振频率有所改变，这时，结构的梁端和柱端均出现裂缝；当输入地震波超过 0.5g 时自振频率下降尤其明显，此时，柱端裂缝出现贯穿面，局部有混凝土剥落现象发生。

表 9.3　试验地震波的输入

序号	输入波形	峰值
1	EL-Centro	0.2g
2	EL-Centro	0.4g
3	EL-Centro	0.5g
4	EL-Centro	0.6g
5	EL-Centro	0.8g
6	EL-Centro	1.0g
7	EL-Centro	1.4g
8	EL-Centro	2.0g

表 9.4　各工况下结构的自振频率

工况	0.2g	0.4g	0.5g	0.6g	0.8g	1.0g	1.4g	2.0g
频率	12.602	12.270	11.850	11.810	10.296	8.930	8.302	7.531

9.4　结构模拟振动台的试验方法

9.4.1　模拟地震振动台试验的特点

　　模拟地震振动台能够再现各种形式的地震波，可以较为方便地模拟若干次地震现象的初震、主震及余震的全过程。因此，在振动台上进行结构抗震试验，可以实测到试验结构在相应各阶段的动力性能。使研究人员能直观地观测到地震作用对结构产生的破坏过程和破坏特征，为建立结构抗震力学模型提供可靠的依据。

为进行结构的地震模拟试验，国内外先后建立起了一批大型的模拟地震振动台。模拟地震振动台与先进的测试仪器及数据采集分析系统的配合，使结构抗震试验的水平得到了很大的发展与提高。

9.4.2   模拟地震振动台在抗震研究中的作用

近年来，模拟地震振动台的试验研究成果在结构抗震研究及工程实践中得到了越来越广泛的应用。同时，经历了 1976 年我国唐山大地震，在房屋结构和道路桥梁的严重破坏中发现了新问题，也促进了模拟地震振动台的更新和完善。20 世纪 90 年代中期以后，随着数字化技术的发展，将数字技术引入模拟振动台试验，使抗震试验更接近于实际地震的作用。因此，模拟地震振动台在抗震研究中发挥了不可替代的作用。

（1）研究结构在地震作用下的动力特性、破坏机理和震害原因

借助于系统识别方法，通过对振动台台面的地震波输入及结构物的反应（输出）的分析，可以得到结构的各种动力参数，从而为研究结构物的各种动力特性以及结构抗震分析提供可靠的依据。

通过对模拟地震振动台试验中结构破坏特征的观察，对分析结构物的破坏机理，探索相应的计算理论，改进结构物的抗震构造措施，为工程结构的抗震设计提供依据。

（2）验证抗震计算理论和计算模型的正确性

通过模型试验来研究新的计算理论或计算模型的正确性，并将其推广到原型结构中去。

（3）研究动力相似理论，为模型试验提供依据

通过不同比例的模型试验，研究相似理论的正确性，并将其推广至原型结构的地震反应与震害分析中去。

（4）检验产品质量，提高抗震性能，为生产服务

随着各项建设事业的发展，诸如城市管线、电力、通信、运输、核反应堆的管道及连接部分等生命线工程的抗震问题，引起了人们越来越多的重视。只有抗震试验合格的产品，才能允许在地震频发区使用。

（5）为结构抗震静力试验提供依据

根据振动台试验中的结构变形形式，来确定沿结构高度静力加载的荷载分布比例。根据量测结构的最大加速度反应，来确定静力加载时荷载的大小。根据结构动力反应的位移时程，来控制静力试验的加载过程。

9.4.3   模拟地震振动台的加载过程及试验方法

在模拟地震振动台试验前，要重视加载过程的设计及试验方法的制订。因为不适当的加载设计，可能会使试验结果与试验目的相差甚远。例如，所选荷载过大，试件可能会很快进入塑性阶段乃至破坏阶段，导致难以得到结构的弹性和塑性阶段的全过程数据，甚至发生安全事故；所选荷载过小，可能无法达到预期的试验效果，这样就会产生不必要的重复试验，且多次重复试验对试件会产生损伤积累。因此，为了成功地进行模拟地震振动台结构试验，应在事前周密地设计加载程序。在进行加载程序的设计时，需要考虑下列因素：

（1）振动台台面的输出能力

要选择适当的振动台，使其台面的频率范围、最大位移、速度和加速度等输入性能能够

满足试验的要求。在进行结构抗震试验时，一般以加速度模拟地震振动台台面的输入。为了量测结构的动力特性，在正式试验之前，要对结构进行动力特性试验，以得到结构的自振周期、阻尼比和振型等基本参数。

（2）结构所在的场地条件

要了解试验结构所处的场地土类型，以选择与之相适应的场地土地震记录，即使选择的地震记录的频谱特性尽可能与场地土的频谱特性相一致，并应考虑地震烈度和震中距离的影响。这一条件的满足，在对实际工程进行模拟地震振动台模型试验时尤为重要。

（3）结构试验的周期与地震周期及房屋自振周期的关系

要选择适当的地震记录或人工地震波，使其占主导分量的周期与结构周期相似。这样能使结构产生多次瞬时共振，从而得到清晰的结构破坏过程变化和破坏形式。

人们在实际地震震害经历中所采集到的地震记录数据中发现，地震使房屋和桥梁破坏的周期大约在 1.5～1.7s，而一般实际地震周期为 0.3～0.5s 左右，这对选择结构试验的周期十分重要。

根据试验目的的不同，在选择和设计台面输入加速度时程曲线后，试验的加载过程可选择一次性加载及多次加载等不同的方案。

（1）一次性加载

所谓的一次性加载就是在一次加载过程中，完成结构从弹性到弹塑性直至破坏阶段的全过程。在试验过程中，连续记录结构的位移、速度、加速度及应变等输出信号，并观察记录结构的裂缝形成和发展过程，从而研究结构在弹性、弹塑性及破坏阶段的各种性能，如刚度变化、能量吸收等，并且还可以从结构反应来确定结构各个阶段的周期和阻尼比。这种加载过程的主要特点是能较好地连续模拟结构在一次强烈地震中的整个表现及反应，但因为是在振动台台面运动的情况下对结构进行量测和观察，测试的难度较大。例如，在初裂阶段，很难观察到结构各个部位上的细微裂缝；在破坏阶段，观测又相当危险。于是，用高速摄影机和电视摄像的方法记录试验的全过程不失为比较恰当的选择。如果试验经验不足，最好不要采用一次性加载的方法。

（2）多次加载

与一次性加载方法相比，多次加载法是目前的模拟地震振动台试验中比较常用的试验方法。多次加载法一般有以下几个步骤：

① 动力特性试验

在正式试验前，对结构进行动力特性试验可得到结构在初始阶段的各种动力特性。

② 振动台台面输入运动

振动台的台面运动控制在使结构仅产生细微裂缝，例如结构底层墙柱微裂或结构的薄弱部位微裂。

③ 大台面输入运动

将振动台的台面运动控制在使结构产生中等程度的开裂，且停止加载后裂缝不能完全闭合，例如剪力墙、梁柱节点等处产生的明显裂缝。

④ 加大台面输入加速度的幅值

加大振动台台面运动的幅值，使结构的主要部位产生破坏，但结构还有一定的承载能力。例如剪力墙、梁柱节点等的破坏，受拉钢筋屈服，受压钢筋压曲，裂缝贯穿整个截面等。

⑤ 继续加大振动台台面运动

进一步加大振动台台面运动的幅值，使结构变成机动体系，如果再稍加荷载就会发生破坏倒塌。

在各个加载阶段，试验结构的各种反应量测和记录与一次性加载时相同，这样，可以得到结构在每个试验阶段的周期、阻尼、振动变形、刚度退化、能量吸收和滞回特性等。值得注意的是，多次加载明显会对结构产生变形积累。

9.4.4　模拟地震振动台试验实例

高层建筑预应力混凝土转换层的模拟地震振动台试验研究。

（1）工程概况

模拟地震作用的振动台试验是直接输入典型地震波进行激振，因而能更真实地反映结构在实际地震作用下的性能。转换层刚度和质量的突变对整个结构抗震性能的影响在低周反复荷载试验中较难反映出来，而进行振动台试验则能更好地说明问题。试验主要进行了开洞实腹梁预应力转换层的模拟振动，希望能得到明确的定性结论。

（2）模型试验方法

模型设计：模型示意图如图 9.24 所示，与原型结构的几何相似比为 1：15。

（3）测试内容

本次测试内容为加速度，加速度传感器测点布置如图 9.24 所示。

（4）振动台台面输入波形

本试验的目的是研究结构的抗震性能，为了达到试验目的，选用的振动台输入见表 9.5 所示。输入噪声的目的是了解现时段结构的刚度、自振周期、阻尼和振型，以推算结构所处的状态及损伤部位。

表 9.5　振动台输入

序号	输入波形	峰值	备注	序号	输入波形	峰值	备注
1	白噪声	$0.1g$	振动前动力测试	9	EL-Centro	$1.0g$	
2	EL-Centro	$0.2g$		10	白噪声	$0.1g$	第四次动力测试
3	EL-Centro	$0.4g$		11	EL-Centro	$1.4g$	
4	白噪声	$0.1g$	第二次动力测试	12	白噪声	$0.1g$	第五次动力测试
5	EL-Centro	$0.5g$		13	EL-Centro	$2.0g$	
6	EL-Centro	$0.6g$		14	白噪声	$0.1g$	第六次动力测试
7	白噪声	$0.1g$	第三次动力测试	15	正弦波	$2.0g$	共振扫描破坏
8	EL-Centro	$0.8g$					

（5）试验结果

① 破坏过程描述

当振动台台面输入 $0.3g$ 的 EL-Centro 波时，模型未开裂，处于弹性工作阶段；当振动台台面输入 $1.0g$ 的 EL-Centro 波时，模型中开洞实腹与大梁相连的中柱柱顶出现了裂缝，并导致位移增大；当输入 $1.4g$ 的 EL-Centro 波时，模型在与转换层相连的下面两层边柱柱顶出现了明显的大裂缝，且中柱的裂缝进一步增大。可以认为，此时模型裂缝全面展开，其表现为自振频率大幅度降低，而阻尼比大幅度提高，表明模型正处于弹塑性工作阶段；在输入 $2.0g$ 的 EL-Centro 波之后，模型的裂缝基本出齐，表现为梁端很少有裂缝，柱子处裂缝进一步开展（见图 9.25），整个模型的反应非常大，晃得厉害，这时，框架已接近破坏阶段。在试验的最后阶段，由于振动台已达到其最大输出加速度，只能用正弦波扫描结构模型，寻找其共振频率，利用共振使其破坏。结构表现为变形集中在和转换层相连的柱的柱顶处，裂缝急剧增大，摇摇欲坠。

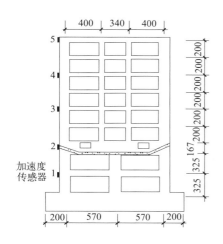

图 9.24 振动台试验模型简图

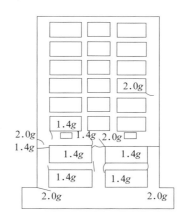

图 9.25 模型试验裂缝分布图

② 模型的动力特性

a. 模型的地震反应

通过设置在模型各层的加速度传感器，测得模型在各次激振下相应楼层的绝对加速度反应。试验中，对模型共进行了幅值逐渐增大的 8 次 EL-Centro 地震波和人工正弦波的振动测试，获得了相应振动序号时模型各层的加速度记录，表 9.6 为在不同台面输入时各楼层的加速度记录。

表 9.6 模型各层的加速度

输入	0	1	2	3	4	5
0.2g	0.184	0.255	0.431	0.314	0.498	0.698
0.4g	0.273	0.396	0.668	0.830	0.776	0.962
0.5g	0.349	0.519	0.699	0.986	0.801	1.035
0.6g	0.425	0.708	0.808	1.240	1.006	1.411
0.8g	0.540	0.856	1.301	1.494	1.729	2.017
1.0g	0.730	0.939	1.307	1.582	1.792	2.114
1.4g	0.941	1.134	1.559	1.548	1.997	2.278
2.0g	1.251	1.233	1.509	1.997	1.939	2.158

b. 模型的基本振型测试

试验时，采用白噪声波测试模型在各个工作阶段的动力特性。

模型的动力特性包括自振频率、阻尼比和振型三个方面。试验时，通过数据采集系统将各次白噪声和正弦波作用下的模型加速度反应信号输入计算机进行处理。表 9.7 和表 9.8 分别是模型的实测阻尼比和自振频率。众所周知，结构频率是同结构的刚度密切相关的，结构刚度越大，频率越高，反之亦然。阻尼比的变化规律恰好与自振频率相反，随着损伤的不断加重，阻尼比越来越大。模型在各个不同阶段的实测基本振型见图 9.26。

表 9.7 实测模型阻尼比

测次	第一次测	第二次测	第三次测	第四次测	第五次测	第六次测
阻尼比	0.050	0.052	0.065	0.157	0.183	0.184

表 9.8   实测模型自振频率

测次	第一次测	第二次测	第三次测	第四次测	第五次测	第六次测
自振频率	11.890	11.494	10.630	8.644	5.965	5.369

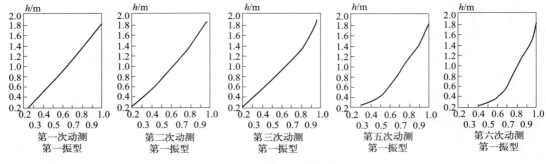

图 9.26   模型实测振型

③ 加速度反应动力放大系数

通过设置在模型各层的加速度传感器，测得模型在各次激振下相应楼层的绝对加速度反应，将模型各层的加速度值除以其底部的加速度值。便得到了各层的加速度放大系数，这个数据能够很好地反映模型的动力特性。图 9.27 为不同工况加速度放大系数举例。

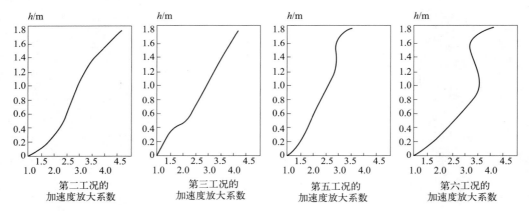

图 9.27   不同工况的实测加速度放大系数

9.5   天然地震观测试验

9.5.1   天然地震观测试验的概念

建筑物的抗震减灾是国内外专家学者近几十年研究的热门课题。科技的不断发展和新的仪器设备的出现，给抗震试验方法创造了更有利的条件。除了在实验室运用以上所介绍的方法进行结构抗震试验研究以外，还可在频繁出现地震的地区和可能出现大地震的地区布设强震记录仪进行各种观测试验，即天然地震观测试验。通过实地观测所得到的建筑物地震反应信息弥补室内试验的不足。天然地震观测试验分为两大类，一类是工程结构的强震观测；一类是在地震区专门建造天然地震观测试验场和经过特殊设计并具有代表性的试验性建筑物，运用现代观测手段，建立地震反应观测体系，进行全天候观测。直接记录建筑物在地震作用下的动力特性反应。

9.5.2　工程结构的强震观测

通过有代表性的大型建筑物的地面和上下部位布置的强震观测仪记录地震发生时，地面运动过程和工程结构物地震反应全过程的方法，称为强震观测。强震观测主要直接记录地震作用对工程结构的加速度反应以及地震和建筑的周期。

强震观测能够为地震工程科学研究和抗震设计提供确切数据，并用来验证抗震理论和抗震措施是否可靠。强震观测的目的是：首先取得地震时地面运动过程的真实记录，为研究地震影响和烈度分布规律提供第一手资料；其次取得结构物在强震作用下振动全过程的动力反应记录，为抗震结构的理论分析与试验研究以及设计方法提供工程实测数据。

近几十年来，强震观测工作发展迅速，很多国家已逐步形成强震观测台网。例如美国洛杉矶城明确规定，凡新建六层以上、面积超过 6000 平方英尺（合 557.42m^2）的建筑物必须设置强震仪 3 台。各国在仪器研制、记录处理和数据分析等方面已有很大发展。强震观测工作已成为地震工程研究中最活跃的领域之一。

我国强震观测工作是 1966 年邢台地震以后开始发展的。在一些地震区的重要建筑物以及大坝和大型桥梁上设置了强震观测站，而且自行研制了强震加速度计，获得了许多有价值的地震反应记录信息。

根据《建筑抗震设计规范》第 3.11.1 条规定：抗震设防烈度为 7、8、9 度时，高度分别超过 160m、120m、80m 的大型公共建筑，应按规定设置建筑结构的地震反应观测系统，建筑设计应留有观测仪器和线路的位置。南京紫峰大厦由东南大学为其设置了光纤加速度传感器系统作为紫峰大厦的地震反应观测系统。北京时间 2011 年 01 月 19 日中午 12 点 07 分在安庆市辖区、怀宁县交界（北纬 30.6°，东经 117.1°）处发生了 M4.8 级地震，震源深度为 9km；震中距约为 500km 的紫峰大厦各楼层上的加速度传感器记录了全过程，大部分楼层加速度记录清晰明显（如图 9.28）。

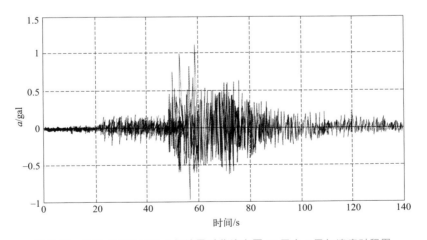

图 9.28　2011 年安庆 M4.8 级地震时紫峰大厦 66 层夹 4 层加速度时程图

南京长江大桥为公铁两用桥，1968 年 10 月建成通车，抗震设防烈度为 8 度，1973 年 4月由江苏地震局为大桥完成了强震观测台设置。1974 年 4 月 22 日获取了江苏溧阳市境内 M5.5 级地震反应的实测加速度全过程记录。震源深度为 15km，震中距离为 85km。桥头堡

66.7m 高处纵向加速度为 64.628gal（1gal＝1cm/s²），铁路桥面为 14.23gal，公路桥面为 16.183gal，地面横向加速度为 22.915gal。1979 年 6 月 29 日又获取了溧阳市同震区 M6.3 级地震的强震全过程记录。

由于工程上习惯用加速度来计算地震反应，因此大部分强震仪都是测量线加速度值（国外有少数强震观测站是测应变、应力、层间位移、土压力等物理量的）。强震并不经常发生，而且很难预测其发生时刻，所以强震仪设计了专门的触发装置，平时仪器不工作，无专人看管。地震发生时，强震仪的触发装置便自动触发启动，仪器开始工作并将振动过程记录下来。考虑到地震时可能中断供电，仪器一般采用蓄电池供电。在建筑物底层和顶层同时布置强震仪，地震发生时底层记录到的是地面运动过程，顶层记录到的即建筑物的加速度反应和周期。

图 9.29 为美国加利福尼亚州 1940 年 5 月 18 日在埃尔森特罗（EL-Centro）记录到的加速度波的南北向（NS）分量，最大加速度为 326gal（1gal＝0.001g）；持续时间是从实际记录上截取的为 8s。这是人类第一次捕捉到的强地震记录。

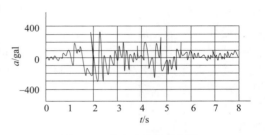

图 9.29　埃尔森特罗地震波

1976 年 7 月 28 日凌晨河北省唐山发生 M7.8 级强烈地震。主震的震源深度为 12～16km。主震之后余震延续时间较长，最大余震达 M7.1 级。震区烈度高达 11 度，图 9.30 为距震中 67km 的天津医院室内地面取得的强余震记录，最大加速度为 147.1gal。

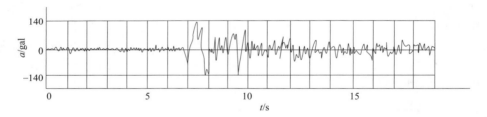

图 9.30　唐山余震的地震加速度

图 9.31 为 1964 年 6 月日本新潟地震时，在秋田县府大楼一座六层钢筋混凝土框架结构上测得的强震记录。

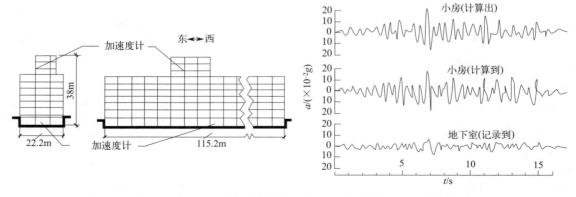

图 9.31　为 1964 年 6 月日本新潟地震时，在秋田县府大楼东西向测得的强震记录

1995 年 1 月 17 日日本兵库县南部发生 M7.2 级地震，即阪神大地震。神户市周边地区各重要建筑物和地面设置的强震观测点都记录到最大加速度值，其中神户海洋气象台所记录到的最大水平加速度为 818gal，最大垂直加速度为 332gal，加速度记录波形见图 9.32。

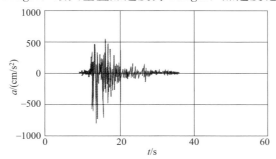

图 9.32　日本兵库县南部地震（1995 年，M7.2）最大水平加速度波形 818gal

2008 年 5 月 12 日我国的汶川发生 M8.0 级特大地震，在汶川卧龙台记录到的最大水平加速度为 967gal 的波形，如图 9.33 所示。

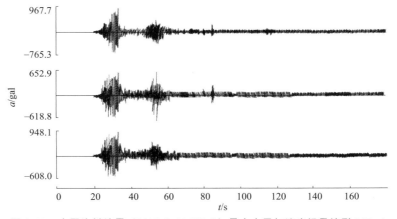

图 9.33　中国汶川地震（2008.5.12 M8.0）最大水平加速度记录波形 967gal

拓展阅读：大国重器！中国地震工程领域首个国家重大科技基础设施。

 思考拓展

9.1　结构抗震试验方法分为哪几种？各自的特点是什么？

9.2　伪静力试验的加载装置设计要求和试件的边界条件相一致，为什么？

9.3　若进行墙体试验和梁柱组合体试验，测点应如何布置？

9.4　名词解释：极限荷载、破坏荷载、等效刚度、骨架曲线、延性系数、退化率、滞回曲线、能量耗散。

9.5　伪静力试验加载制度若采用荷载控制和位移控制混合方式进行，应如何操作？

9.6　拟动力试验的基本原理是什么？与伪静力试验相比，其优点是什么？

9.7　模拟地震振动台试验的特点是什么？基本原理是什么？

第 10 章
土木工程材料实验

本章数字资源

教学要求
知识总结
拓展阅读
在线题库
课件获取

学习目标

掌握土木工程材料的基本物料性能实验。
掌握水泥性能实验操作。
掌握集料实验操作。
掌握普通混凝土和易性指标。
掌握砂浆性能实验操作。
掌握新型建材性能实验操作。
掌握沥青性能实验操作。

10.1　材料的基本物理性质实验

10.1.1　密度实验

（1）实验目的

材料的密度是指在绝对密实状态下单位体积的质量。利用密度可计算材料的孔隙率和密实度。孔隙率的大小会影响材料的吸水率、强度、抗冻性及耐久性等。

（2）实验设备及材料

李氏瓶（图 10.1）、天平、温度计、筛子、鼓风烘箱、量筒、干燥器、托盘、碾钵。

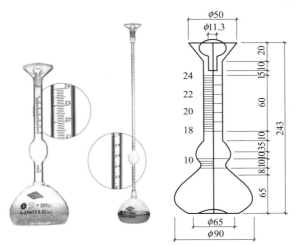

图 10.1　李氏瓶

（3）试样制备

将试样碾碎，用筛子除去筛余物，放到 105～110℃的烘箱中，烘至恒重，再放入干燥器中冷却至室温。

（4）实验步骤

① 在李氏瓶中注入与试样不起反应的液体至凸颈下部，记下刻度数 V_0（cm³）。将李氏瓶放在盛水的容器中在实验过程中保持水温为 20℃。

② 用天平称取 60～90g 试样，用漏斗和小勺小心地将试样慢慢送到李氏瓶内（不能大

量倾倒，防止在李氏瓶喉部发生堵塞），直至液面上升至接近 $20cm^3$ 为止。再称取未注入瓶内剩余试样的质量，计算出送入瓶中试样的质量 $m(g)$。

③ 用瓶内的液体将黏附在瓶颈和瓶壁的试样洗入瓶内液体中，转动李氏瓶使液体中的气泡排出，记下液面刻度 $V_1(cm^3)$。

④ 将注入试样后的李氏瓶中的液面读数外，减去未注入前的读数，得到试样的密实体积 $V(cm^3)$。

（5）实验结果及数据处理

材料的密度按下式计算（精确至 $0.01g/cm^3$）：

$$\rho = \frac{m}{V} \tag{10.1}$$

式中　ρ——材料的密度，g/cm^3；

　　　m——装入瓶中试样的质量，g；

　　　V——装入瓶中试样的绝对体积，cm^3。

按规定，密度实验用两个试样平行进行，以其计算结果的算术平均值为最后结果，但两个结果之差不应超过 $0.02g/cm^3$，否则重做。

10.1.2　表观密度实验

（1）实验目的

材料的表观密度是指材料在自然状态下单位体积的质量。利用材料表观密度可计算材料的孔隙率，确定材料体积及结构自重等必要数据；可估计材料的某些性质（如导热系数、抗冻性、强度、吸水性、保温性等）。

（2）试样制备

将试样（如经过切割成型的石材、砖或混凝土试块）加工成规则几何形状的试件（3个）后放入烘箱内，以 $105\sim110℃$ 的温度烘干至恒重。

（3）实验设备及材料

游标卡尺（精度 0.1mm）、天平（称量 1000g，感量 0.1g）、台秤（称量 10kg，感量 10g）、烘箱、干燥器、300mm 钢直尺、托盘、玻璃棒、切割机、红砖、石蜡等。

（4）实验步骤

① 用天平或台秤称量出试样的质量 m（精确至 1g，以下同）。

② 求试件体积时，如试件为立方体或长方体，则每边应在上、中、下三个位置分别量测，求其平均值，然后再按下式计算体积：

$$V_0 = (a_1 + a_2 + a_3)/3 \times (b_1 + b_2 + b_3)/3 \times (c_1 + c_2 + c_3)/3 \tag{10.2}$$

式中　V_0——试样的体积，g/cm^3；

　a, b, c——试件的长、宽、高，cm。

（5）实验结果及数据处理

对规则几何形状的材料按下式计算其表观密度，以三次结果的算术平均值作为测定值。

$$\rho_0 = \frac{m_0}{V_0} \tag{10.3}$$

式中　ρ_0——表观密度，g/cm^3；

　　　m_0——试样的质量，g；

　　　V_0——试样的体积，cm^3。

10.1.3　吸水率实验

（1）实验目的

材料的吸水率是指材料吸水饱和时的吸水量与材料干燥时的质量或体积之比。材料的吸水率通常小于孔隙率，因为水不能进入封闭的孔隙中。材料吸水率的大小对其堆积密度、强度、抗冻性的影响很大。

（2）实验设备及材料

台秤（称量 10kg，感量 10g）、游标卡尺、水槽、烘箱、砖、托盘、玻璃棒、天平、切割机等。

（3）试样制备

对试样（可采用黏土砖）切割修整，放在 105～110℃ 的烘箱中，烘至恒量，再放入干燥器中冷却至室温备用。

（4）实验步骤

① 称取试样质量 $m(g)$。

② 将试样放入水槽中，试样之间应留 1～2cm 的间隔，试样底部应用玻璃棒垫起，避免与槽底直接接触。

③ 将水注入水槽中，使水面至试样高度的 1/3 处，24h 后加水至试样高度的 2/3 处，再隔 24h 加水至高出试样 1～2cm，再经 24h 后取出试样，这样逐次加水能使试样孔隙中的空气逐渐逸出。

④ 取出试样后，用拧干的湿毛巾轻轻抹去试样表面的水分（不得来回擦拭），称其质量，称量后仍放回槽中浸水。

以后每隔 1 昼夜用同样方法称取试样质量，直至试样浸水至恒定质量为止（1d 质量相差不超过 0.05g 时），此时称得的试样质量为 m_1。

（5）实验结果及数据处理

① 按下式计算质量吸水率及体积吸水率：

$$W_{质} = (m_1 - m)/m \times 100\% \tag{10.4}$$

$$W_{体} = V_1/V_0 = (m_1 - m)/m \times \rho_0/\rho_{H_2O} \times 100\% = W_{质} \times \rho_0 \tag{10.5}$$

式中　V_1——材料吸水饱和时水的体积，cm^3；

　　　V_0——干燥材料自然状态时的体积，cm^3；

　　　ρ_0——材料的表观密度，g/cm^3；

　　ρ_{H_2O}——水的密度，g/cm^3。

② 吸水性测定用三个试样平行进行，最后取三个试样的吸水率计算平均值作为最后结果，精确至 0.1%。

10.2　水泥性能实验

10.2.1　水泥细度测定

（1）实验目的

① 水泥细度直接影响水泥的凝结时间、强度、水化热等技术性质，因此测定水泥的细

度是否达到规范要求，对工程具有重要意义。水泥细度的表示方法和检验方法有两种，分别为 $80\mu m$ 筛筛分析法和勃式法，$80\mu m$ 筛筛分析法是用 $80\mu m$ 方孔筛筛余表示水泥的细度，勃式法是采用比表面积测定方法表示水泥细度。

② 掌握 GB/T 1345《水泥细度检验方法 筛析法》和 GB/T 8074《水泥比表面积测定方法 勃氏法》的测试方法，正确使用所用仪器与设备，并熟悉其性能。

（2）实验设备及材料

① 筛分析法采用的设备及材料：负压筛析仪（由筛座、负压筛、负压源及收尘器组成）、水筛（水筛架和喷头）、干筛和天平、托盘、水泥等。

② 勃式法采用的设备及材料：比表面积仪（图 10.2），Blaine 透气仪（图 10.3）由 U 形压力计（由外径为 9mm 的具有标准厚度的玻璃管制成）、透气圆筒（由不锈钢制成，内径为 12.7mm＋0.05mm）、捣器组成，滤纸，分析天平（分度值为 1mg），计时秒表（精确读到 0.5s），基准材料（标准试样），烘干箱等。

图 10.2　比表面积仪

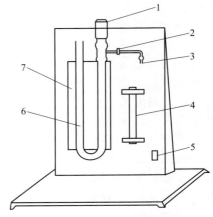

图 10.3　Blaine 透气仪结构

1—透气圆筒；2—活塞；3—背面接微型电磁泵；
4—温度计；5—开关；6—U 形压力计；7—平面镜

（3）试样制备

① 筛分析法

用标准取样方法取出水泥试样，取出约 200g 通过 0.9mm 方孔筛，盛在托盘中待用。

② 勃式法

a. 水泥试样先通过 0.9mm 方孔筛，再在（110±5）℃下烘干，并在干燥器中冷却至室温。

b. 将在（110±5）℃下烘干并在干燥器中冷却到室温的标准试样，倒入 100mL 的密瓶内，用力摇动 2min，将结块成团的试样震碎，使试样松散。静置 2min 后打开瓶盖，轻轻搅拌，使在松散过程中落到表面的细粉分布到整个试样中。

（4）实验步骤

1）筛分析法

① 负压筛法

a. 实验前，把负压筛放在筛座上，盖上筛盖，接通电源，检查控制系统，调节负压筛至 4000～6000Pa 范围内。

b. 称取烘干水泥试样 25g，称取试样精度至 0.01g。

c. 将试样置于洁净的负压筛中，盖上筛盖，放在筛座上，开动筛析仪连续筛析 2min。

筛析期间如有试样附在筛盖上，可轻轻敲打，使试样落下。

d. 筛毕，用天平称取筛余物，精确至 0.01g。

② 水筛法

a. 筛析实验前，应检查所用水，确保水中无泥、砂，调整好水压及水筛架的位置，使其能正常运转。喷头底面与筛网之间的距离为 35~70mm。

b. 称取试样 50g，精确至 0.01g，置于洁净的水筛中，立即用淡水冲洗至大部分细粉通过后，放在水筛架上，用水压为 (0.05±0.02)MPa 的喷头连续冲洗 3min。

c. 筛毕，用少量水把筛余物冲至蒸发器中，等水泥颗粒全部沉淀后倒出清水，烘干试样至恒重，用天平称量筛余物，精确至 0.01g。

③ 手工干筛法

a. 称取试样 50g，精确至 0.01g，倒入干筛内，盖上筛盖。

b. 用一只手持筛往复摇动，另一只手轻轻敲打，拍打速度约 120 次/min，每 40 次向同一个方向转 60°，使试样均匀分散在筛网上，直至每分钟通过不超过 0.05g 为止。

c. 筛毕，用天平称取筛余物，精确至 0.01g。

2）勃式法

① 测定水泥密度。按 GB/T 208《水泥密度测定方法》测定水泥密度。

② 漏气检查。将透气圆筒上口用橡胶皮塞塞紧，接到压力计上。用抽气装置从压力计一臂中抽出部分气体，然后关闭阀门，观察是否漏气，如发现漏气，用活塞油脂加以密封。

③ 测定试料层体积（用水银排代法）。将两片滤纸沿圆筒壁放入透气筒内，用一直径比透气圆筒略小的细长棒往下按，直到滤纸平整地放在金属穿孔板上。然后装满水银，用一块薄玻璃板轻压水银表面，使水银与圆筒门平齐，并须保证在玻璃板与水银表面之间没有气泡或空洞存在。在圆筒中倒出水银称量（精确至 0.05g）。重复几次测定，直到水银数值基本不变为止。然后从圆筒中取出一片滤纸，试用约 3.3g 的水泥，按照试料层准确方法要求压实水泥层。再在圆筒上部空间注入水银，用上述方法除去气泡、压平、倒出水银称量，重复几次，直至水银称量值相差小于 50mg 为止。

圆筒内试料层体积按式（10.6）计算，精确到 0.005cm^3。

$$V = (P_1 - P_2)\rho_{水银} \tag{10.6}$$

式中　V——试料层体积，cm^3；

$\quad$ P_1——未装水泥时，充满圆筒的水银质量，g；

$\quad$ P_2——装水泥后，充满圆筒的水银质量，g；

$\rho_{水银}$——实验温度下，水银的密度，g/cm^3，见表 10.1。

试料层体积的测定，至少应进行两次。每次单独压实，取两次数值相差不超过 0.005cm^3 的平均值，并记录测定过程中圆筒附近的温度。每隔一季度至半年应重新校正试料层体积。

④ 确定试样量。校正实验用的标准试样量和被测定的水泥量，应达到在制备的试料层中空隙率，计算式为

$$W = \rho V (1 - \varepsilon) \tag{10.7}$$

式中　W——需要的试样量，g；

$\quad$ ρ——试样密度，g/cm^3；

$\quad$ V——试料层体积，cm^3；

$\quad$ ε——试料层空隙率。

注：空隙率是指试料层中孔的容积与试料层总的容积之比，P·Ⅰ、P·Ⅱ型水泥的空隙率采用 0.500±0.005，其他水泥或粉料的空隙率选用 0.530±0.005。如有些粉料按上式算出的试样量在圆筒的有效体积容纳不下或经捣实后未能充满圆筒的有效体积，则允许适当地改变空隙率。

⑤ 试料层装备。将穿孔板放入透气圆筒的凸缘上，用一根直径比圆筒略小的细棒把一片滤纸送到穿孔板上，边缘压紧。称取确定的水泥量，精确到 0.001g，倒入圆筒内。轻敲圆筒的边，使水泥层表面平坦。再放入一片滤纸，用捣器均匀捣实试料，直至捣器的支持环紧紧接触圆筒顶边并旋转两周，慢慢取出捣器。

⑥ 把装有试料层的透气圆筒连接到 U 形压力计上，要保证紧密连接不致漏气，并不振动所制备的试料层。

⑦ 启动抽气装置，慢慢从压力计中抽出空气，直到压力计内液面上升到扩大部下端时，关闭阀门。当压力计内液体的凹液面下降到第一个刻线时开始计时，当液体的凹液面下降到第二个刻线时停止计时，记录液面从第一条刻度线到第二条刻度线所需的时间。以秒记录，并记下实验时的温度。

（5）实验结果及数据处理

① 筛分析法

通过下式计算出水泥试样筛余率，计算结果精确至 0.1%。

$$F=R_s/W\times100\%\tag{10.8}$$

式中　F——水泥试样的筛余率，%；

R_s——水泥筛余物的质量，g；

W——水泥试样的质量，g。

② 勃式法

a. 当被测物料的密度、试料层中空隙率与标准试样相同，实验时的温差不同时，水泥的比表面积分别按以下公式计算：

实验时温差≤±3℃时，计算公式：

$$S=S\sqrt{T}/\sqrt{T_s}\tag{10.9}$$

实验时温差>±3℃时，计算公式：

$$S=S_s\sqrt{T\eta_s}/\sqrt{T_s\eta}\tag{10.10}$$

式中　S——被测试样的比表面积，cm^2/g；

S_s——标准试样的比表面积，cm^2/g；

T——被测试样实验时，压力计中液面降落测得的时间，s，见表 10.2；

T_s——标准试样实验时，压力计中液面降落测得的时间，s；

η——被测试样实验温度下的空气黏度，Pa·s，见表 10.1；

η_s——标准试样实验温度下的空气黏度，Pa·s，见表 10.1。

表 10.1　在不同温度下水银的密度、空气黏度

室温/℃	水银密度 $\rho_{水银}$/(g/cm³)	空气黏度 η、η_s/(Pa·s)	$\sqrt{\eta}$
8	13.58	0.000 174 9	0.013 22
10	13.57	0.000 175 9	0.013 26
12	13.57	0.000 176 8	0.013 30
14	13.56	0.000 177 8	0.013 33
16	13.56	0.000 178 8	0.013 37

续表

室温/℃	水银密度 $\rho_{水银}$/(g/cm³)	空气黏度 η、η_s/(Pa·s)	$\sqrt{\eta}$
18	13.55	0.000 179 8	0.013 41
20	13.55	0.000 180 8	0.013 45
22	13.54	0.000 181 8	0.013 48
24	13.54	0.000 182 8	0.013 52
26	13.53	0.000 183 7	0.013 55
28	13.53	0.000 184 7	0.013 59
30	13.52	0.000 185 7	0.013 63
32	13.52	0.000 186 7	0.013 66
34	13.51	0.000 1876	0.013 70

表 10.2　压力计中液面降落测得的时间及处理

T	$\sqrt{T}$	T	$\sqrt{T}$	T	$\sqrt{T}$	T	$\sqrt{T}$	T	$\sqrt{T}$	T	$\sqrt{T}$
26	5.10	44	6.63	62	7.87	80	8.94	98	9.90	165	12.85
27	5.20	45	6.71	63	7.94	81	9.00	99	9.95	170	13.04
28	5.29	46	6.78	64	8.00	82	9.06	100	10.00	175	13.23
29	5.39	47	6.86	65	8.06	83	9.11	102	10.10	180	13.42
30	5.48	48	6.93	66	8.12	84	9.17	104	10.20	185	13.60
31	5.57	49	7.00	67	8.19	85	9.22	106	10.30	190	13.78
32	5.66	50	7.07	68	8.25	86	9.27	108	10.39	195	13.96
33	5.74	51	7.14	69	8.31	87	9.33	110	10.49	200	14.14
34	5.83	52	7.21	70	8.37	88	9.38	115	10.72	210	14.49
35	5.92	53	7.28	71	8.43	89	9.43	120	10.95	220	14.83
36	6.00	54	7.35	72	8.49	90	9.49	125	11.18	230	15.17
37	6.08	55	7.42	73	8.54	91	9.54	130	11.40	240	15.49
38	6.16	56	7.48	74	8.60	92	9.59	135	11.62	250	15.81
39	6.24	57	7.55	75	8.66	93	9.64	140	11.83	260	16.12
40	6.32	58	7.62	76	8.72	94	9.70	145	12.04	270	16.43
41	6.40	59	7.68	77	8.77	95	9.75	150	12.25	280	16.73
42	6.48	60	7.75	78	8.83	96	9.80	155	12.45	290	17.03
43	6.56	61	7.81	79	8.89	97	9.85	160	12.65	300	17.32

注：T 为空气流动时间，s；$\sqrt{T}$ 为式中应用的因素。

　　b. 当被测试样的试料层中空隙率与标准试样的试料层中空隙率不同，实验时的温差不同时，水泥的比表面积分别按以下公式计算：

　　实验时温差≤±3℃时，计算公式：

$$S=[S_s(1-\varepsilon^3)\sqrt{T\varepsilon^3}]/[(1-\varepsilon)\sqrt{T_s\varepsilon_s^3}] \tag{10.11}$$

　　实验时温差＞±3℃时，计算公式：

$$S=[S_s(1-\varepsilon_s)\sqrt{T\varepsilon^3\eta_s}]/[(1-\varepsilon)\sqrt{T_s\varepsilon_s^3\eta}] \tag{10.12}$$

式中　ε——被测试样试料层中的空隙率（表 10.3）；

ε_s——标准试样试料层中的空隙率。

表 10.3　水泥层空隙率

水泥层空隙率 ε	$\sqrt{\varepsilon^3}$	水泥层空隙率 ε	$\sqrt{\varepsilon^3}$
0.495	0.348	0.515	0.370
0.496	0.349	0.520	0.375
0.497	0.350	0.525	0.380
0.498	0.351	0.530	0.386
0.499	0.352	0.535	0.391
0.500	0.354	0.540	0.397
0.501	0.355	0.545	0.402
0.502	0.356	0.550	0.408
0.503	0.357	0.555	0.413
0.504	0.358	0.560	0.419
0.505	0.359	0.565	0.425
0.506	0.360	0.570	0.430
0.507	0.361	0.575	0.436
0.508	0.362	0.580	0.442
0.509	0.363	0.590	0.453
0.510	0.364	0.600	0.465

c. 当被测试样的密度和空隙率均与标准试样不同，实验时的温差不同时，水泥的比表面积分别按以下公式计算：

实验时温差≤±3℃时，计算公式：

$$S = [S_s\rho_s(1-\varepsilon_s)\sqrt{T\varepsilon^3}]/[\rho(1-\varepsilon)\sqrt{T_s\varepsilon_s^3}] \tag{10.13}$$

实验时温差＞±3℃时，计算公式：

$$S = [S_s\rho_s(1-\varepsilon_s)\sqrt{\eta_s T\varepsilon^3}]/[\rho(1-\varepsilon)\sqrt{\eta T_s\varepsilon_s^3}] \tag{10.14}$$

式中　ρ——被测试样的密度，g/cm³；

ρ_s——标准试样的密度，g/cm³。

d. 水泥比表面积应由两次透气实验结果的平均值确定。如两次实验结果相差2%以上应重新实验。计算应精确至10cm²/g。

10.2.2　水泥标准稠度用水量测定

（1）实验目的

水泥标准稠度用水量以水泥净浆达到规定的稀稠程度时的用水量占水泥用量的百分数表示。水泥浆的稀稠程度对测定水泥的凝结时间、体积安定性等技术性质的实验影响很大。

掌握 GB/T 1346—2011《水泥标准稠度用水量、凝结时间、安定性检验方法》，正确使用仪器设备，并熟悉其性能。

（2）实验设备及材料

水泥标准稠度测定仪（图10.4）、水泥净浆搅拌机、天平（感量1g）、湿气养护箱、量筒等。

（3）水泥净浆的拌制

拌和前搅拌锅和搅拌叶片需用湿布擦过，将拌和水倒入搅拌锅内，然后在5～10s内小心将称好的500g水泥加入水中，防止水和水泥溅出；拌和时，先将锅放到搅拌机锅座上，升到搅拌位置，开动机器，低速搅拌120s，停拌15s，同时将叶片和锅壁上的水泥浆刮入锅

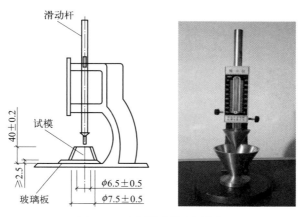

图 10.4　水泥标准稠度测定仪

中间，接着快速搅拌 120s 后停机。

（4）实验步骤

拌和结束后，立即取适量水泥净浆一次性将其装入已置于玻璃底板上的试模中，浆体超过试模上端，用宽约 25mm 的直边刀轻轻拍打超出试模部分的浆体 5 次以排除浆体中的孔隙，然后在试模上表面约 1/3 处，略倾斜于试模分别向外轻轻锯掉多余净浆，再从试模边沿轻抹顶部一次，使净浆表面光滑。在锯掉多余净浆和抹平的操作过程中，注意不要压实净浆；抹平后迅速将试模和底板移到维卡仪上，并将其中心定在试杆下，降低试杆直至与水泥净浆表面接触，拧紧螺钉 1～2s 后，突然放松，使试杆垂直自由地沉入水泥净浆中。在试杆停止沉入或释放试杆 30s 时记录试杆距底板之间的距离，升起试杆后，立即擦净；整个操作应在搅拌后 1.5min 内完成。

（5）实验结果及数据处理

① 以试杆沉入净浆中距底板（6±1）mm 的水泥静浆为标准稠度静浆。其拌和水量为该水泥的标准稠度用水量，按水泥质量的百分比计。

② 采用代用法测定水泥标准稠度用水量可用调整水量和不变水量两种方法的任一种测定。采用调整水量方法时拌和水量按经验找水，采用不变水量方法时拌和水量取 142.5mL。

③ 用调整水量方法测定时，以试锥下沉深度（30±1）mm 时的净浆为标准稠度净浆。其拌和水量为该水泥的标准稠度用水量，按水泥质量的百分比计。如下沉深度超出上述范围需另称试样，调整水量，重新实验，直至下沉深度为（30±1）mm 为止。

④ 用不变水量方法测定时，根据式（10.15）（或仪器上对应标尺）计算得到标准稠度用水量 P。当试锥下沉深度小于 13mm 时，应改用调整水量法测定。

$$P=33.4-0.185S \tag{10.15}$$

式中　P——标准稠度用水量，%；

　　　S——试锥下沉深度，mm。

10.2.3　水泥净浆凝结时间测定

（1）实验目的

① 测定水泥达到初凝和终凝所需的时间（凝结时间以试针沉入水泥标准稠度净浆至一定深度所需时间表示），用以评定水泥的质量。

② 掌握 GB/T 1346《水泥标准稠度用水量、凝结时间、安定性检验方法》，正确使用仪

器设备。

（2）实验设备及材料

标准法维卡仪、水泥净浆搅拌机、湿气养护箱。

（3）试样制备

以标准稠度用水量制成标准稠度净浆，将标准稠度净浆一次装满试模，振动数次刮平，立即放入湿气养护箱中。记录水泥全部加入水中的时间作为凝结时间的起始时间。

（4）实验步骤

① 将圆模内侧稍许涂上一层机油，放在玻璃板上，调整凝结时间测定仪的试针，当试针接触玻璃板时，指针应对准标尺零点。

② 初凝时间的测定。试件在湿气养护箱中养护至加水后 30min 时进行第一次测定。测定时，从湿气养护箱中取出试模放到试针下，降低试针与水泥净浆表面接触，拧紧螺钉 1～2s 后，突然放松，试针垂直自由地沉入水泥净浆。观察试针停止下沉或释放试针 30s 时指针的读数。临近初凝时间时每隔 5min（或更短时间）测定一次，当试针沉至距底板（4±1）mm 时，为水泥达到初凝状态；由水泥全部加入水中至初凝状态的时间为水泥的初凝时间，用 min 来表示。

③ 终凝时间的测定。为了准确观测试针沉入的状况，在终凝针上安装了一个环形附件。在完成初凝时间测定后，立即将试模连同浆体以平移的方式从玻璃板上取下，翻转 180°，直径大端向上，小端向下放在玻璃板上，再放入湿气养护箱中继续养护。临近终凝时间时每隔 15min（或更短时间）测定一次，当试针沉入试体 0.5mm 时，即环形附件开始不能在试体上留下痕迹时，为水泥达到终凝状态。由水泥全部加入水中至终凝状态的时间为水泥的终凝时间，用 min 来表示。

④ 测定注意事项。测定时应注意，在最初测定的操作时应轻轻扶持金属柱，使其徐徐下降，以防试针撞弯，但结果以自由下落为准。在整个测试过程中试针沉入的位置至少要距试模内壁 10mm。临近初凝时，每隔 5min（或更短时间）测定一次，临近终凝时每隔 15min（或更短时间）测定一次，达到初凝时应立即重复测一次，当两次结论相同时才能确定达到初凝状态；达到终凝时，需要在试体另外两个不同点测试，确认结论相同才能确定达到终凝状态。每次测定不能让试针落入原针孔，每次测试完毕须将试针擦净并将试模放回湿气养护箱内，整个测试过程要防止试模受振。

（5）实验结果及数据处理

① 记录自加水起至试针沉入净浆中距底板（4±1）mm 时，所需的时间为初凝时间；至试针沉入净浆中不超过 0.5mm（环形附件开始不能在净浆表面留下痕迹）时所需的时间为终凝时间；用分钟（min）来表示。

② 达到初凝或终凝状态时应立即重复测一次，当两次结论相同时才能定为达到初凝或终凝状态。

评定方法：将测定的初凝时间、终凝时间结果与国家标准中的凝结时间相比较，可判断其合格性。

10.2.4 水泥安定性的测定

（1）实验目的

① 当用含有游离 CaO、MgO 或 SO_3 较多的水泥拌制混凝土时，会使混凝土出现龟裂、翘曲、崩溃，造成建筑物的漏水、加速腐蚀等危害。所以，必须检验水泥加水拌和后在硬化

过程中体积变化是否均匀，是否因体积变化而引起膨胀、裂缝或翘曲，用以评定水泥的质量。

② 水泥安定性用雷氏夹法（标准法）或试饼法（代用法）检验，有争议时以雷氏夹法为准。雷氏夹法是观测由两个试针的相对位移所指示的水泥标准稠度净浆体积膨胀的程度，即水泥净浆在雷氏夹中沸煮后的膨胀值。试饼法是观察水泥净浆试饼沸煮后的外形变化来检验水泥的体积安定性。

③ 通过实验，可掌握 GB/T 1346《水泥标准稠度用水量、凝结时间、安定性检验方法》，正确评定水泥的体积安定性。

（2）主要仪器设备

水泥净浆搅拌机、沸煮箱（由箱体、试件支架和温控三部分组成）、雷氏夹（图 10.5）、雷氏夹膨胀值测定仪（图 10.6）、量水器（最小刻度为 0.1mL，精度为 1%）、天平（准确称量至 1g）、温室养护箱、玻璃板等。

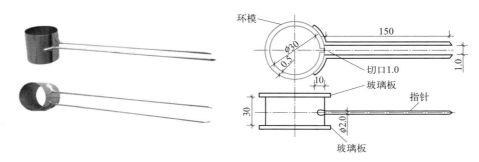

图 10.5　雷氏夹

  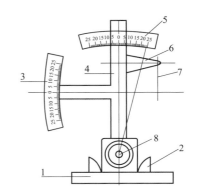

图 10.6　雷氏夹膨胀值测定仪

1—底座；2—模子座；3—测弹性标尺；4—立柱；5—测膨胀值标尺；6—悬臂；7—悬丝；8—弹簧顶钮

（3）试样制备及成型

① 实验前准备工作

每个试样需成型两个试件，每个雷氏夹需配备两个边长或直径约 80mm、厚度 4～5mm 的玻璃板，凡与水泥净浆接触的玻璃板和雷氏夹内表面都要稍稍涂上一层油。

注：有些油会影响凝结时间，矿物油比较合适。

② 雷氏夹试件的成型

将准备好的雷氏夹放在已稍擦油的玻璃板上，并立即将已制好的标准稠度净浆一次装满雷氏夹，装浆时一只手轻轻扶持雷氏夹，另一只手用宽约 5mm 的直边刀在浆体表面轻轻插捣 3 次，盖上稍涂油的玻璃板，接着立即将试件移至湿气养护箱内养护（24±2）h。

③ 试饼的成型方法

将制好的标准稠度净浆取出一部分分成两等份，使之呈球形，放在预先准备好的玻璃板上，轻轻振动玻璃板并用湿布擦过的小刀由边缘向中央抹，做成直径 70～80mm、中心厚约 10mm、边缘渐薄、表面光滑的试饼，接着将试饼放入湿气养护箱内养护（24±2）h。

④ 沸煮

调整好沸煮箱内的水位，能保证在整个沸煮过程中都超过试件，不需中途添补实验用水，同时又能保证在（30±5）min 内升至沸腾。

（4）实验步骤

① 雷氏夹法

脱去玻璃板取下试件，先测量雷氏夹指针尖端间的距离（A），精确到 0.5mm，接着将试件放入沸煮箱水中的试件架上，指针朝上，然后在（30±5）min 内加热至沸腾并恒沸（180±5）min。在沸腾过程中，应保证水面高出试样 30min 以上。煮毕将水放出，打开箱盖，待箱内温度冷却到室温时，取出试样进行判别。

② 试饼法

脱去玻璃板取下试饼，在试饼无缺陷的情况下将试饼放在沸煮箱水中的算板上，在（30±5）min 内加热至沸腾并恒沸（180±5）min。在整个煮沸过程中，使水面高出试饼 30mm 以上。煮毕，将水放出，待箱内温度冷却至室温时，取出试样检查判断。

（5）实验结果计算及数据处理

① 雷氏夹法（标准法）

沸煮结束后，测量雷氏夹指针尖端的距离（C），准确至 0.5mm。当两个试件煮后增加距离（$C-A$）的平均值不大于 5.0mm 时，即认为该水泥安定性合格；当两个试件煮后增加距离（$C-A$）的平均值大于 5.0mm 时，应用同一样品立即重做一次实验。以复检结果为准。

② 试饼法（代用法）

沸煮结束后，立即放掉沸煮箱中的热水，打开箱盖，待箱体冷却至室温，取出试件进行判别。目测试饼未发现裂缝，用钢直尺检查也没有弯曲（使钢直尺和试饼底部紧靠，以两者间不透光为不弯曲）的试饼为安定性合格，反之为不合格。当两个试饼判别结果有矛盾时，该水泥的安定性为不合格。

10.2.5　水泥胶砂强度检验

（1）实验目的

① 水泥胶砂强度反映了水泥硬化到一定龄期后胶结能力的大小，是确定水泥强度等级的依据。它是水泥的主要性质指标之一。我国采用规格为 40mm×40mm×160mm 试件为标准试件。

② 掌握国家标准 GB/T 17671《水泥胶砂强度检验方法（ISO 法）》，正确使用仪器设备，并熟悉其性能。

（2）主要仪器设备

行星式胶砂搅拌机、胶砂振实台、胶砂试模、刮平直尺、抗折试验机、抗压试验机。

（3）试样制备及成型

① 成型前将试模擦净，四周的模板与底座的接触面上应涂黄油，紧密装配，防止漏浆，内壁均匀刷一薄层机油。

② 水泥与标准砂的质量比为 1：3，水灰比为 0.5。每成型三条试件需要称量水泥（450±2）g，标准砂（1350±5）g，拌和用水量（225±1）g。

③ 搅拌时先将水加入锅里，再加入水泥，把锅放在固定架上，上升至固定位置。然后立即开动机器，低速搅拌 30s 后，在第二个 30s 开始的同时均匀地将砂子加入。把机器转至高速再搅拌 30s。停拌 90s，在第一个 15s 内用一胶皮刮具将叶片和锅壁上的胶砂刮入锅中间，在高速下继续搅拌 60s。各个搅拌阶段，时间误差应在±1s 以内。

④ 在搅拌胶砂的同时，将试模和模套固定在振实台上。用一个适当的勺子直接从搅拌锅里将胶砂分两层装入试模，装第一层时，每个槽里约放 300g 胶砂，用大播料器垂直架在模套顶部，沿每个模槽来回一次将料层播平，接着振实 60 次。再装第二层胶砂，用小播料器播平，再振实 60 次。移走模套，从振实台上取下试模，用一金属直尺以近似 90°的角度架在试模模顶的一端，然后沿试模长度方向以横向锯割动作慢慢向另一端移动，依次将超过试模部分的胶砂刮去，并用同一直尺在几乎水平的情况下将试体表面抹平。

⑤ 在试模上做标记或加字条标明试件编号和试件相对于振实台的位置。

⑥ 将做好标记的试模放入雾室或湿箱的水平架子上养护，湿空气应能与试模各边接触。一直养护到规定的脱模时间（对于 24h 龄期的，应在破型实验前 20min 内脱模，对于 24h 以上龄期的应在成型后 20~24h 脱模）时取出脱模。脱模前用防水墨汁或颜料笔对试体进行编号和做其他标记，两个龄期以上的试体，在编号时应将同一试模中的三条试体分在两个以上龄期内。

⑦ 将做好标记的试件立即水平或竖直放在（20±1）℃水中养护，水平放置时刮平面应朝上。养护期间试件之间间隔或试体上表面的水深不得小于 5mm。

（4）实验步骤

① 除 24h 龄期或延迟至 48h 脱模的试件外，任何到龄期的试件应在实验（破型）前 15min 从养护箱或水中取出。擦去试件表面沉积物，并用湿布覆盖至开始实验为止。试件龄期从水泥加水搅拌开始实验时算起。不同龄期强度实验必须在下列时间里进行：24h± 15min，48h±30min，3d±45min，7d±2h，>28d±8h。

② 抗折强度实验。

a. 将抗折强度实验机夹具的圆柱表面清理干净，并调整杠杆处于平衡状态。

b. 用湿布擦去试件表面的水分和砂粒，将试件放入夹具内，使试件成型时的侧面与夹具的圆柱接触。调整夹具，使杠杆在试件折断时的位置尽量接近平衡位置。

c. 以（50±10）N/s 的速度进行加荷，直到试件被折断。记录破坏荷载 F_f（N）或抗折强度 R_f（MPa）。

d. 保持断块处于潮湿状态直至抗压实验开始。

③ 抗压强度实验。

a. 将抗折强度实验的六个断块立即进行抗压强度实验。抗压实验需用抗压夹具，使试件受压面积为 40mm×40mm。实验前，应将试件受压面与抗压夹具清理干净，试件的底面紧靠夹具上的定位销，断块露、出压板外的部分应不少于 10mm。

b. 在整个加荷过程中，夹具应位于压力机承压板中心，以（400±200）N/s 的速度加载直到破坏，记录破坏荷载 F_c（N）。

（5）实验结果计算及数据处理

① 抗折强度实验

a. 抗折强度值，可在仪器的标尺上直接读出值；也可在标尺上读出破坏荷载值，按下式计算，精确至 0.1N/mm²。

$$R_f = (3F_f L)/(2bh^2) = 2.34 \times 10^{-3} F_f \tag{10.16}$$

式中 R_f——抗折强度，MPa，计算精确至 0.1MPa；

   F_f——折断时施加于棱柱体中部的荷载，N；

   L——支撑圆柱中心距，即 100mm；

b，h——试样正方形截面宽，均为 40mm。

b. 每组试件的抗折强度，以三条棱柱体试件抗折强度测定值的算术平均值作为实验结果。当三个测定值中仅有一个超出平均值的 ±10% 时，应剔除这个结果，以其余两个测定值的平均值作为实验结果；如果有两个测定值超出平均值的 ±10%，则该组结果作废。

② 抗压强度实验

抗压强度按下式计算，精确至 0.1MPa。

$$R_c = F_c/A = 0.625 \times 10^{-3} F_c \tag{10.17}$$

式中 R_c——抗压强度，MPa；

   F_c——破坏时的最大荷载，N；

   A——受压面积，即 40mm×40mm＝1600mm²。

抗压强度以一组三个棱柱体上得到的六个抗压强度测定值的算术平均值为实验结果。如果六个测定值中有一个超出六个平均值的 ±10%，应剔除这个结果，以五个测定值的平均数为结果；如果五个测定值中再有超过它们平均数 ±10% 的，则此组结果作废。

10.3 集料实验

10.3.1 砂的筛分析实验

（1）实验目的

① 测定混凝土用砂的颗粒级配，计算细度模数，评定砂的粗细程度。为混凝土配合比设计提供依据。

② 掌握 GB/T 14684《建设用砂》的测试方法，正确使用所用仪器与设备，并熟悉其性能。

（2）主要仪器设备

鼓风干燥箱［能使温度控制在（105±5)℃］、天平（称量 1000g，感量 1g）、方孔筛（规格为 150μm，300μm，600μm，1.18mm，2.36mm，4.75mm 及 9.50mm 的筛各一只，并附有筛底和筛盖）、摇筛机、托盘、毛刷等。

（3）试样制备

按规定取样，筛除大于 950mm 的颗粒（并算出其筛余率），并将试样缩分至约 1100g，放在干燥箱中于（105±5)℃下烘干至恒量，待冷却至室温后，分为大致相等的两份备用。（注：恒量系指试样在烘干 3h 以上的情况下，其前后质量之差不大于该项实验所要求的称量精度，下同）。

（4）实验步骤

① 称取试样 500g，精确至 1g，将试样倒入按孔径大小从上到下组合的套筛（附筛底）上。

② 将套筛置于摇筛机上，摇筛 10min 取下套筛，按筛孔大小顺序再逐个用手筛筛至每分钟通过量小于试样总量的 0.1% 为止。通过的试样并入下一号筛中，并和下一号筛中的试

样一起过筛，依次进行，直至各号筛全部筛完为止。

③ 称量各号筛的筛余量（精确至 1g）。试样在各号筛上的筛余量不得超过下式计算的量，若超过时应按下列方法之一处理。

$$G = A\sqrt{d}/200 \tag{10.18}$$

式中　G——在一个筛上的筛余量，g；

　　　A——筛面面积，mm^2；

　　　d——筛孔尺寸，mm。

a. 将各粒级试样分成少于按上式计算出的量，分别筛分，并以筛余量之和作为该号筛的筛余量。

b. 将该粒级及其以下各粒级的筛余量混合均匀，称其质量。再用四分法缩至大致相等的两份，称其质量，继续筛分。计算该粒级及其以下各粒级的分级筛余量时应根据缩分比例进行修正。

（5）实验结果及数据处理

① 分计筛余率：各号筛的筛余量除以试样总量的百分比（精确至 0.1%）。

② 累计筛余率：该号筛的分计筛余率加上该号筛以上各分级筛余率之和（精确至 0.1%），如各筛的筛余量加上筛底的剩余量之和与原试样质量之差超过 1%，则应重新实验。

③ 砂的细度模数 M_x 按下式计算（精确至 0.01）。

$$M_x = [(A_2 + A_3 + A_4 + A_5 + A_6) - 5A_1]/(100 - A_1) \tag{10.19}$$

式中，$A_1 \sim A_6$ 依次为筛孔直径 4.75~0.15mm 筛上累计筛余率。

④ 累计筛余率取两次实验结果的算术平均值（精确至 1%）。细度模数取两次实验结果的算术平均值（精确至 0.1），两次所得的细度模数之差大于 0.2，应重新进行实验。

10.3.2　砂的表观密度实验（容量瓶法）

（1）实验目的

① 测定砂的表观密度，即砂颗粒本身单位体积（包括内部封闭孔隙）的质量，为计算砂的空隙率及进行混凝土配合比设计提供依据。

② 掌握 GB/T 14684《建设用砂》的测试方法，正确使用所用仪器与设备，并熟悉其性能。

（2）主要仪器设备

鼓风干燥箱，能使温度控制在（105±5）℃；天平，称量 1000g，感量 0.1g；容量瓶，500mL；干燥器；托盘；滴管；毛刷；温度计等。

（3）试样制备

按规定取样，并将试样缩分至约 660g，放在干燥箱中于（105±5）℃下烘干至恒量，待冷却至室温后，分为大致相等的两份备用。

（4）实验步骤

① 称取试样 300g，精确至 0.1g，将试样装入容量瓶，注入冷开水至接近 500mL 的刻度处，用手旋转摇动容量瓶，使砂样充分摇动，排除气泡，塞紧瓶盖，静置 24h。然后用滴管小心加水至容量瓶 500mL 刻度处，塞紧瓶塞，擦干瓶外水分，称出其质量，精确至 1g。

② 倒出瓶内水和试样，洗净容量瓶，再向容量瓶内注水［应与①项所用水水温相差不

超过 2℃，并在 15～25℃ 范围内〕至 500mL 刻度处，塞紧瓶塞，擦干瓶外水分，称出其质量，精确至 1g。

注：在砂的表观密度实验过程中应测量并控制水的温度，实验的各项称量可在 15℃～25℃ 的温度范围内进行。从试样加水静置的最后 2h 起直至实验结束，其温度相差不应超过 2℃。

（5）实验结果计算及数据处理

① 砂的表观密度按下式计算，精确至 10kg/m³。

$$\rho = [G_0 / (G_0 + G_2 - G_1) - \alpha_t] \times \rho_水 \tag{10.20}$$

式中　ρ——表观密度，kg/m³；

　　　$\rho_水$——水的表观密度，取 1000kg/cm³；

　　　G_0——烘干试样的质量，g；

　　　G_1——试样、水及容量瓶的总质量，g；

　　　G_2——水及容量瓶的总质量，g；

　　　α_t——水温对表观密度影响的修正系数（表 10.4）。

表 10.4　不同水温对砂的表观密度影响的修正系数

水温/℃	15	16	17	18	19	20	21	22	23	24	25
α_t	0.002	0.003	0.003	0.004	0.004	0.005	0.005	0.006	0.006	0.007	0.008

② 表观密度应用两份试样分别测定，并以两次结果的算术平均值作为测定结果，精确至 10kg/m³。如两次测定结果的差值大于 20kg/m³，应重新取样测定。

10.3.3　砂的堆积密度实验

（1）实验目的

① 通过实验测定砂的堆积密度，为混凝土配合比设计和估计运输工具的数量或存放堆场的面积等提供依据。

② 掌握 GB/T 14684《建设用砂》的测试方法，正确使用所用仪器与设备，并熟悉其性能。

（2）主要仪器设备

① 鼓风干燥箱：能使温度控制在 (105±5)℃；

② 天平：称量 10kg，感量 1g；

③ 容量筒：圆柱形金属筒，内径 108mm，净高 108mm，壁厚 2mm，筒底厚约 5mm，容积为 1L；

④ 方孔筛：孔径为 475mm 的筛一只；

⑤ 垫棒：直径 10mm、长 500mm 的圆钢；

⑥ 直尺、漏斗或料勺、托盘、毛刷等。

（3）试样制备

按规定取样，用托盘装取试样约 3L，放在干燥箱中于 (105±5)℃ 下烘干至恒量，待冷却至室温后，筛除大于 475mm 的颗粒，分为大致相等的两份备用。

（4）实验步骤

① 松散堆积密度的测定

取试样一份，用漏斗或料勺将试样从容量筒中心上方 50mm 处徐徐倒入，让试样自由落下，当容量筒上部试样呈锥体，且容量筒四周溢满时，即停止加料。然后用直尺沿筒口中心线向两边刮平（实验过程应防止触动容量筒），称出试样和容量筒的总质量，精确至 1g。

② 紧密堆积密度的测定

取试样一份分两次装入容量筒。装完第一层后（约稍高于 1/2 处），在筒底垫放一根直径为 10mm 的圆钢，将筒按住，左右交替击地面各 25 下。然后装入第二层，第二层装满后用同样方法颠实（但筒底所垫钢筋的方向与第一层时的方向垂直）后，再加试样直至超过筒口，然后用直尺沿筒口中心线向两边刮平，称出试样和容量筒总质量，精确至 1g。

（5）实验结果计算及数据处理

① 松散或紧密堆积密度按下式计算，精确至 $10 kg/m^3$。

$$\rho_t = (G_1 - G_2)/V \tag{10.21}$$

式中　ρ_t——松散堆积密度或紧密堆积密度，kg/m^3；

　　　G_1——量筒和试样总质量，g；

　　　G_2——容量筒质量，g；

　　　V——容量筒的容积，L。

② 堆积密度取两次实验结果的算术平均值，精确至 $10 kg/m^3$。

10.3.4　石子筛分析实验

（1）实验目的

① 通过筛分析实验测定碎石或卵石的颗粒级配，以便于选择优质粗集料，达到节约水泥和改善混凝土性能的目的。

② 掌握 GB/T 14685《建设用碎石、卵石》的测试方法，正确使用所用仪器与设备，并熟悉其性能。

（2）主要仪器设备

① 鼓风干燥箱：能使温度控制在（105±5）℃；

② 天平：称量 10kg，感量 1g；

③ 方孔筛：孔径为 2.36mm、4.75mm、9.50mm、16.0mm、19.0mm、26.5mm、31.5mm、37.5mm、53.0mm、63.0mm、75.0mm 及 90mm 的筛各一只，并附有筛底和筛盖；

④ 摇筛机；

⑤ 托盘、毛刷等。

（3）试样制备

按规定取样，并将试样缩分至略大于表 10.5 规定的数量，烘干或风干后备用。

表 10.5　颗粒级配实验所需试样数量

最大粒径/mm	9.5	16.0	19.0	26.5	31.5	37.5	63.0	75.0
最少试样质量/kg	1.9	3.2	3.8	5.0	6.3	7.5	12.6	16.0

（4）实验步骤

① 根据试样的最大粒径，称取按表 10.5 的规定数量试样一份，精确到 1g。将试样倒入按孔径大小从上到下组合的套筛（附筛底）上，然后进行筛分。

② 将套筛置于摇筛机上，摇 10min；取下套筛，按筛孔大小顺序再逐个用手筛筛至每分钟通过量小于试样总量的 0.1% 为止。通过的颗粒并入下一号筛中，并和下一号筛中的试

样一起过筛，这样顺序进行，直至各号筛全部筛完为止。当筛余颗粒的粒径大于 19.0mm 时，在筛分过程中，允许用手指拨动颗粒。

③ 称出各号筛的筛余量，精确至 1g。

（5）实验结果计算及数据处理

① 计算分计筛余率：各号筛的筛余量与试样总质量之比，精确至 0.1%。

② 计算累计筛余率：该号筛及以上各筛的分计筛余率之和，精确至 1%。筛分后，如每号筛的筛余量与筛底的筛余量之和同原试样质量之差超过 1%，应重新实验。

③ 根据各号筛的累计筛余率，采用修约值比较法评定该试样的颗粒级配。

10.3.5 石子表观密度实验

（1）实验目的

① 通过实验测定石子的表观密度，为评定石子质量和混凝土配合比设计提供依据；石子的表观密度可以反映集料的坚实、耐久程度，因此是一项重要的技术指标。

② 应掌握 GB/T 14685《建设用碎石、卵石》的测试方法，正确使用所用仪器与设备，并熟悉其性能。

③ 本方法不宜用于测定最大粒径大于 37.5mm 的碎石或卵石的表观密度。

（2）主要仪器设备

① 鼓风干燥箱：能使温度控制在（105±5）℃；

② 天平：称量 2kg，感量 1g；

③ 广口瓶：1000mL，磨口；

④ 方孔筛：孔径为 4.75mm 的筛一只；

⑤ 玻璃片（尺寸约 100mm×100mm）、温度计、托盘、毛巾等。

（3）试样制备

按规定取样，并缩分至略大于表 10.6 规定的数量，风干后筛除小于 4.75mm 的颗粒，然后洗刷干净，分为大致相等的两份备用。

表 10.6 表观密度所需要的试样数量

最大粒径/mm	<26.5	31.5	37.5	63.0	75.0
最少试样质量/kg	2.0	3.0	4.0	6.0	6.0

（4）实验步骤

① 将试样浸水饱和，然后装入广口瓶中。装试样时，广口瓶应倾斜放置，注入饮用水，用玻璃片覆盖瓶口，以上下左右摇晃的方法排除气泡。

② 气泡排尽后，向瓶中添加饮用水，直至水面凸出瓶口边缘。然后用玻璃片沿瓶口迅速滑行，使其紧贴瓶口水面。擦干瓶外水分后，称出试样、水、瓶和玻璃片总质量，精确至 1g。

③ 将瓶中试样倒入浅盘，放在干燥箱中于（105±5）℃下烘干至恒量，待冷却至室温后，称出其质量，精确至 1g。

④ 将瓶洗净并重新注入饮用水，用玻璃片紧贴瓶口水面，擦干瓶外水分后，称出水、瓶和玻璃片总质量，精确至 1g。

（5）实验结果计算及数据处理

① 表观密度按式（10.22）计算，精确至 $10kg/m^3$：

$$\rho_0 = [G_0/(G_0 + G_2 - G_1) - \alpha_t] \times \rho_水 \tag{10.22}$$

式中　ρ_0——表观密度，kg/m^3；

　　　$\rho_水$——水的表观密度，kg/m^3；

　　　G_0——烘干试样的质量，g；

　　　G_1——试样、水、瓶和玻璃瓶的总质量，g；

　　　G_2——水、瓶和玻璃瓶的总质量，g。

② 表观密度取两次实验结果的算术平均值，若两次实验结果之差大于 $20kg/m^3$，应重新实验。对颗粒材质不均匀的试样，如两次实验结果之差超过 $20kg/m^3$，可取四次实验结果的算术平均值。

10.3.6　石子堆积密度与空隙率实验

（1）实验目的

① 石子的表观密度大小是粗集料级配优劣和空隙多少的重要标志，且是进行混凝土配合比设计或估计运输工具的数量及存放堆场面积等的必要资料。

② 通过实验应掌握 GB/T 14685—2022《建筑用碎石、卵石》的测试方法，正确使用所用仪器与设备，并熟悉其性能。

（2）主要仪器设备

① 天平：称量 10kg，感量 10g；称量 50kg 或 100kg，感量 50g 各一台；

② 容量筒：容量筒规格见表 10.7；

③ 垫棒：直径 16mm、长 600mm 的圆钢；

④ 直尺、小铲等。

表 10.7　容量筒的规格要求

最大粒径/mm	容量筒容积/L	容量筒规格		
		内径/mm	净高/mm	壁厚/mm
9.5,16.0,19.0,26.5	10	208	294	2
31.5,37.5	20	291	294	3
53.0,63.0,75.0	30	360	294	4

（3）试样制备

按规定取样，烘干或风干后，拌匀并把试样分为大致相等的两份备用。

（4）实验步骤

① 松散堆积密度的测定

取试样一份，用取样铲从容量筒口中心上方 50mm 处，让试样自由落下，当容量筒上部试样呈锥体并向四周溢满时，停止加料。除去凸出容量筒表面的颗粒，以适当的颗粒填入凹陷处，使凹凸部分的体积大致相等（实验过程中应防止触动容量筒），称出试样和容量筒的总质量，精确至 10g。

② 紧密堆积密度的测定

取试样一份，分三次装入容量筒。装完第一层后，在筒底垫放一根直径为 16mm 的圆钢，将筒按住，左右交替颠击地面 25 次。再装入第二层，第二层装满后用同样方法颠实（但筒底所垫圆钢的方向与第一层的方向垂直。然后装入第三层，第三层装满后用同样方法颠实（但筒底所垫圆钢的方向与第一层的方向平行。试样装填完毕，再加试样直至超过筒口，用钢尺沿筒口边缘刮去高出的试样，并用适合的颗粒填平凹陷部分，使表面稍凸起部分与凹陷部分的体积大致相等，称取试样和容量筒的总质量，精确至 10g。

（5）实验结果计算及数据处理

① 松散或紧密堆积密度按式（10.23）计算，精确至 $10kg/m^3$。

$$\rho_1 = (G_1 - G_2)/V \qquad (10.23)$$

式中　ρ_1——松散堆积密度或紧密堆积密度，kg/m^3；

G_1——容量筒和试样总质量，g；

G_2——容量筒质量，g；

V——容量筒的容积，L。

② 空隙率按式（10.24）计算，精确至 1%。

$$V_0 = (1 - \rho_1/\rho_2) \times 100\% \qquad (10.24)$$

式中　V_0——空隙率，%；

ρ_1——松散堆积密度或紧密堆积密度，kg/m^3；

ρ_2——表观密度，kg/m^3。

③ 堆积密度取两次实验结果的算术平均值，精确至 $10kg/m^3$。空隙率取两次实验结果的算术平均值，精确至 1%。

10.4　普通混凝土实验

10.4.1　混凝土拌合物和易性实验

10.4.1.1　坍落度与坍落扩展度法

本方法适用于集料最大粒径不大于 40mm、坍落度不小于 10mm 的混凝土拌合物稠度测定。当混凝土拌合物的坍落度大于 220mm 时，由于粗集料堆积的偶然性，坍落度不能很好地代表拌合物的稠度，因此用坍落扩展度法来测量。

（1）实验目的

① 通过测定拌合物的流动性，观察其黏聚性和保水性，综合评定混凝土的和易性，作为调整配合比和控制混凝土质量的依据。

② 掌握 GB/T 50080《普通混凝土拌合物性能试验方法标准》，正确使用所用仪器与设备，并熟悉其性能。

（2）主要仪器设备

① 坍落度筒、捣棒（图 10.7）；

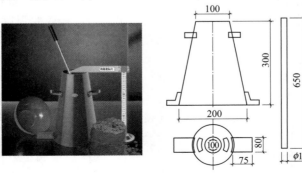

图 10.7　坍落度筒及捣棒

②底板、小铲、钢抹子、测量标尺、镘刀等。

（3）试样制备

①在实验室制备混凝土拌合物时，实验室的温度应保持在（20±5）℃，所用材料的温度应与实验室温度保持一致。

注：当需要模拟施工条件下所用的混凝土时，所用原材料的温度宜与施工现场保持一致。

②当实验室拌和混凝土时，材料用量应以质量计。称量精度：集料为±1%；水、水泥、掺合料、外加剂均为±0.5%。

③混凝土拌合物的制备应符合 JGJ 55《普通混凝土配合比设计规程》中的有关规定。

④从试样制备完毕到开始做各项性能实验不宜超过 5min（不包括成型试件）。

（4）实验步骤

①湿润坍落度筒及底板，在坍落度筒内壁和底板上应无明水。底板应放置在坚实水平面上，并把筒放在底板中心，然后用脚踩住两边的脚踏板。坍落度筒在装料时应保持固定的位置。

②把按要求取得的混凝土试样用小铲分三层均匀地装入筒内，使捣实后每层高度为筒高的 1/3 左右。每层用捣棒插捣 25 次。插捣应沿螺旋方向由外向中心进行，各次插捣应在截面上均匀分布。插捣筒边混凝土时，捣棒可以稍稍倾斜；插捣底层时，捣棒应贯穿整个深度；插捣第二层和顶层时，捣棒应插透本层至下一层的表面；浇灌顶层时，混凝土应灌到高出筒口。在插捣过程中，如混凝土沉落到低于筒口，则应随时添加。顶层插捣完后，刮去多余的混凝土，并用抹刀抹平。

③清除筒边底板上的混凝土后，垂直平稳地提起坍落度筒。坍落度筒的提离过程应在 5～10s 内完成；从开始装料到提坍落度筒的整个过程应不间断地进行，并应在 150s 内完成。

④提起坍落度筒后，测量筒高与坍落后混凝土试体最高点之间的高度差，即为混凝土拌合物的坍落度值。

⑤检测混凝土拌合物的坍落度，如果坍落度不符合要求，或黏聚性及保水性不好时，应在保证水灰比不变的条件下调整用水量或砂率，直到符合为止。

（5）实验结果评定

①坍落度筒提离后，如混凝土发生崩塌或一边剪坏现象，则应重新取样另行测定；

②观察坍落后的混凝土试体的黏聚性和保水性。用捣棒在已坍落的混凝土锥体侧面轻轻敲打，如果锥体逐渐下沉，则表示黏聚性良好；如果锥体倒塌、部分崩裂或出现离析现象，则表示黏聚性不好。坍落度筒提起后如有较多的稀浆从底部析出，锥体部分的混凝土也因失浆而集料外露，则表明保水性不好；如坍落度筒提起后无稀浆从底部析出，则表明保水性良好。

③当混凝土拌合物的坍落度大于 220mm 时，用钢尺测量混凝土扩展后最终的最大直径和最小直径，在这两个直径之差小于 50mm 的条件下，用其算术平均值作为坍落扩展度值；否则，此次实验无效。如果发现粗集料在中央集锥或边缘有水泥析出，表示此混凝土拌合物抗离析性不好，应予记录。

④混凝土拌合物坍落度和坍落扩展度值以毫米为单位，测量精确至 1mm，结果表达修约至 5mm。

10.4.1.2　维勃稠度法

维勃稠度法适用于集料最大粒径不大于 40mm，维勃稠度在 5～30s 的混凝土拌合物稠度测定。

（1）实验目的

① 通过测定拌合物的流动性，观察其黏聚性和保水性，综合评定混凝土的和易性，作为调整配合比和控制混凝土质量的依据。

② 掌握 GB/T 50080《普通混凝土拌合物性能试验方法标准》，正确使用所用仪器与设备，并熟悉其性能。

（2）主要仪器设备

① 维勃稠度仪（图 10.8）。

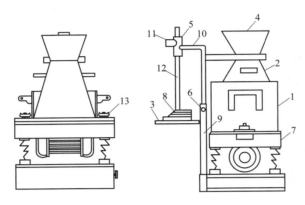

图 10.8　维勃稠度仪

1—容器；2—坍落度筒；3—透明圆盘；4—喂料斗；5—套筒；6—定位螺钉；7—振动台；
8—荷重；9—支柱；10—旋转架；11—测杆螺钉；12—测杆；13—固定螺钉

② 振动台：台面长 380 mm，宽 260mm，频率为（50±3）Hz。

③ 容器：内径为（40±5）mm，高为（200±2）mm，筒壁厚 3mm，筒底厚 75mm。

④ 坍落度筒、旋转架、透明圆盘、捣棒、小铲和秒表。

（3）试样制备

试样制备方法同"10.4.1.1　坍落度与坍落扩展度法"。

（4）实验步骤

① 维勃稠度仪应放置在坚实水平面上，用湿布把容器、坍落度筒、喂料斗内壁及其他用具润湿。

② 将喂料口提到坍落度筒上方扣紧，校正容器位置，使其中心与喂料中心重合，然后拧紧固定螺栓。

③ 把按要求取得的混凝土拌合物用小铲分三层经喂料口均匀地装入筒内，装料及插捣的方法同坍落度实验。

④ 把喂料口转离，垂直提起坍落度筒，注意不能使混凝土试体产生横向的扭动。

⑤ 把透明圆盘转到混凝土圆台体顶面，放松测杆螺钉，降下圆盘，使其轻轻接触到混凝土顶面。

⑥ 拧紧定位螺钉，检查测杆螺钉是否完全放松。

⑦ 开启振动台的同时用秒表计时，当振动到透明圆盘的底面被水泥浆布满的瞬间停止计时，关闭振动台。

⑧ 实验结果评定。维勃稠度法实验结果以秒表读出时间为混凝土拌合物的维勃稠度值，精确至 1s。

10.4.2　混凝土拌合物表观密度实验

（1）实验目的

① 测定混凝土拌合物捣实后单位体积的质量，以修正和核实混凝土配合比计算中的材料用量。该实验可在和易性测定结束后，直接从和易性符合要求的拌合物中取样，及时连续实验。

② 掌握 GB/T 50080《普通混凝土拌合物性能试验方法》，正确使用仪器设备。

（2）主要仪器设备

① 容量筒：金属制成的圆筒，两旁装有提手。对集料最大粒径不大于 40mm 的拌合物采用容积为 5L 的容量筒，其内径与内高均为（186±2）mm，筒壁厚为 3mm；当集料最大粒径大于 40mm 时，容量筒的内径与高均应大于集料最大粒径的四倍。容量筒上缘及内壁应光滑平整，顶面与底面应平行，并与圆柱体的轴垂直。

容量筒容积应予以率定，率定方法可采用一块能覆盖住容量筒顶面的玻璃板，先称出玻璃板和空筒的质量，然后向容量筒中灌入清水，当水接近上口时，一边不断加水，一边把玻璃板沿筒口徐徐推入盖严，应注意使玻璃板下不带入任何气泡；然后擦净玻璃板面及筒壁外的水分，将容量筒连同玻璃板放在台秤上称其质量；两次质量之差（kg）即为容量筒的容积（L）。

② 台秤：称量 50kg，感量 50g。

③ 振动台：应符合 GB/T 25650《混凝土振动台》中有关技术要求的规定。

④ 捣棒、刮尺等。

（3）试样制备

试样制备方法同"10.4.1.1　坍落度与坍落扩展度法"。

（4）实验步骤

① 用湿布把容量筒内外擦干净，称出容量筒的质量，精确至 50g。

② 混凝土的装料及捣实方法应根据拌合物的稠度而定。坍落度不大于 70mm 的混凝土，用振动台振实为宜；大于 70mm 的用捣棒捣实为宜。采用捣棒捣实时，应根据容量筒的大小决定分层与插捣次数：用 5L 容量筒，混凝土拌合物应分两次装入，每层插捣次数应为 25次；用大于 5L 的容量筒时，每层混凝土的高度不应大于 100mm，每层的插捣次数应按 10000mm² 截面不小于 12 次计算，且各次应由边缘向中心均匀地插捣。插捣底层时捣棒应贯穿整个深度；插捣二层时，捣棒应插透本层至下层的表面。每层捣完后用橡皮锤轻轻沿容器外壁敲打 5～10 次，进行振实，直至拌合物表面插捣孔消失并不见大气泡为止。

采用振动台振实时，应一次将混凝土拌合物灌到高出容量筒口。装料时可用捣棒稍加插捣，振动过程中如混凝土低于筒口，应随时添加混凝土，振动直至表面出浆为止。

③ 用刮尺将筒口多余的混凝土拌合物刮去，表面如有凹陷应填平；将容量筒外擦干净，称出混凝土试样与容量筒总质量，精确至 50g。

（5）实验结果计算及数据处理

混凝土拌合物表观密度按式（10.25）计算，精确至 10kg/m³。

$$\gamma_h = (W_1 - W_2)/V \times 1000 \tag{10.25}$$

式中　γ_h——表观密度，kg/m³；

　　　W_1——容量筒质量，kg；

　　　W_2——容量筒和试样总质量，kg；

V——容量筒容积，L。

10.4.3　混凝土立方体抗压强度实验

（1）实验目的

① 测定混凝土立方体抗压强度，作为确定混凝土强度等级和调整配合比的依据。我国采用 150mm 立方体试件为标准立方体试件。

② 掌握 GB/T 50081《混凝土物理力学性能试验方法标准》及 GB/T 50107《混凝土强度检验评定标准》。

（2）主要仪器设备

① 压力试验机：试验机精度应不低于±1%，量程应能使试件的预期破坏荷载值不小于全量程的 20%，也不大于全量程的 80%。

② 振动台：振动频率为（50±3）Hz，空载振幅约为 0.5mm。

③ 试模：由铸铁或钢制成，应有足够的刚度并拆装方便，试模内表面应机械加工，其不平整度应为每 100mm 不超过 0.5mm，组装后各相邻面的不垂直度应不超过±0.5°。

④ 捣棒、小铁铲、金属直尺、馒刀等。

（3）试样制备及养护

① 混凝土抗压强度实验一般以三个试件为一组，每一组试件所用的混凝土拌合物应从同一次拌和成的拌合物中取出。

② 制作前，应将试模洗干净，并在试模的内表面涂一薄层矿物油脂。

③ 坍落度不大于 70mm 的混凝土用振动台振实。将拌合物一次装入试模，并稍有富余，然后将试模放在振动台上并加以固定，开动振动至拌合物表面呈现水泥浆为止。记录振动时间，振动结束后，用馒刀沿试模边缘将多余的拌合物刮去，并将表面抹平。坍落度大于 70mm 的混凝土采用人工捣实，混凝土拌合物分两层装入试模，每层厚度大致相等。插捣按螺旋方向由边缘向中心均匀进行。插捣底层时，捣棒应达到试模底面；插捣上层时，捣棒应穿入下层深度 20～30mm。插捣时应保持捣棒垂直不得倾斜，并用抹刀沿试模内壁插入数次，以防止试件产生麻面。一般每 100cm² 面积应不少于 12 次，然后刮去多余的混凝土，并用馒刀抹平。

④ 采用标准养护的试件成型后应覆盖表面，以防水分蒸发，并应在（20±5）℃温度下静置 1～2d，然后编号拆模。

⑤ 拆模后的试件应立即放在温度为（20±2）℃，湿度为 95% 以上的标准养护室内养护，或在温度为（20±2）℃的不流动的 Ca(OH)₂ 饱和溶液中养护在标准养护室内，试件应放在架上，彼此间隔为 10～20mm，并应避免用水直接冲淋试件。

⑥ 无标准养护室时，混凝土试件可在温度为（20±2）℃的不流动的水中养护，水的 pH 值不应小于 7。

⑦ 与构件同条件养护的试件成型后，应覆盖表面。试件的拆模时间可与实际构件的拆模时间相同。拆模后，试件仍需保持同条件养护。

（4）实验步骤

① 试件自养护室取出后，随即擦干水并量出其尺寸（精确至 1mm），计算试件的受压面积 A(mm²)。

② 将试件安放在压力机的下承压板上，试件的承压面应与成型时的顶面垂直，试件的中心应与试验机下压板中心对准。开动试验机，当上压板与试件接近时，调整球座，使接触

均衡。

③ 加压时，应持续而均匀地加荷，加荷速度为：混凝土强度等级低于 C30 时，为 0.3～0.5MPa/s；混凝土强度等级高于 C30 时，为 0.5～0.8MPa/s；混凝土强度等级高于 C60 时，为 0.8～1.0MPa/s；当试件接近破坏而开始迅速变形时，停止调整试验机油门，直至试件破坏，记录破坏荷载 F(N)。

（5）实验结果计算及数据处理

① 按式(10.26)计算试件的抗压强度（精确至 0.1MPa）。

$$f_{cc} = F/A \tag{10.26}$$

式中　f_{cc}——混凝土抗压强度，MPa；

　　　F——破坏荷载，N；

　　　A——受压面面积，mm^2。

② 以三个试件的算术平均值作为该组试件的抗压强度值。三个测定值中的最大值或最小值中，如有一个与中间值的差值超过中间值的 15% 时，则把最大及最小值一并舍去。取中间值作为该组试件的抗压强度值；如有两个测定值与中间值的差值均超过中间值的 15%，则此组实验无效。

③ 混凝土的抗压强度值以 150mm×150mm×150mm 试件的抗压强度值为标准值，用其他尺寸试件测得的强度值，均应乘以相应的尺寸换算系数，如表 10.8 所示。

表 10.8　混凝土立方体抗压强度换算系数表

试件尺寸	100mm×100mm×100mm	150mm×150mm×150mm	200mm×200mm×200mm
换算系数	0.95	1.00	1.05

10.4.4　混凝土综合实验

10.4.4.1　普通混凝土配合比设计实验

（1）实验目的及基本原理

了解普通混凝土配合比设计的全过程，培养综合设计实验能力；熟悉混凝土拌合物的和易性和混凝土强度实验方法。根据提供的工程条件和原材料，结合实验设计出符合工程要求的普通混凝土配合比。

混凝土配合比设计是根据实测的原材料的物理力学指标，通过计算和实验确定各组成材料的比例，从而使配制出的混凝土满足工程设计和施工要求。因为影响混凝土性质的因素很多，目前还没有建立起各影响因素与混凝土和易性和强度、耐久性之间的严格的数学力学表达式，因此混凝土配合比设计往往首先通过经验数据和经验公式初步估计一个配合比，然后通过实验检验和调整配合比，使最终确定的配合比满足工程要求。原材料不同，配合比不同，因此每个配合比都必须经过实验验证，每次配合比设计都必须经过实验，不能照搬别人的配合比。

混凝土配合比设计的基本要求：

① 满足施工和易性要求，便于施工操作；

② 满足强度要求，安全承受设计荷载；

③ 满足耐久性要求；

④ 节约水泥，降低成本。

（2）工程和原材料条件

① 工程需要钢筋混凝土构件设计强度等级为 C20，坍落度要求为 35～50mm，构件在室

内干燥的环境下使用。

②　水泥采用强度等级为 42.5 级，表观密度 $\rho_c = 3.1\mathrm{g/cm^3}$；采用最大粒径为 40mm 碎石，碎石含水率为 1%，砂含水率为 3%，自来水。

（3）实验步骤

①　原材料性能实验。检验原材料是否合格，确定原材料的物理力学参数，为混凝土配合比设计和实验提供原始数据：

a. 水泥性能实验（细度、凝结时间、安定性、胶砂强度实验）；

b. 砂性能实验（表观密度测定、堆积密度测定、筛分析实验）；

c. 石性能实验（表观密度测定、堆积密度测定、筛分析实验）。

②　计算初步配合比。根据给定的工程条件、原材料和实验测得的原材料性能进行初步配合比计算，计算应按 JGJ 55—2011《普通混凝土配合比设计规程》的规定进行，得初步配合比供试配用。

③　配合比的试配，确定基准配合比。按初步配合比称量配料，按规定方法拌制混凝土，实测其流动性并观察其黏聚性和保水性。根据实测结果，分析原因、调整配比，直到满足和易性要求为止，确定满足和易性要求配合比——基准配合比。

④　在基准配合比的基础上，制作混凝土标准试件，标准养护 28 天后，按标准方法检测其强度，根据强度检测结果确定满足强度和耐久性要求的配合比——实验室配合比。

⑤　在实验室配合比的基础上，根据现场砂石实际含水情况，调整材料用量，在满足水泥用量和水灰比不变的前提条件下，确定施工配合比。

10.4.4.2　掺外加剂或掺合料的混凝土配合比设计实验

（1）实验目的与要求

目的：在普通混凝土配合比设计实验的基础上，熟悉掺外加剂或掺合料的混凝土配合比设计方法，培养学生综合设计实验能力。

要求：同普通混凝土配合比设计实验，确定符合工程要求的掺外加剂或掺合料的混凝土配合比。

（2）工程情况和原材料条件

某工程的钢筋混凝土柱，混凝土设计强度等级为 C20，施工要求坍落度为 120～140mm。施工单位无历史统计资料。

原材料：水泥为 P.O. 42.5，表观密度 $\rho_c = 3.1\mathrm{g/cm^3}$；砂为中砂；石为 5～31.5mm；水为自来水；减水剂和掺合料质量应符合国家现行有关标准的规定。

（3）实验步骤

①　原材料性能实验。

a. 水泥性能实验：细度、凝结时间、安定性、胶砂强度实验。

b. 砂：表观密度、堆积密度、筛分析、含泥量和泥块含量实验。

c. 石：表观密度、堆积密度、筛分析实验。

d. 减水剂：减水率、与水泥的适应性实验。

②　计算配合比。

a. 同普通混凝土配合比设计实验，求每立方米混凝土中各种材料的用量。

b. 掺减水剂时，为改善混凝土拌合物的和易性，适当增大砂率，重新计算砂、石的用量。掺入掺合料时，可采用等量取代法、超量取代法（一般常用方法）或外加法，计算掺合料混凝土配合比。

③ 配合比的试配。

④ 配合比的调整和确定。

10.5　建筑砂浆实验

10.5.1　砂浆拌合物试样制备

（1）实验目的

学会建筑砂浆拌合物的拌制方法，为测试和调整建筑砂浆的性能、进行砂浆配合比设计打下基础。

（2）主要仪器设备

砂浆搅拌机，拌和铁板（1.5m×2m，厚度约 3mm），磅秤（称量 50kg、感量 50g），台秤（称量 10kg、感量 5g），量筒（100mL 带塞量筒），砂浆稠度测定仪（图 10.9），容量筒（容积 2L，直径与高大致相等，带盖），金属捣棒（直径为 10mm、长度为 350mm、一端为弹头形），拌和用铁铲，抹刀，秒表等。

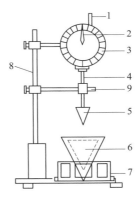

图 10.9　砂浆稠度测定仪

1—齿条测杆；2—指针；3—刻度盘；4—滑杆；5—试椎；6—盛浆容器；7—底座；8—支架；9—制动螺钉

（3）试件制备

按所选建筑砂浆配合比备料，称量要准确。拌制砂浆所用的原料应符合各自相关的质量标准。测试前要事先将砂浆运入实验室内，拌和时实验室温度应保持在（20±5）℃范围内。拌和砂浆所用的水泥如有结块时，应充分混合均匀，以 0.9mm 筛过筛，砂子粒径应不大于5mm。拌制砂浆时所用材料应以质量计量，称量精度为：水泥、外加剂等为±0.5%；砂、石灰膏、黏土膏及粉煤灰等为±1%。搅拌时可用机械搅拌或人工搅拌，用搅拌机搅拌时，其搅拌量不宜少于搅拌机容量的 20%，搅拌时间不宜少于 2min。

计算实配配合比，确定各种材料的用量。

（4）实验步骤

① 人工拌和法

a. 将拌和铁板与拌铲等用湿布润湿后，将称好的砂子平摊在拌和铁板上，再倒入水泥，用拌铲自拌和铁板一端翻拌至另一端，如此反复，直至拌匀。

b. 将拌匀的混合料集中成锥形，在堆上做一凹槽，将称好的石灰膏或黏土膏倒入凹槽中，再倒入适量的水将石灰膏或黏土膏稀释（如为水泥砂浆，将称好的水倒一部分到凹槽里），然后与水泥及砂一起拌和，逐次加水，仔细拌和均匀。

　　c. 拌和时间一般需 5min，和易性满足要求即可。

　　② 机械拌和法

　　a. 拌前先对砂浆搅拌机挂浆，即用按配合比要求的水泥、砂、水在搅拌机中搅拌（涮膛），然后倒出多余砂浆。其目的是防止正式拌和时水泥浆损失影响到砂浆的配合比。

　　b. 将称好的砂、水泥倒入搅拌机内。

　　c. 开动搅拌机，将水徐徐加入（如是混合砂浆，应将石灰膏或黏土膏用水稀释成浆状），搅拌时间从加水完毕算起为 3min。

　　d. 将砂浆从搅拌机倒在铁板上，再用铁铲翻拌两次，使之均匀。

10.5.2　砂浆稠度实验

　　（1）实验目的

　　① 检验砂浆的流动性，主要用于确定配合比或施工过程中控制砂浆稠度，从而达到控制用水量的目的。

　　② 掌握 JGJ/T 70《建筑砂浆基本性能试验方法标准》，正确使用仪器设备。

　　（2）主要仪器设备

　　① 砂浆稠度测定仪：由试锥、容器和支座三部分组成。试锥应由钢材或铜材制成，试锥高度应为 145mm，锥底直径应为 75mm，试锥连同滑杆的质量应为（300±2）g；盛浆容器应由钢板制成，筒高应为 180mm，锥底内径应为 150mm；支座包括底座、支架及刻度显示三个部分，应由铸铁、钢或其他金属制成。

　　② 钢制捣棒：直径为 10mm，长度为 350mm，端部磨圆。

　　③ 秒表。

　　（3）实验步骤

　　① 应先采用少量润滑油轻擦滑杆，再将滑杆上多余的油用吸油纸擦净，使滑杆能自由滑动。

　　② 应先用湿布擦净盛浆容器和试锥表面，再将砂浆拌合物一次装入容器；砂浆表面宜低于容器口 10mm，用捣棒自容器中心向边缘均匀地插捣 25 次，然后轻轻地将容器摇动或敲击 5～6 下，使砂浆表面平整，随后将容器置于砂浆稠度测定仪的底座上。

　　③ 拧开制动螺钉，向下移动滑杆，当试锥尖端与砂浆表面刚接触时，应拧紧制动螺钉，使齿条测杆下端刚接触滑杆上端，并将指针对准零点。

　　④ 拧开制动螺钉，同时记录时间，10s 时立即拧紧螺钉，将齿条测杆下端接触滑杆上端，从刻度盘上读出下沉深度（精确至 1mm），即为砂浆的稠度值。

　　⑤ 盛浆容器内的砂浆，只允许测定一次稠度；重复测定时，应重新取样测定

　　（4）实验结果评定

　　① 同盘砂浆应取两次实验结果的算术平均值作为测定值，并应精确至 1mm。

　　② 当两次实验值之差大于 10mm 时，应重新取样测定。

10.5.3　砂浆分层度实验

　　（1）实验目的

　　① 检验砂浆分层度，作为衡量砂浆拌合物在运输、停放、使用过程中的离析、泌水等

内部组分的稳定性指标，亦是砂浆和易性指标之一。分层度的测定可采用标准法和快速法。当发生争议时，应以标准法的测定结果为准。

② 掌握 JGJ/T 70—2009《建筑砂浆基本性能试验方法标准》，正确使用仪器设备。

（2）主要仪器设备

① 砂浆分层度测定仪（图 10.10）：应由钢板制成，内径应为 150mm，上节高度应为 200mm，下节带底净高应为 100mm，两节的连接处应加宽 3～5mm，并应设有橡胶垫圈。

② 振动台：振幅应为（0.5 ± 0.005）mm，频率应为（50±3）Hz。

③ 砂浆稠度测定仪、木槌等。

（3）实验步骤

① 标准法测定分层度

a. 应按照本节砂浆稠度实验的规定测定砂浆拌合物的稠度。

b. 应将砂浆拌合物一次装入分层度筒内，待装满后，用木槌在分层度筒周围距离大致相等的四个不同部位轻轻敲击 1～2 下；当砂浆沉落到低于筒口时，应随时添加，然后刮去多余的砂浆并用抹刀抹平。

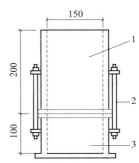

图 10.10　砂浆分层度测定仪
1—无底圆筒；2—连接螺栓；3—有底圆筒

c. 静置 30min 后，去掉上节 200mm 砂浆，然后将剩余的 100mm 砂浆倒在拌和锅内拌 2min，再按照规定测其稠度。前后测得的稠度之差即为该砂浆的分层度值。

② 快速法测定分层度

a. 应按照本节砂浆稠度实验的规定测定砂浆拌合物的稠度。

b. 应将分层度筒预先固定在振动台上，砂浆一次装入分层度筒内，振动 20s。

c. 去掉上节 200mm 砂浆，将剩余 100mm 砂浆倒入拌和锅内拌 2min，再按稠度实验方法测其稠度，前后测得的稠度之差即为该砂浆的分层度值。保水性良好的砂浆，其分层度较小。

（4）实验结果评定

① 应取两次实验结果的算术平均值作为该砂浆的分层度值，精确至 1mm。

② 当两次分层度实验值之差大于 10mm 时，应重新取样测定。

③ 砂浆的分层度宜在 10～30mm，如大于 30mm 易产生分层、离析和泌水等现象；如小于 10mm 则砂浆过干，不易铺设且容易产生干缩裂缝。

10.5.4　砂浆立方体抗压强度实验

（1）实验目的

① 测定砂浆立方体抗压强度，作为调整砂浆配合比和控制砂浆质量的主要依据。在测完稠度及分层度后，立即用稠度和分层度均符合要求的同批砂浆拌合物制作强度试件，经标准养护至规定龄期测定其抗压强度值。

② 掌握 JGJ/T 70《建筑砂浆基本性能试验方法标准》，正确使用仪器设备。

（2）主要仪器设备

① 试模：应为 70.7mm×70.7mm×70.7mm 的带底试模，应符合现行行业标准 JG/T 237《混凝土试模》的规定选择，应具有足够的刚度并拆装方便。试模的内表面应机械加工，其不平度应为每 100mm 不超过 0.05mm，组装后各相邻面的不垂直度不应超过 ±0.5°。

② 钢制捣棒：直径为 10mm，长度为 350mm，端部磨圆。

③ 压力试验机：精度应为 1%，试件破坏荷载应不小于压力机量程的 20%，且不应大于全量程的 80%。

④ 垫板：压力试验机上、下压板及试件之间可垫以钢垫板，垫板的尺寸应大于试件的承压面，其不平度应为每 100mm 不超过 0.02mm。

⑤ 振动台：空载中台面的垂直振幅应为（0.5±0.05）mm，空载频率应为（50±3）Hz，空载台面振幅均匀度不应大于 10%，一次实验应至少能固定三个试模。

（3）试样制备及养护

① 应采用立方体试件，每组试件应为三个。

② 应采用黄油等密封材料涂抹试模的外接缝，试模内应涂刷薄层机油或隔离剂。应将拌制好的砂浆一次性装满试模，成型方法应根据稠度而确定。当稠度大于 50mm 时，宜采用人工插捣成型，当稠度不大于 50mm 时，宜采用振动台振实成型。

a. 人工插捣，应采用捣棒均匀地由边缘向中心按螺旋方式插捣 25 次，插捣过程中当砂浆沉落低于试模口时，应随时添加砂浆，可用油灰刀插捣数次，并用手将试模一边抬高 5～10mm 各振动 5 次，砂浆应高出试模顶面 6～8mm。

b. 机械振动。将砂浆一次装满试模，放置到振动台上，振动时试模不得跳动，振动 5～10s 或持续到表面泛浆为止，不得过振。

③ 应待表面水分稍干后，再将高出试模部分的砂浆沿试模顶面刮去并抹平。

④ 试件制作后应在温度为（20±5）℃的环境下静置（24±2）h，对试件进行编号、拆模。当气温较低时，或者凝结时间大于 24h 的砂浆，可适当延长时间，但不应超过 2d。试件拆模后应立即放入温度为（20±2）℃。相对湿度为 90% 以上的标准养护室中养护。养护期间，试件彼此间隔不得小于 10mm，混合砂浆试件上面应覆盖，防止有水滴在试件上。

⑤ 从搅拌加水开始计时，标准养护龄期应为 28d，也可根据相关标准要求增加 7d 或 14d。

（4）实验步骤

① 试件从养护地点取出后应及时进行实验。实验前应将试件表面擦拭干净，测量尺寸，检查其外观，并应计算试件的承压面积。当实测尺寸与公称尺寸之差不超过 1mm 时，可按照公称尺寸进行计算。

② 将试件安放在试验机的下压板或下垫板上，试件的承压面应与成型时的顶面垂直，试件中心应与试验机下压板或下垫板中心对准。开动试验机，当上压板与试件或上垫板接近时，调整球座，使接触面均衡受压。承压实验应连续而均匀地加荷，加荷速度应为 0.25～1.5kN/s；当砂浆强度不大于 2.5MPa 时，宜取下限。当试件接近破坏而开始迅速变形时，停止调整试验机油门，直至试件破坏，然后记录破坏荷载。

（5）实验结果计算与评定

① 立方体抗压强度实验的实验结果应按式（10.27）计算。

$$f_{m,cu} = KN_u/A \qquad (10.27)$$

式中　$f_{m,cu}$——砂浆立方体试件抗压强度，MPa，应精确至 0.1MPa；

　　　N_u——试件破坏荷载，N；

　　　A——试件承压面积，mm^2；

　　　K——换算系数，取 1.35。

② 应以三个试件测值的算术平均值作为该组试件的砂浆立方体抗压强度，精确至 0.1MPa。

③ 当三个测值的最大值或最小值中有一个与中间值的差值超过中间值的 15% 时，应把最大值及最小值一并舍去，取中间值作为该组试件的抗压强度值。当两个测值与中间值的差值均超过中间值的 15% 时，该组实验结果应为无效。

10.6　墙体材料实验

10.6.1　蒸压粉煤灰砖的抗压强度实验

（1）实验目的

① 通过实验熟悉蒸压粉煤灰砖的抗压强度实验方法及确定蒸压粉煤灰砖的强度等级。实验时，随机从已通过外观质量和尺寸偏差检验后的样品中抽取 10 块砖样进行实验。

② 掌握 JC/T 239《蒸压粉煤灰砖》的实验方法，正确使用仪器设备。

（2）主要仪器设备

① 材料试验机：试验机的示值相对误差不大于 ±1%。其下加压板应为球铰支座，其量程选择应能使试件的预期破坏荷载落在满量程的 20%～80%。

② 钢直尺，直尺规格为 400mm，分度值为 1mm。

③ 切割设备，其刃口锋利。

④ 试件，蒸压粉煤灰砖抗压强度试件 10 个。

（3）试样制备

① 不带砌筑砂浆槽的砖试件制备

取 10 块整砖放在 (20±5)℃ 的水中浸泡 24h 后取出，用湿布擦去表面水分；从样品中间部位切割，交错叠加制备抗压强度试件；交错叠加部位的长度以 100mm 为宜，但不应小于 90mm，如果不足 90mm，应另取备用试样补足。

② 带砌筑砂浆槽的砖试件制备

从样品中间部位切割。用强度等级不低于 42.5 的普通硅酸盐水泥调制成稠度适宜的水泥净浆。

试样在 (20±5)℃ 的水中浸泡 15min，在钢丝网架上滴水 3min。立即用水泥净浆将砌筑砂浆槽抹平，在温度 (20±5)℃、相对湿度 (50±15)% 的环境下养护 2d 后，按照不带砌筑砂浆槽的砖试件制备的要求进行制备。

（4）实验步骤

① 测量叠加部位的长度 (L) 和宽度 (B)，分别测量两次取平均值，精确至 1mm。

② 将试件平放在压力试验机加压板的中央，要尽量保证试件的重心与试验机压板中心重合，垂直于受压面加荷。

③ 试验机加荷应均匀平稳，不应发生冲击或振动。加荷速度以 4～6kN/s 为宜，直至试件破坏为止，记录最大破坏荷载 P。

注：对于孔形分别对称于长 (L) 和宽 (B) 的中心线的试件，其重心和形心重合；对于不对称孔型的试件，可在试件承压面下垫一根直径 10mm、可自由滚动的圆钢条，分别找出长 (L) 和宽 (B) 的平衡轴（重心轴），两轴的交点即为重心。

（5）实验结果计算与评定

① 每块试样的抗压强度 (R) 按以下公式计算，精确至 0.01MPa。

$$R = P/(LB) \tag{10.28}$$

式中 R——抗压强度，MPa；

P——最大破坏荷载，N；

L——受压面的长度，mm；

B——受压面的宽度，mm。

② 实验结果以 10 个试样抗压强度的算术平均值和标准值或单块最小值表示，精确至 0.1MPa。

10.6.2 蒸压加气混凝土砌块抗压强度实验

（1）实验目的

① 掌握蒸压加气混凝土砌块的抗压强度实验方法，并通过测定加气混凝土砌块抗压强度，确定砌块的强度等级。

② 掌握 GB/T 11969《蒸压加气混凝土性能试验方法》，正确使用仪器设备。

（2）主要仪器设备

材料试验机：试验机的示值相对误差不大于±2%，其下加压板应为球铰支座，量程的选择应能使试件的预期最大破坏荷载为全量程的 20%～80%。

托盘天平或磅秤：称量 2000g，感量 1g。

电热鼓风干燥箱：最高温度 200℃。

钢板直尺：规格为 300 mm，分度值为 1mm。

游标卡尺或数显卡尺：规格为 300mm，分度值为 0.1mm。

（3）试样制备

试件的制备采用机锯。锯切时不应将试件弄湿。

沿制品膨胀方向中心部分上、中、下顺序锯取一组，"上"块上表面距离制品顶面 30mm，"中"块在正中处，"下"块下表面距离制品底面 30mm。制品的高度不同，试件间隔略有不同。抗压强度试件为 100mm×100mm×100mm 立方体试件，在质量含水率为 8%～12%下进行实验。

试件表面应平整，不得有裂缝或明显缺陷，尺寸允许偏差应为±1mm，平整度应不大于 0.5mm，垂直度应不大于 0.5mm。试件应逐块编号，从同一块试样中锯切出的试件为同一组试件，以"Ⅰ、Ⅱ、Ⅲ…"表示组号；当同一组试件有上、中、下位置要求时，以下标"上、中、下"注明试件锯取的位置；当同一组试件没有位置要求，则以下标"1、2、3…"注明，以区别不同试件；平行试件以"Ⅰ、Ⅱ、Ⅲ…"加注上标"+"以示区别。试件以"↑"标明发气方向。

（4）实验步骤

① 测量每个试件的长度和宽度，分别求出各个方向的平均值，精确至 0.1mm，并计算试件的受压面积（A_1）。

② 将试件置于试验机承压板上，使试件的轴线与试验机压板的压力中心重合，试件的受压方向应垂直于制品的发气方向。

③ 以（2.0±0.5）kN/s 的速度连续而均匀地加荷，直至试件破坏，记录最大破坏荷载（P_1）。

若试验机压板不足以覆盖试件受压面，则可在试件的上、下承压面加辅助钢压板。辅助钢压板的表面粗糙度应与试验机原压板相同，其厚度至少为原压板边至辅助钢压板最远角距离的三分之一。

对试验后的试件全部或部分称取质量，然后在（105±5）℃下烘至恒质，计算含水率。

（5）实验结果计算与评定

① 每个试件的抗压强度按式(10.29)计算，精确至 0.1MPa。

$$f_{cc} = P_1 / A_1 \tag{10.29}$$

式中　f_{cc}——试件的抗压强度，MPa；

　　　P_1——破坏荷载，N；

　　　A_1——试件受压面，mm^2。

② 实验结果以三个试件实验值的算术平均值表示，精确至 0.1MPa。抗压强度试验中，如果实测含水率超出要求范围，则试验结果无效。

10.7　沥青材料实验

10.7.1　沥青针入度实验

（1）实验目的

掌握 GB/T 4509《沥青针入度测定法》，通过测定沥青针入度，可以评定其黏滞性并依针入度确定沥青的牌号。

（2）主要仪器设备

针入度仪：连杆的质量为 (47.5±0.05)g，针和针连杆的总质量为 (50±0.05)g。

标准针：洛氏硬度为 54～60，针长约 50mm，长针长约 60mm，直径为 1.00～1.02mm。圆锥表面粗糙度应为 0.2～0.3μm，金属箍的直径为 (3.20±0.05)mm，长度为 (38±1)mm。

试样皿：应使用符合表 10.9 要求的金属或玻璃的圆柱形平底容器。

表 10.9　试样皿最小尺寸

针入度范围/mm	直径/mm	深度/mm
小于 40	33～55	8～16
小于 200	55	35
200～350	55～75	45～70
350～500	75	70

恒温水浴：容量不少于 10L。

平底玻璃皿：容量不小于 350mL。

温度计：刻度范围为 -8～55℃；分度值为 0.1℃。

（3）试件制备

① 小心加热样品，不断搅拌以防局部过热，加热到使样品易于流动。加热时焦油沥青的加热温度不超过软化点 60℃，石油沥青不超过软化点 90℃。加热时间在保证样品充分流动的基础上尽量少；加热、搅拌过程中避免试样中进入气泡。

② 将试样倒入预先选好的试样皿中，试样深度应至少是预计针入深度的 120%。如果试样皿的直径小于 65mm，而预计针入度高于 200mm，则每个实验条件都要倒三个样品。如果样品足够，灌注的样品要达到试样皿边缘。

③ 将试样皿松松地盖住以防灰尘落入。在 15～30℃的室温下，小的试样皿（φ33mm×16mm）中的样品冷却 45min～1.5h，中等试样皿（φ55mm×35mm）中的样品冷却 1～

1.5h；较大的试样皿中的样品冷却 1.5～2.0h，冷却结束后将试样皿和平底玻璃皿一起放入测试温度下的水浴中，水面应没过试样表面 10mm 以上。在规定的实验温度下恒温，小试样皿恒温 45min～1.5h，中等试样皿恒温 1～1.5h，更大试样皿恒温 1.5～2.0h。

（4）实验步骤

① 调节针入度仪的水平，检查针连杆和导轨，确保上面没有水和其他物质。如果预测针入度超过 350mm 应选择长针，否则用标准针。先用合适的溶剂将针擦干净，再用干净的布擦干，然后将针插入针连杆中固定。按实验条件选择合适的砝码并放好。

② 如果测试时针入度仪是在水浴中，则直接将试样皿放在浸在水中的支架上，使试样完全浸在水中。如果实验时针入度仪不在水浴中，将已恒温到实验温度的试样皿放在平底玻璃皿中的三角支架上，用与水浴相同温度的水完全覆盖样品，将平底玻璃皿放置在针入度仪的平台上。慢慢放下针连杆，使针尖刚刚接触到试样的表面，必要时用放置在合适位置的光源观察针头位置使针尖与水中针头的投影刚刚接触为止。轻轻拉下活杆，使其与针连杆顶端相接触，调节针入度仪上的表盘读数指零或归零。

③ 在规定时间内快速释放针连杆，同时启动秒表或计时装置，使标准针自由下落穿入沥青试样中，到规定时间（5s）使标准针停止移动。

④ 拉下活杆，再使其与针连杆顶端相接触，此时表盘指针的读数即为试样的针入度，或以自动方式停止针入，通过数据显示设备直接读出针入深度数值，得到针入度，用 1/10mm 表示。

（5）实验结果评定

① 同一试样至少重复测定三次。每一实验点的距离和实验点与试样皿边缘的距离都不得小于 10mm。每次实验前都应将试样和平底玻璃皿放入恒温水浴中，每次测定都要用干净的针。当针入度小于 200 时可将针取下用合适的溶剂擦净后继续使用。当针入度超过 200 时，每个试样皿中扎一针，三个试样皿得到三个数据。或者每个试样至少用三根针，每次实验用的针留在试样中，直到三根针扎完时再将针从试样中取出。

② 三次测定的针入度值相差不应大于表 10.10 中的数值。

表 10.10   针入度测定的最大差值

针入度/0.1mm	0～49	50～149	150～249	250～350	350～500
最大差值/0.1mm	2	4	6	8	20

如果误差超过了这一范围，利用（3）试件制备时第②条中的第二个样品重复实验。如果结果再次超过允许值，则取消所有的实验结果，重新进行实验。

10.7.2   沥青延度实验

（1）实验目的

掌握 GB/T 4508《沥青延度测定法》，通过测定沥青的延度，可以评定其塑性的好坏并依延度值确定沥青的牌号。

（2）主要仪器设备

模具：试件模具由黄铜制造，由两个弧形端模和两个侧模组成。

水浴：水浴能保持实验温度变化不大于 0.1℃，容量至少为 10L，试件浸入水中深度不得小于 10L。

延度仪：按照一定的速度拉伸试件的仪器均可使用。

温度计：0～50℃，分度为 0.1℃和 0.5℃各一支。

隔离剂：以质量计，由 2 份甘油和 1 份滑石粉调制而成。

支撑板：黄铜板，一面应磨光至表面粗糙度（R_a）为 0.63。

（3）试件制备

① 将模具组装在支撑板上，将隔离剂涂于支撑板表面及延度仪模具中侧模的内表面，以防沥青粘在模具上。板上的模具要水平放好，以便模具的底部能够充分与板接触。

② 小心加热样品，充分搅拌以防局部过热，直到样品容易倾倒。石油沥青加热温度不超过预计石油沥青软化点 90℃；煤焦油沥青样品加热温度不超过煤焦油沥青预计软化点 60℃。样品的加热时间在不影响样品性质和在保证样品充分流动的基础上尽量短。将熔化后的样品充分搅拌之后倒入模具中，在组装模具时要小心，不要弄乱了配件。在倒样时使试样呈细流状，自模的一端至另一端往返倒入，使试样略高出模具，将试件在空气中冷却 30～40min，然后放在规定温度的水浴中保持 30min 取出，用热的直刀或铲将高出模具的沥青刮除，使试样与模具齐平。

③ 恒温：将支撑板、模具和试件一起放入水浴中，并在实验温度下保持 85～95min，然后从板上取下试件，拆掉侧模，立即进行拉伸实验。

（4）实验步骤

① 将模具两端的孔分别套在实验仪器的柱上，然后以一定的速度拉伸［一般为（5±0.25)cm/min］，直到试件拉伸断裂。拉伸速度允许误差在±5%以内，测量试件从拉伸到断裂所经过的距离，以 cm 表示。实验时，试件距水面和水底的距离不小于 2.5cm，并且要使温度保持在规定温度的±0.5℃范围内。

② 如果沥青浮于水面或沉入槽底，则实验不正常，应使用乙醇或氯化钠调整水的密度，使沥青材料既不浮于水面又不沉入槽底。

③ 正常的实验应将试样拉成锥形或线形或柱形，直至在断裂时实际横断面面积接近于零或一均匀断面，如果三次实验得不到正常结果，则应在报告中注明在该条件下延度无法测定。

（5）实验结果评定

若三个试件测定值在其平均值的 5%以内，取平行测定三个结果的平均值作为测定结果。若三个试件测定值不在其平均值的 5%以内，但其中两个较高值在平均值的 5%之内，则弃去最低测定值，取两个较高值的平均值作为测定结果，否则重新测定。

10.7.3　沥青软化点实验

（1）实验目的

掌握 GB/T 4507《沥青软化点测定法 环球法》，通过测定沥青的软化点，可以评定其温度敏感性并依软化点值确定沥青的牌号；其也是在不同温度下选用沥青的重要技术指标之一。

（2）主要仪器设备

① 软化点实验仪（图 10.11），软化点实验仪由下列部件组成：

a. 钢球：直径 9.53mm，质量（3.5±0.05）g。

b. 试样环：由黄铜或不锈钢等制成，形状如图 10.12 所示。

c. 钢球定位环：由黄铜或不锈钢制成，形状如图 10.12 所示。

d. 金属支架：由两个主杆和三层平行的金属板组成。上层为一圆盘，中间有一圆孔，用以插放温度计。环下面距下层底板为 25.4mm。

e. 耐热玻璃烧杯：容量 800～1000mL，直径不小于 86mm，高不小于 120mm。

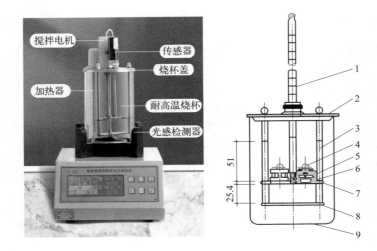

图 10.11　软化点实验仪
1—温度计或温度传感器；2—上盖板；3—立杆；4—钢球；
5—钢球定位环；6—试样环；7—中层板；8—下底板；9—烧杯

图 10.12　试样环和钢球定位环

② 温度计：0～100℃，分度为 0.5℃。

③ 环夹：由薄钢条制成，用以夹持试样环，以便刮平表面。

④ 电炉或加热炉具，应采用带有振荡搅拌器的电炉，振荡子置于烧杯底部。

⑤ 试样底板：金属板（表面粗糙度 R_a 应达 $0.8\mu m$）或玻璃板。

⑥ 恒温水槽：恒温的准确度为 ±0.5℃。

⑦ 平直刮刀。

⑧ 甘油、滑石粉隔离剂：甘油与滑石粉的比例为质量比 2∶1。

⑨ 新煮沸过的蒸馏水。

⑩ 其他：石棉网。

（3）试件制备

① 将试样环置于涂有甘油滑石粉隔离剂的试样底板上。按规定方法将准备好的沥青试样徐徐注入试样环内至略高出环面为止。

如估计试样软化点高于 120℃，则试样环和试样底板（不用玻璃板）均应预热至 80～100℃。

② 试样在室温下冷却 30min 后，用环夹夹住试样环，并用热刮刀刮除环面上的试样，务使其与环面齐平。

（4）实验步骤

① 试样软化点在 80℃ 以下者

a. 将装有试样的试样环连同试样底板置于（5±0.5）℃水的恒温水槽中至少 15min，同时将金属支架、钢球、钢球定位环等亦置于相同水槽中。

b. 在烧杯内注入新煮沸并冷却至 5℃ 的蒸馏水，水面略低于立杆上的深度标记。

c. 从恒温水槽中取出盛有试样的试样环放置在支架中层板的圆孔中，套上定位环；然后将整个环架放入烧杯中，调整水面至标记深度，并保持水温为（5±0.5）℃。环架上任何部分不得附有气泡。将 0~100℃ 的温度计由上层板中心孔垂直插入，使端部测温头底部与试样环下面齐平。

d. 将盛有水和环架的烧杯移至放有石棉网的加热炉具上，然后将钢球放在定位环中间的试样中央，立即开动电磁振荡搅拌器，使水微微振荡，并开始加热，使杯中水温在 3min 内调节至维持每分钟上升（5±0.5）℃。在加热过程中，应记录每分钟上升的温度值，如温度上升速度超出此范围，则实验应重做。

e. 试样受热软化逐渐下坠，至与下层底板表面接触时，立即读取温度，准确至 0.5℃。

② 试样软化点在 80℃ 以上者

a. 将装有试样的试样环连同试样底板置于装有（32±1）℃甘油的恒温槽中至少 15min；同时将金属支架、钢球、钢球定位环等亦置于甘油中。

b. 在烧杯内注入预先加热至 32℃ 的甘油，其液面略低于立杆上的深度标记。

c. 从恒温槽中取出装有试样的试样环，按上述软化点在 80℃ 以下者的方法进行测定，准确至 1℃。

（5）实验结果评定

① 同一试样平行实验两次，当两次测定值的差值符合重复性实验允许误差要求时，取其平均值作为软化点实验结果，准确至 0.5℃。

② 精密度或允许误差。当试样软化点小于 80℃ 时，重复性实验的允许误差为 1℃，复现性实验的允许误差为 4℃；当试样软化点等于或大于 80℃ 时，重复性实验的允许误差为 2℃，复现性实验的允许误差为 8℃。

 思考拓展

10.1　普通混凝土配合比设计实验中，根据已知的工程情况和原材料条件，如何设计出符合要求的普通混凝土配合比？

10.2　普通混凝土配合比设计实验中，配合比为什么要进行试配？配合比试配时，当有关指标达不到设计要求时，应如何进行调整？

10.3　普通混凝土配合比设计实验中，为什么检验混凝土的强度至少采用三个不同的配合比？制作混凝土强度试件时，为什么还要检验混凝土拌合物的和易性及表观密度？

10.4　掺外加剂或掺合料的混凝土配合比设计实验中，根据已知条件，如何设计出符合要求的掺外加剂或掺合料的混凝土配合比？

10.5　掺外加剂或掺合料的混凝土配合比设计实验中，在混凝土中掺入减水剂，有几种使用效果？如何进行配合比设计？

10.6　掺外加剂或掺合料的混凝土配合比设计实验中，在混凝土中掺入掺合料，有几种方法？如何进行配合比设计？

第 11 章
材料力学实验

本章数字资源

教学要求
知识总结
拓展阅读
在线题库
课件获取

学习目标

了解万能试验机的工作原理。

掌握拉伸实验操作。

掌握压缩实验操作。

掌握扭转实验操作。

掌握梁纯弯曲正应力实验操作。

　　材料力学实验是材料力学课程的重要组成部分。材料力学中的一些理论和公式也建立在实验、观察、推理、假设的基础上，它们的正确性还必须由实验来验证。通过做实验，用理论来解释、分析实验结果，又以实验结果来证明理论，互相印证，以达到巩固理论知识和学会实验方法的双重目的。

11.1　拉伸实验

　　拉伸实验是检验材料力学性能的最基本的实验。

　　（1）实验目的

　　① 了解实验设备万能材料试验机的构造和工作原理，掌握其操作规程及使用时的注意事项。

　　② 测定低碳钢的屈服极限（流动极限）σ_s，强度极限 σ_b、伸长率 δ、断面收缩率 ψ。

　　③ 测定铸铁的强度极限 σ_b。

　　④ 观察以上两种材料在拉伸过程中的各种现象，并利用自动绘图装置绘制拉伸图（P-ΔL 曲线）。

　　⑤ 比较低碳钢（塑性材料）与铸铁（脆性材料）拉伸时的机械性质。

　　（2）实验原理

　　① 为了检验低碳钢拉伸时的机械性质，应使试样轴向受拉直到断裂，在拉伸过程中以及试样断裂后，测读出必要的特征数据（如 P_s、P_b、L_1、d_1）经过计算，便可得到表示材料力学性能的四大指标：σ_s、σ_b、δ、ψ。

　　② 铸铁属脆性材料，轴向拉伸时，在变形很小的情况下就断裂，故一般测定其抗拉强度极限 σ_b。

　　（3）实验设备及量具

　　① 量具：游标卡尺、钢尺、分规。

　　② 设备：万能材料试验机。

　　（4）实验试样

　　拉伸试样如图 11.1 所示。标距是待试部分，也是试样的主体，其长度通常简称为标距，也称为计算长度。试样的尺寸和形状对材料的塑性性质影响很大。

　　为了能正确地比较材料的机械性质，应采

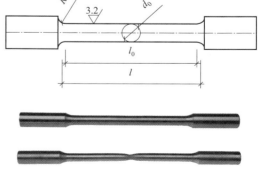

图 11.1　圆形截面试件

用标准化试样尺寸。拉伸试样分比例试样和非比例试样两种。比例试样系按公式 $L_0 = K\sqrt{A_0}$ 计算而得。式中 L_0 为标距，A_0 为标距部分原始截面积，系数 K 通常为 5.65 和 11.3（前者称为短试样，后者称为长试样）。短、长圆形试样的标距长度 l_0 分别等于 $5d_0$、d_0。

（5）实验方法及步骤

1）低碳钢的拉伸实验

① 测定试样的截面尺寸。圆试样测定其直径 d_0 的方法是：在试样标距长度的两端和中间三处予以测量，每处在两个相互垂直的方向上各测一次，取其算术平均值，然后取这三个平均数的最小值作为 d_0；矩形试样测三个截面的宽度 b 与厚度 a，求出相应的三个 A_0，取最小的值作为 A_0。

A_0 的计算精确度：当 $A_0 \leqslant 100\text{mm}^2$ 时必取小数点后面一位，当 $A_0 > 100\text{mm}^2$ 时必取整数。所需位数以后的数字按四舍五入处理。

② 试样标距长度 l_0 除了要根据圆试样的直径 d_0 或矩形试样的截面面积 A_0 来确定外，还应将其化整到 5mm 或 10mm 的倍数。小于 2.5mm 的数值舍去；等于或大于 2.5mm 但小于 7.5mm 者化整为 5mm；等于或大于 7.5mm 者进为 10mm。在标距长度的两端各打一小标点，此两点的位置，应做到使其连线平行于试样的轴线。两标点之间用分划器等分 10 格或 20 格，并刻出分格线，以便观察变形分布情况，测定延伸率 δ。

③ 根据低碳钢的强度极限，估计加在试样上的最大载荷，选择适当的试验机量程。

每台万能材料试验机都有几个载荷级，其刻度范围均自零至该级载荷的最大值。由于机器测力部分本身精确度的限制，每级载荷的刻度范围只有一部分是有效的。有效部分的规律如下：

a. 下限不小于该载荷级最大值的 10%，且不小于整机最大载荷的 4%；

b. 上限不大于该载荷级最大值的 90%。

实验时应保证全部待测载荷均在此范围之内。就是须保证屈服载荷 P_s 和极限载荷 P_b 均在该范围之内。

④ 选定好机器量程，打开试验机总电源、电脑、万能机以及软件，实验即可开始。

用慢速加载，使试样的变形匀速增长。国家标准规定的拉伸速度是：屈服前，应力增加速度为 10MPa/s，屈服后，试验机活动夹头在负荷下的移动速度不大于 0.5m/min。在试样匀速变形的过程中，测力盘上的指针起初也是匀速前进的，但是，当指针停止前进或来回摆时就表明试样进入屈服阶段，读出此时的最小载荷 P_s。借助试验机上自动绘出的载荷-变形曲线可以帮助

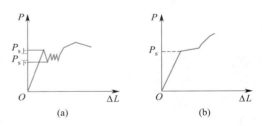

图 11.2   不同钢材的屈服图

我们更好地判断屈服阶段的到来。屈服时的曲线如图 11.2(a) 所示，其中 $P_{s\text{上}}$ 叫作上屈服载荷，与锯齿状曲线段最低点相应的最小载荷 $P_{s\text{下}}$ 叫作下屈服载荷。由于上屈服载荷随试样过渡部分的不同而有很大差异，而下屈服载荷则基本一致，因此一般规定以下屈服载荷来计算屈服极限即 $\sigma_s = P_s/A_0 = P_{s\text{下}}/A_0$。有些材料，屈服时的 P-ΔL 曲线基本上是一个平台的曲线而不呈现出锯齿形状，如图 11.2(b) 所示。

屈服阶段以后，要使试样继续变形，就必须加大载荷。这时载荷-变形曲线将开始上升。材料进入强化阶段。如果在这一阶段的某一点处进行卸载，则可以在自动绘图仪上得到一条卸载曲线，实验表明，它与曲线的起始直线部分基本平行。卸载后若重新加载，加载曲线则沿原卸载曲线上升直到该点，此后曲线基本上与未经卸载的曲线重合，这就是冷作硬化

效应。

　　随着实验的继续进行，载荷-变形曲线将由前到后趋平缓。当载荷达到最大 P_b 之后，测力指针也相应地由慢到快地回转。最后试样断裂。根据测得的 P_b 可以按 $\sigma_b = P_b/A_0$ 计算出强度极限 σ_b。拉伸曲线见图 11.3。

　　试样断后标距部分长度 L_1 的测量：将试样拉断后的两段在拉断处紧密对接起来，尽量使其轴线位于一条直线上。拉断处由于各种原因形成缝隙，则此缝隙应计入试样拉断后的标距部分长度内。L_1 用下述方法之一测定。

　　a. 直测法。如拉断处到邻近标距端点的距离大于 $L_0/3$ 时，可直接测量两端点间的长度。

　　b. 移位法。如拉断处到邻近标距端点的距离小于 $L_0/3$ 时，则可按下法确定 L_1：在长段上从拉断处取基本等于短段格数，得 B 点，接着取等于长段所余格数［偶数，如图 11.4(b)］之半，得 C 点；或者取余格数［奇数，如图 11.4(c)］减 1 与加 1 之半，分别得 C 与 C_1 点；移位后的 L_1，分别为 $AO + OB + 2BC$ 或 $AO + OB + BC + BC_1$。

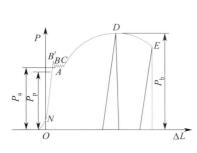

图 11.3　低碳钢拉伸图

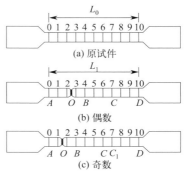

图 11.4　断口移中示意图

　　测量了 L_1，可以计算伸长率，短、长比例试样的伸长率分别以 δ_5、δ_{10} 表示。

　　拉断后缩颈处截面积 A_1 的测定：

　　圆形试样在缩颈最小处两个相互垂直方向上测量其直径，用二者的算术平均值作为断口直径 d_1，来计算其 A_1。

　　最后，在进行数据处理时，按有效数字的选取和运算法则确定所需的位数，所需位数后的数字，按四舍六入五单双法处理。

　　2）灰铸铁试样的拉伸实验

　　灰铸铁这类脆性材料拉伸时的载荷-变形曲线如图 11.5 所示。它不像低碳钢拉伸那样明显可分为线性、屈服、颈缩、断裂等四个阶段而是一根非常接近直线状的曲线，并没有下降段。灰铸铁试样是在非常微小的变形情况下突然断裂的，断裂后几乎测不到残余变形。注意

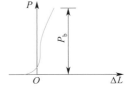

图 11.5　铸铁拉伸
载荷-变形曲线

到这些特点，可知灰铸铁不仅不具有 σ_s，而且测定它的 δ 和 ψ 没有实际意义。这样，对灰铸铁只需测定它的强度极限 σ_b 就可以了。

　　测定 σ_b 可取制备好的试样，只测出其截面面积 A_0，然后装在试验机上逐渐缓慢加载直到试样断裂，记下最后载荷 P_b，由式（11.1）可算得强度极限。

　　（6）实验结果的处理

　　① 计算屈服极限 σ_s 和强度极限 σ_b。

$$\sigma_b = P_b/A_0 \tag{11.1}$$

$$\sigma_s = P_s/A_0 \tag{11.2}$$

② 计算伸长率 δ 和断面收缩率 ψ。

$$\delta = (L_1 - L_0)/L \times 100\% \tag{11.3}$$

$$\psi = (A_1 - A_0)/A_0 \times 100\% \tag{11.4}$$

11.2　压缩实验

（1）实验目的

测定压缩时低碳钢的屈服极限 σ_s 和铸铁的强度极限 σ_b。

（2）实验设备及量具

① 量具：游标卡尺、钢尺、分规。

② 设备：万能材料试验机。

（3）实验原理及方法

低碳钢和铸铁等金属材料的压缩试样一般制成圆柱形，高 h_0 与直径 d_0 之比在 1～3 的范围内。目前常用的压缩实验方法是两端平压法。这种压缩实验方法，试样的上下两端与试验机承垫之间会产生很大的摩擦力，它们阻碍着试样上部及下部的横向变形，导致测得的抗压强度较实际偏高。当试样的高度相对增加时，摩擦力对试样中部的影响就变得小了，因此抗压强度与比值 h_0/d_0 有关。由此可见，压缩实验是与实验条件有关的。为了在相同的实验条件下，对不同材料的抗压性能进行比较，应对 h_0/d_0 的值作出规定。实践表明，此值取在 1～3 的范围内为宜。若小于 1，则摩擦力的影响太大；若大于 3，虽然摩擦力的影响减小，但稳定性差。为了保证正确地使试样中心受压，试样两端面必须平行且光滑，并且与试样轴线垂直。

低碳钢试样压缩时同样存在弹性极限、比例极限、屈服极限，而且数值和拉伸所得的相应数值差不多，但是在屈服时却不像拉伸那样明显。从进入屈服开始，试样塑性变形就有较大的增长，试样截面面积随之增大。由于截面面积的增大，要维持屈服时的应力，载荷也就要相应增大。因此，在整个屈服阶段，载荷也是上升的，在测力盘上看不到指针倒退现象，这样，判定压缩时的 P_s 要特别小心地注意观察。

在缓慢均匀加载下，测力指针是等速转动的，当材料发生屈服时，测力指针的转动将减慢，这时所对应的载荷即为屈服载荷 P_s。由于指针转动速度的减慢不十分明显，故还要结合自动绘图装置上绘出的压缩曲线中的拐点来判断和确定 P_s。

低碳钢的压缩图（即 P-ΔL 曲线）如图 11.6 所示，超过屈服之后，低碳钢试样由原来的圆柱形逐渐被压成鼓形。继续不断加压，试样将越压越扁，但总不破坏。所以，低碳钢不具有抗压强度极限（也可将它的抗压强度极限理解为无限大），低碳钢的压缩曲线也可证实这一点。

灰铸铁的压缩图如图 11.7 所示。灰铸铁在拉伸时是属于塑性很差的一种脆性材料，但在受压时，试件在达到最大载荷 P_b 前将会产生较大的塑性变形，最后被压成鼓形而断裂。灰铸铁试样的断裂有两个特点：一是断口为斜断口。二是按 P_b/A_0 求得的 σ_b 远比拉伸时高，大致是拉伸时的 3～4 倍。为什么像灰铸铁这种脆性材料的抗拉和抗压能力相差这么大？这主要与材料的本身情况（内因）和受力状态（外因）有关。铸铁压缩时沿斜截面断裂，主要是由剪应力引起的。假使测量铸铁受压试样斜断口倾角为 α，则可发现它略大于 45°，不是最大剪应力所在截面，这是因为试样两端存在摩擦力。

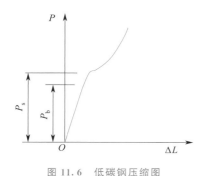

图 11.6　低碳钢压缩图

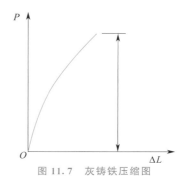

图 11.7　灰铸铁压缩图

（4）实验步骤

① 低碳钢试样的压缩实验

a. 测定试样的截面尺寸。用游标卡尺在试样高度中央取一处予以测量，沿两个互相垂直的方向各测一次取其算术平均值作为 d_0 来计算截面面积 A_0。用游标卡尺测量试样的高度。

b. 试验机的调整。估算屈服载荷的大小，选择测力度盘，调整指针对准零点，并调整好自动绘图仪。

c. 安装试样。将试样准确地放在试验机活动平台承垫的中心位置上。

d. 检查及试车。试车时先提升实验活动平台，使试样随之上升。当上承垫接近试样时，应大大减慢活动台上升的速度。

e. 进行实验。缓慢均匀地加载，注意观察测力指针的转动情况和绘图纸上曲线，以便及时而正确地确定屈服载荷，并记录之。

屈服阶段结束后继续加载，将试样压成鼓形即可停止。

② 铸铁试样的压缩实验

铸铁试样压缩实验的步骤与低碳钢压缩实验基本相同，但不测屈服载荷而测最大载荷。此外，要在试样周围加防护罩，以免在实验过程中试样飞出伤人。

（5）实验结果的处理

① 计算低碳钢的屈服极限 σ_s。

$$\sigma_s = P_s / A_0 \tag{11.5}$$

② 计算铸铁的强度极限 σ_b。

$$\sigma_b = P_b / A_0 \tag{11.6}$$

11.3　扭转实验

（1）实验目的

① 测定低碳钢的剪切屈服极限 τ_s 及剪切强度极限 τ_b。

② 测定铸铁的剪切强度极限 τ_b。

③ 观察并比较低碳钢及铸铁试件扭转破坏的情况。

（2）实验设备和量具

① 游标卡尺。

② 扭力试验机。

（3）实验原理及方法

本实验使用圆形截面试件。

将试件装在扭力试验机上，开动机器，给试件加扭矩。利用机器上的自动绘图装置，可以得到 M_n-φ 曲线。M_n-φ 曲线也叫扭转图。低碳钢试件的 M_n-φ 曲线，如图 11.8 所示。

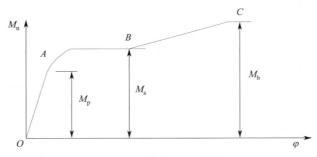

图 11.8　低碳钢试件扭转图

图中起始直线段 OA 表明试件在这阶段中的 M_n 与 φ 成比例，截面上的剪应力呈线性分布，如图 11.9（a）所示。在 A 点处，M_n 与 φ 的比例关系开始破坏，此时截面周边上的剪应力达到了材料的剪切屈服极限 τ_s，相应的扭矩记为 M_p。由于这时截面内部的剪应力尚小于 τ_s，故试件仍具有承载能力，M_n-φ 曲线呈继续上升的趋势。扭矩超过 M_p 后，截面上的剪应力分布发生变化，如图 11.9（b）所示。在截面上出现了一个环状塑性区，并随着 M_n 的增长，塑性区逐步向中心扩展，M_n-φ 曲线稍微上升，直到 B 点趋于平坦，截面上各材料完全达到屈服，扭矩度盘上的指针几乎不动或摆动，此时测力度盘上指示出的扭矩或指针摆动的最小值即为屈服扭矩 M_s，如图 11.9（c）所示。

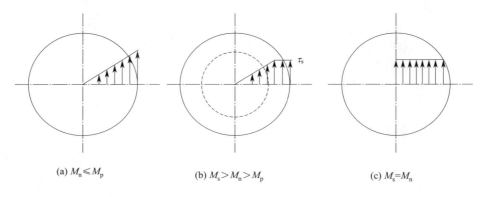

(a) $M_n \leqslant M_p$　　　　　(b) $M_s > M_n > M_p$　　　　　(c) $M_s = M_n$

图 11.9　截面剪应力分布

根据静力平衡条件，可以求得 τ_s 与 M_s 的关系为

$$M_s = \int_A \rho \tau_s \mathrm{d}A \tag{11.7}$$

将式中 dA 用环状面积元素 $2\pi\rho\mathrm{d}\rho$ 表示，则有

$$M_s = 2\pi\tau_s \int_0^{d/2} \rho^2 \mathrm{d}\rho = 4/3\tau_s W_n \tag{11.8}$$

式中，ρ 为横截面上一点到圆心的距离，W_n 为截面抗扭系数，$W_n = \pi d^3/16$。

故剪切屈服极限

$$\tau_s = 3M_s/4W_n \tag{11.9}$$

继续给试件加载，试件再继续变形，材料进一步强化。当达到 $M_n\text{-}\varphi$ 曲线上的 C 点时，试件被剪断。由测力度盘上的被动计可读出最大扭矩 M_b，与公式（11.9）相似，可得剪切强度极限：

$$\tau_b = 3M_b/4W_n \tag{11.10}$$

铸铁的 $M_n\text{-}\varphi$ 曲线如图 11.10 所示。从开始受扭直到破坏，近似为一直线，按弹性应力公式，其剪切强度极限：

$$\tau_b = M_b/W_n \tag{11.11}$$

试件受扭，材料处于纯剪切应力状态，在垂直于杆轴和平行于杆轴的各平面上作用着剪应力，而与杆轴成 45°角的螺旋面上。则分别只作用着 $\sigma_1 = \tau$、$\sigma_3 = -\tau$ 的正应力，如图 11.11 所示。由于低碳钢的抗拉能力高于抗剪能力，故试件沿横截面剪断，而铸铁的抗拉能力低于抗剪能力，故试件从表面上某一最弱处，沿与轴线成 45°方向拉断成一螺旋面。

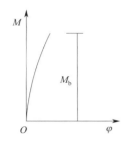

图 11.10　铸铁的扭转图

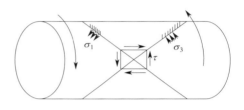

图 11.11　试件受扭的应力分布图

（4）实验步骤

① 用游标卡尺测量试件直径，求出抗扭截面模量 W_n。在试件的中央和两端共三处，每处测一对正交方向，取平均值作该处直径，然后取三处直径最小者，作为试件直径 d，并据此计算 W_n。

② 根据求出的 W_n，估计试件材料的 τ_b，求出大致需要的最大载荷，确定所需的机器量程。

③ 将试件两端装入试验机的夹头内，调整好绘图装置，将指针对准零点，并将测角度盘调整到零。

④ 用粉笔在试件表面上画一纵向线，以便观察试件的扭转变形情况。

⑤ 对于低碳钢试件，可以先用手动（或慢速电动加载）缓慢而均匀地加载，当测力指针前进速度渐渐减慢以至停留不动或摆动，这时，它表明的值就是 W_s（注：指针停止不动时间很短，因此要留心观察）。然后卸掉手摇柄，用电动加载（或换成快速电动加载）直至试件破坏并立即停止加载。记下被动指针所指的最大扭矩，注意观察测角度盘的读数。

⑥ 铸铁试件的实验步骤与低碳钢相同，可直接用电动加载，记录试件破坏时的最大扭矩值。

11.4　梁的纯弯曲正应力实验

（1）实验目的

测定梁纯弯曲时的正应力分布规律，并与理论计算结果进行比较，验证弯曲正应力公式。

（2）实验设备

① 万能试验机。

② 静态电阻应变仪与预调平衡箱。

③ 游标卡尺、钢尺。

（3）实验原理

已知梁纯弯曲时的正应力公式为

$$\sigma = MY/J_z \tag{11.12}$$

式中，M 为作用在截面上的弯矩；J_z 为横截面对中性轴 Z 的惯性矩；Y 为由中性轴到欲测点的距离。

本实验采用低碳钢制成的矩形截面梁，在梁承受纯弯曲的某一截面上，沿轴向贴五个电阻应变片，R_1 和 R_5 分别贴在梁的顶部和低部，R_2、R_4 贴在 $Y = \pm h/4$ 的位置（h 为梁高），R_3 在中性轴上。当梁受弯曲时，即可测出各点处的轴向应变 $\varepsilon_{i实}$（$i = 1, 2, 3, 4, 5$）。由于梁的各层纤维之间无挤压，根据单向应力状态的胡克定律，求出各点的实验应力，为

$$\sigma_{i实} = E\varepsilon_{i实}(i = 1, 2, 3, 4, 5) \tag{11.13}$$

式中，E 是梁材料的弹性模量。

这里采用的增量法加载，每增加等量的载荷 ΔP，测得各点相应的应变增量为 $\Delta\varepsilon_{i实}$，求出 $\Delta\varepsilon_{i实}$ 的平均值 $\overline{\Delta\varepsilon_{i实}}$，依次求出各点的应力增量 $\Delta\sigma_{i实}$ 为

$$\Delta\sigma_{i实} = E\overline{\Delta\varepsilon_{i实}} \tag{11.14}$$

把 $\Delta\sigma_{i实}$ 与理论公式算出的应力增量：

$$\Delta\sigma_{i理} = \Delta MY_i/J_z \tag{11.15}$$

加以比较从而验证理论公式的正确性。

（4）实验步骤

① 根据材料的屈服极限 σ_s，拟定加载方案。

② 选用试验机测力盘，复习实验操作规程。

③ 将各工作片、补偿片接入预调平衡箱，各点预调平衡。

④ 检查及试车。

请指导教师检查后，开始试车。上升试验机工作台。当试验机压头接近横梁时，减慢上升速度，以防急剧加载，损坏试件。加载至预定载荷的最大值时，慢慢卸载，检查试验机，应变仪是否处于正常状态。

⑤ 进行实验。

再次预调平衡，分级加载，逐次逐点进行测量，记下读数，直至最大载荷，测量完毕后，卸载。上述过程重复两次，以获得具有重复性的可靠实验结果。

（5）实验结果的处理

① 根据实验结果，逐点算出应变增量平均值 $\overline{\Delta\varepsilon_{i实}}$ 代入公式（11.14）求出 $\Delta\sigma_{i实}$。

② 根据式（11.15）计算各点的理论弯曲应力值 $\Delta\sigma_{i理}$。

③ 将实验值与理论值进行比较，求出误差。

④ 绘出实验应力值和理论应力值的分布图。

分别以横坐标轴表示各测点的应力 $\Delta\sigma_{i实}$ 和 $\Delta\sigma_{i理}$，以纵坐标轴表示各测点距梁中性层位置 Y_i，选用合适的比例绘出应力分布图。

思考拓展

11.1　由拉伸实验所确定的材料机械性能数值有何实用价值?

11.2　为什么拉伸实验必须采用标准试样或比例试样? 材料和直径相同而长短不同的试样，它们的延伸率是否相同?

11.3　压缩实验中，铸铁的破坏形式说明了什么?

11.4　压缩实验中，低碳钢和铸铁在拉伸及压缩时机械性质有何差异?

11.5　扭转实验中，低碳钢与铸铁试样破坏等情况有何不同? 为什么?

11.6　扭转实验中，根据拉伸、压缩和扭转三种实验结果，综合分析低碳钢与铸铁的机械性质。

11.7　梁的纯弯曲正应力实验中，实验结果和理论计算是否一致? 如不一致，其主要影响因素是什么?

11.8　梁的纯弯曲正应力实验中，弯曲正应力的大小是否会受材料弹性系数 E 的影响?

第 12 章
土工试验

本章数字资源

教学要求
知识总结
拓展阅读
在线题库
课件获取

学习目标

巩固和提高所学的土力学理论知识。

掌握土物料性质的试验操作。

掌握固结试验操作。

掌握直剪试验操作。

掌握无侧限抗压试验操作。

掌握击实试验操作。

土工试验是在学习了土力学理论知识的基础上进行的，是配合土力学课程的学习而开设的一门实践性较强的技能训练课。

12.1　土的密度试验（环刀法）

（1）试验目的

材料的密度是指在绝对密实状态下单位体积的质量。利用密度可计算材料的孔隙率和密实度。孔隙率的大小会影响材料的吸水率、强度、抗冻性及耐久性等。

土的密度是指土单位体积的质量，是土的基本物理性质指标之一。在天然状态下的密度称为天然密度，其单位为 g/cm^3。

（2）试验方法

试验方法有环刀法、蜡封法、灌水法、灌砂法等。对于细粒土，采用环刀法；对于易碎裂、难以切削或不规则的土体，可用蜡封法；对于现场粗粒土，一般用灌水法或灌砂法。本试验采用环刀法。

（3）仪器设备

环刀：尺寸参数应符合国家现行标准《岩土工程仪器基本参数及通用技术条件》（GB/T 15406）的规定（图 12.1）。

电子天平：称量 500g，分度值 0.1g；称量 200g，分度值 0.01g（图 12.2）。

其他工具：切土刀、推土器、托盘、游标卡尺、凡士林等。

图 12.1　环刀

图 12.2　电子天平

（4）试验步骤

① 用卡尺测出环刀的高和内径，并计算出环刀的体积 V，cm^3。

② 称环刀的质量 m_1，准确至 0.1g。

③ 在环刀内壁涂一层薄薄的凡士林油，并将其刃口向下放在试样上。

④ 用切土刀（或钢丝锯）沿环刀外缘将土样削成略大于环刀直径的土柱，然后慢慢将环刀垂直下压，边压边削，到土样伸出环刀上部为止，削去环刀两端余土，使土样与环刀口面齐平。取剩余的代表性土样做含水率试验。

⑤ 擦净环刀外壁，称量环刀加土的质量 m_2，准确至 0.1g。

⑥ 用推土器将试样从环刀中推出。

⑦ 本试验须进行两次平行试验，其最大允许平行差值应为 $\pm0.03g/cm^3$，满足要求取其算术平均值。

（5）成果整理

① 按下式计算土的湿密度：

$$\rho = (m_2 - m_1)/V \tag{12.1}$$

式中　ρ——土的湿密度，g/cm^3；

m_1——环刀的质量，g；

m_2——环刀加土的质量，g。

② 按下式计算土的干密度：

$$\rho_d = \rho/(1 + 0.01w) \tag{12.2}$$

式中　ρ_d——土的干密度，g/cm^3；

ρ——土的湿密度，g/cm^3；

w——土的含水率，%。

③ 记录表格，写入试验报告。

（6）注意事项

① 操作要快，动作细心，避免土样被扰动，破坏结构及水分蒸发。

② 环刀一定要垂直，加力适当，方向要正。

③ 边压边削的时候，切土刀要向外倾斜，以免把环刀下面的土样削空。

12.2　土的含水率试验（烘干法）

本试验以烘干法为室内试验的标准方法。在野外当无烘箱设备或要求快速测定含水率时，可用酒精燃烧法测定细粒土含水率。

土的有机质含量不宜大于干土质量的 5%，当土中有机质含量为 5%～10% 时，仍允许采用本方法进行试验，但应注明有机质含量。

（1）试验目的

土的含水率指土在 105～110℃ 下烘至恒量时所失去的水分质量和达恒重后干土质量的比值，以百分数表示。

（2）试验方法

烘干法、酒精燃烧法、炒干法、比重法等。本试验采用烘干法。

（3）仪器设备

烘箱：采用电热鼓风烘干箱（图 12.3），温度能保持在 105～110℃；

电子天平：称量 200g，分度值 0.01g；

其他：干燥器、称量盒等。

（4）试验步骤

① 先称量盒的质量（m_1），精确至 0.01g。

② 取具有代表性的试样，细粒土 15～30g，砂土 50～100g，砂砾石 2～5kg。将试样放入称量盒内，立即盖好盒盖，称湿土加盒总质量（m_2），细粒土、砂类土称量应准确至 0.01g，砂砾石称量应准确至 1g。当使用恒质量盒时，可先将其放置在电子天平或电子台秤上清零，再称量装有试样的恒质量盒，称量结果即为湿土质量。

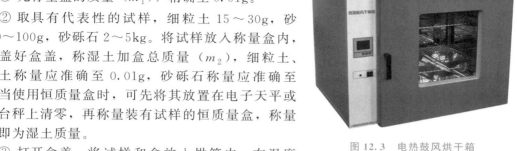

图 12.3　电热鼓风烘干箱

③ 打开盒盖，将试样和盒放入烘箱内，在温度 105～110℃的恒温下烘干。烘干时间与土的类别及取土数量有关。对黏质土，不得少于 8h；对砂类土，不得少于 6h；对有机质含量为 5%～10% 的土，应将烘干温度控制在 65～70℃ 的恒温下烘至恒量。

④ 将烘干后的试样和盒取出，放入干燥器内冷却至室温。冷却后盖好盒盖，称盒和干土质量（m_3），精确至 0.01g。

⑤ 本项试验要求进行两次平行测定，其平行差值需满足以下要求：

当含水率小于 10% 时，允许平行差值为 ±0.5%；当含水率大于 10% 小于 40% 时，允许平行差值为 ±1%；当含水率大于等于 40% 时，允许平行差值为 ±2%。当满足上述要求时，含水率取两次测值的平均值。

（5）成果整理

① 按下式计算含水率：

$$w = (m_2 - m_3)/(m_3 - m_1) \times 100\% \tag{12.3}$$

式中　w——含水率，%；

　　m_1——称量盒的质量，g；

　　m_2——盒加湿土质量，g；

　　m_3——盒加干土质量，g。

② 记录表格，写入试验报告。

（6）注意事项

① 测定含水率时动作要快，以避免土样的水分蒸发。

② 应取具有代表性的土样进行试验。

③ 称量盒要保持干燥，注意称量盒的盒体和盒盖上下对号。

12.3　土的比重试验

（1）试验目的

土的比重 G_s，是土粒在温度 105～110℃ 下烘至恒重时的质量与土粒同体积 4℃ 时纯水质量的比值。

（2）试验方法

根据土粒粒径的不同，土的比重试验可分别采用比重瓶法、浮称法或虹吸筒法。对于粒径小于 5mm 的土，采用比重瓶法进行；粒径不小于 5mm 的土，且其中粒径大于 20mm 的颗粒含量小于 10％时，应用浮称法；粒径大于 20mm 的颗粒含量不小于 10％时，应用虹吸筒法。本试验采用比重瓶法。

（3）仪器设备

比重瓶：容量 100mL 或 50mL，分长颈和短颈两种；

天平：称量 200g，分度值 0.001g；

恒温水槽：最大允许误差应为 ±1℃；

砂浴：应能调节温度；

真空抽气设备：真空度 −98kPa；

温度计：测量范围 0～50℃，分度值 0.5℃；

筛：孔径 5mm；

其他：烘箱、纯水、中性液体、漏斗、滴管。

（4）试验步骤

① 将比重瓶洗净，烘干，称量两次，准确至 0.001g。取其算术平均值 m_1，其最大允许平均差值应为 ±0.002g，准确至 0.001g。

② 将过 5mm 筛并烘干后的土装入比重瓶，当使用 100mL 比重瓶时，应称粒径小于 5mm 的烘干土 15g 装入；当使用 50mL 比重瓶时，应称粒径小于 5mm 的烘干土 12g 装入。称试样和瓶的总质量 m_2，准确至 0.001g。

③ 可采用煮沸法或真空抽气法排除土中的空气。向已装有干土的比重瓶注入纯水至瓶的一半处，摇动比重瓶，将瓶放在砂浴上煮沸，煮沸时间自悬液沸腾起，砂土不得少于 30min，细粒土不得少于 1h。煮沸时应注意不使土液溢出瓶外。

④ 当采用长颈比重瓶时，用滴管调整液面恰至刻度处，以弯液面下缘为准，擦干瓶外及瓶内壁刻度以上部分的水，称瓶、水、土总质量 m_3，准确至 0.001g，称后马上测瓶内温度。

⑤ 把瓶内悬液倒掉，把瓶洗干净，再注满蒸馏水，把瓶塞插上，使多余的水分自瓶塞毛细管中溢出，将瓶外水分擦干净，称比重瓶、水的总质量 m_4，准确至 0.001g。

⑥ 当土粒中含有易溶盐、亲水性胶体或有机质时，测定土粒比重应用中性液体代替纯水，用真空抽气法代替煮沸法，排出土中空气。抽气时真空度应接近一个大气负压值（−98kPa），抽气时间可为 1～2h，直至悬液内无气泡逸出时为止。

⑦ 本试验称量应准确至 0.001g，温度应准确至 0.5℃。

⑧ 本试验须进行两次平行测定，其最大允许平行差值应为 ±0.02，然后取其算术平均值。

（5）成果整理

① 按下式计算土的比重：

$$G_s = G_{wt} \times (m_2 - m_1)/[m_4 + (m_2 - m_1) - m_3] \tag{12.4}$$

式中　G_s——土粒比重；

m_1——空瓶的质量，g；

m_2——瓶加干土的质量，g；

m_3——瓶加水加土的质量，g；

m_4——瓶加水的质量，g；

G_{wt}——t℃时蒸馏水的比重（可查相应的物理手册），准确至 0.001。

② 记录表格，写入试验报告。

（6）注意事项

① 比重瓶、土样一定要完全烘干。

② 煮沸排气时，防止悬液溅出。

③ 称量时比重瓶外的水分必须擦干净。

12.4　界限含水率的测定（液塑限联合测定法）

（1）试验目的

细粒土由于含水率不同，分别处于流动状态、可塑状态、半固体状态和固体状态。液限是细粒土呈可塑状态的上限含水率；塑限是细粒土呈可塑状态的下限含水率。

本试验的目的是测定细粒土的液限、塑限，计算塑性指数，给土分类定名，供设计、施工使用。

（2）试验方法、适用范围和原理

① 试验方法

土的液、塑限试验：采用液塑限联合测定法；

土的塑限试验：采用搓滚法。

② 适用范围

适用于粒径小于 0.5mm 颗粒组成及有机质含量不大于干土质量 5% 的土。

③ 试验原理

液限、塑限联合测定法是根据圆锥仪的圆锥入土深度与其相应的含水率在双对数坐标上具有线性关系的特性来进行的。利用圆锥质量为 76g 的液塑限联合测定仪测得土在不同含水率时的圆锥入土深度，并绘制其关系直线图，在图上查得圆锥下沉深度为 17mm 所对应的含水率即为液限，查得圆锥下沉深度 2mm 所对应的含水率即为塑限。

（3）液塑限联合测定法试验

1）仪器设备

液塑限联合测定仪：圆锥仪、读数显示，如图 12.4 所示；

试样杯：直径 40～50mm，高 30～40mm；

天平：称量 200g，分度值 0.01g；

其他：烘箱、干燥器、铝盒、调土刀、孔径 0.5mm 的筛、凡士林等。

图 12.4　液塑限联合测定仪

2）操作步骤

液限、塑限联合试验，原则上采用天然含水率的土样制备试样，但也允许采用风干土制备试样。

① 当采用天然含水率的土样时，应剔除大于 0.5mm 的颗粒，然后分别按接近液限、塑限和二者之间状态制备不同稠度的土膏，静置湿润。静置时间可视原含水率的大小而定。

② 当采用风干土样时，取过 0.5mm 筛的代表性土样约 200g，分成 3 份，分别放入 3 个盛土皿中，加入不同数量的纯水，使分别接近液限、塑限和二者中间状态的含水率，调成均匀土膏，然后放入密封的保湿缸中，静置 24 小时。

③ 将制备好的土膏用调土刀调拌均匀，密实地填入试样杯中，应使空气逸出。高出试

样杯的余土用刮土刀刮平，随即将试样杯放在仪器底座上。

④ 取圆锥仪，在锥体上涂以薄层润滑油脂，接通电源，使电磁铁吸稳圆锥仪。当使用游标式或百分表式时，提起锥杆，用旋钮固定。

⑤ 调节屏幕准线，使初读数为零。调节升降座，使圆锥仪锥角接触试样面，指示灯亮时圆锥在自重下沉入试样内，经5s后立即测读圆锥下沉深度。

⑥ 取下试样杯，挖去锥尖入土处的润滑油脂，取锥体附近的试样不得少于10g，放入称量盒内，称量，准确至0.01g，测定含水率。

⑦ 按以上③～⑥的步骤，测试其余2个试样的圆锥下沉深度和含水率。

3）计算与制图

① 计算含水率。

$$w = (m/m_s - 1) \times 100\%$$

式中，m 为湿土重，g；m_s 为干土重，g。

② 绘制圆锥下沉深度 h 与含水率 w 的关系曲线。

以含水率为横坐标，圆锥下沉深度为纵坐标，在双对数纸上绘制 h-w 的关系曲线，如图12.5所示。

a. 三点连成一条直线。

b. 当三点不在一直线上，通过高含水率的一点分别与其余两点连成两条直线，在圆锥下沉深度为2mm处查得相应的含水率，当两个含水率的差值小于2%，应以该两点含水率的平均值与高含水率的点连成一线。

c. 当两个含水率的差值大于或等于2%时，应补做试验。

4）确定液限、塑限

在圆锥下沉深度 h 与含水率 w 关系图上，查得下沉深度为17mm时所对应的含水率为液限 w_L；查得下沉深度为2mm时所对应的含水率为塑限 w_P，以百分数表示，取整数。

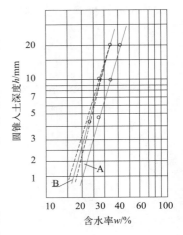

图12.5　圆锥下沉深度 h 与含水率 w 的关系曲线

5）计算塑性指数和液性指数

塑性指数：

$$I_P = w_L - w_P$$

液性指数：

$$I_L = (w - w_P)/I_P$$

6）按规范规定确定土的名称。

（4）液塑限联合测定法试验

1）仪器设备

毛玻璃板：尺寸宜为200mm×300mm；

卡尺：分度值0.02mm；

天平：称量200g，分度值0.01g；

筛：孔径0.5mm；

其他：烘箱、干燥缸、铝盒。

2）操作步骤

① 取过0.5mm筛的代表性试样约100g，加纯水拌和，浸润静置过夜。

② 将试样在手中捏揉至不黏手，捏扁，当出现裂缝时，表示含水率已接近塑限。

③ 取接近塑限的试样一小块，先用手捏成橄榄形，然后再用手掌在毛玻璃板上轻轻搓滚。搓滚时手掌均匀施加压力于土条上，不得使土条在毛玻璃板上无力滚动，土条不得有空心现象，土条长度不宜大于手掌宽度。

④ 当土条搓成 3mm 时，产生裂缝，并开始断裂，表示试样达到塑限。当不产生裂缝及断裂时，表示这时试样的含水率高于塑限；当土条直径大于 3mm 时即断裂，表示试样含水率小于塑限，应弃去，重新取土试验。当土条在任何含水率下始终搓不到 3mm 即开始断裂，则该土无塑性。

⑤ 取直径符合 3mm 的断裂土条 3～5g，放入称量盒内，盖紧盒盖，测定含水率。此含水率即为塑限。

3）计算与制图

塑限应按下式计算，计算至 0.1%：

$$w = (m/m_s - 1) \times 100\%$$

本试验应进行两次平行测定，两次测定的最大允许差值应符合《土工试验方法标准》(GB/T 50123—2019) 第 5.2.4 条的规定。

12.5　土的颗粒分析试验

（1）试验目的

颗粒大小分析试验是测定干土中各种粒组所占该土总质量的百分数，借以明确颗粒大小分布情况，供土的分类与概略判断土的工程性质及选料之用。

（2）试验方法与适用范围

① 筛析法：适用于粒径 0.075～60mm 的土。

② 密度计法：适用于粒径小于 0.075mm 的土。

③ 移液管法：适用于粒径小于 0.075mm 的土。

④ 若土中粗细兼有，则联合使用筛析法及密度计法或移液管法。

（3）仪器设备

① 试验筛：应符合现行国家标准《试验筛 技术要求和检验 第 1 部分：金属丝编织网试验筛》(GB/T 6003.1) 的规定。

② 粗筛：孔径为 60mm、40mm、20mm、10mm、5mm、2mm。

③ 细筛：孔径为 2.0mm、1.0mm、0.5mm、0.25mm、0.1mm、0.075mm。

④ 天平：称量 1000g，分度值 0.1g；称量 200g，分度值 0.01g。

⑤ 台秤：称量 5kg，分度值 1g。

⑥ 振筛机：应符合现行行业标准《实验室用标准筛振荡机技术条件》(DZ/T 0118) 的规定。

⑦ 其他：烘箱、量筒、漏斗、瓷杯、附带橡皮头研杵的研钵、瓷盘、毛刷、匙、木碾。

（4）操作步骤（无黏性土的筛分法）

① 从风干、松散的土样中，用四分法按下列规定取出代表性试样：

粒径小于 2mm 颗粒的土取 100～300g；

最大粒径小于 10mm 的土取 300～1000g；

最大粒径小于 20mm 的土取 1000～2000g；

最大粒径小于 40mm 的土取 2000～4000g；

最大粒径小于 60mm 的土取 4000g 以上。

② 砂砾土筛析法应按下列步骤进行：

a. 称量准确至 0.1g；当试样质量多于 500g 时，准确至 1g。

b. 将试样过 2mm 细筛，分别称出筛上和筛下土质量。

c. 若 2mm 筛下的土小于试样总质量的 10%，则可省略细筛筛析。若 2mm 筛上的土小于试样总质量的 10%，则可省略粗筛筛析。

d. 取 2mm 筛上试样倒入依次叠好的粗筛的最上层筛中；取 2mm 筛下试样倒入依次叠好的细筛最上层筛中，进行筛析。细筛宜放在振筛机上振摇，振摇时间应为 10～15min。

e. 由最大孔径筛开始，顺序将各筛取下，在白纸上用手轻叩摇晃筛，当仍有土粒漏下时，应继续轻叩摇晃筛，至无土粒漏下为止。漏下的土粒应全部放入下级筛内，并将留在各筛上的试样分别称量，当试样质量小于 500g 时，准确至 0.1g。

f. 筛前试样总质量与筛后各级筛上和筛底试样质量的总和的差值不得大于试样总质量的 1%。

③ 含有黏土粒的砂砾土应按下列步骤进行：

a. 将土样放在橡皮板上用土碾将黏结的土团充分碾散，用四分法取样，取样时应按标准的规定称取代表性试样，置于盛有清水的瓷盆中，用搅拌棒搅拌，使试样充分浸润和粗细颗粒分离。

b. 将浸润后的混合液过 2mm 细筛，边搅拌边冲洗边过筛，直至筛上仅留大于 2mm 的土粒为止。然后将筛上的土烘干称量，准确至 0.1g。

c. 用带橡皮头的研杵研磨粒径小于 2mm 的混合液，待稍沉淀，将上部悬液过 0.075mm 筛。再向瓷盆加清水研磨，静置过筛。如此反复，直至盆内悬液澄清。最后将全部土料倒在 0.075mm 筛上，用水冲洗，直至筛上仅留粒径大于 0.075mm 的净砂为止。

d. 将粒径大于 0.075mm 的净砂烘干称量，准确至 0.01g。并应按标准的规定进行细筛筛析。

e. 将粒径大于 2mm 的土和粒径为 2～0.075mm 的土的质量从原取土总质量中减去，即得粒径小于 0.075mm 的土的质量。

f. 当粒径小于 0.075mm 的试样质量大于总质量的 10% 时，应按密度计法或移液管法测定粒径小于 0.075mm 的试样的颗粒组成。

（5）计算与制图

① 计算小于某粒径的试样质量占试样总质量的百分数：

$$x = m_A d_x / m_B \tag{12.5}$$

式中　x——小于某粒径的试样质量占试样总质量的百分数；

m_A——小于某粒径的试样质量，g；

m_B——当细筛分析时或用密度计法分析时所取试样质量（粗筛分析时则为试样总质量），g；

d_x——粒径小于 2mm 或粒径小于 0.075mm 的试样质量占总质量的百分数，如试样中无大于 2mm 粒径或无小于 0.075mm 的粒径，在计算粗筛分析时则 $d_x = 100\%$。

② 绘制颗粒大小分布曲线。以小于某粒径的试样质量占总质量的百分数为纵坐标，以粒径为对数横坐标进行绘制。然后求出各粒组颗粒质量的百分数。

③ 计算级配指标。

a. 不均匀系数：

$$c_u = d_{60}/d_{10} \tag{12.6}$$

式中　c_u——不均匀系数；

　　d_{60}——小于某孔径土质量为 60% 的粒径，mm；

　　d_{10}——小于某孔径土质量为 10% 的粒径，mm。

　b. 曲率系数：

$$c_c = d_{30}^2/(d_{60} d_{10}) \tag{12.7}$$

式中　c_c——曲率系数；

　　d_{30}——小于某孔径土质量为 30% 的粒径，mm。

　④ 制图（颗粒分析示例），见图 12.6 和表 12.1。

表 12.1　颗粒分析试验表（筛分法）

孔径/mm	留筛质量/g	累计留筛质量/g	小于该孔径的土质量/g	小于该孔径土质量百分数/%
60			1200.0	100.0
40	0.0	0.0	1200.0	100.0
20	47.3	47.3	1152.7	96.1
10	71.8	119.1	1080.9	90.1
5	132.7	251.8	948.2	79.0
2	186.9	438.7	761.3	63.4
1	380.4	819.1	380.9	31.7
0.5	106.8	925.9	274.1	22.8
0.25	132.0	1057.9	142.1	11.8
0.074	58.2	1116.1	83.9	7.0
筛余	74.6			
合计	1 190.7			

注：筛前总土质量＝1200g。

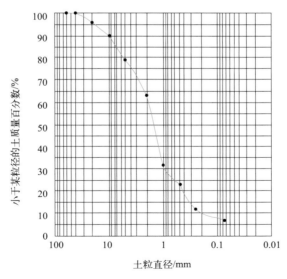

图 12.6　土样筛分曲线

（6）注意事项

① 试验时多振动，严格按要求操作。

② 筛分时要细心，避免土样洒落，影响实验精度。

12.6 固结试验（快速法）

（1）试验目的

本试验的目的是测定试样在侧限与轴向排水条件下，变形和压力或孔隙比和压力的关系，绘制压缩曲线，以便计算土的压缩系数 a、压缩模量 E_s 等指标，通过各项压缩性指标，可以分析、判断土的压缩特性和天然土层的固结状态，计算土工建筑物及地基的沉降等。

（2）试验方法

试验方法有慢速法和快速法。根据学生试验的实际情况，本试验采用近似的快速法。

（3）仪器设备

固结容器（图 12.7、图 12.8）：由环刀、护环、透水板、加压上盖和量表架等组成。环刀、透水板的技术性能和尺寸参数应符合现行国家标准的规定。

加压设备：可采用量程为 5～10kN 的杠杆式、磅秤式或其他加压设备，其最大允许误差应符合现行国家标准《土工试验仪器 固结仪 第 1 部分：单杠杆固结仪》（GB/T 4935.1）、《土工试验仪器 固结仪 第 2 部分：气压式固结仪》（GB/T 4935.2）的有关规定。

图 12.7 固结仪

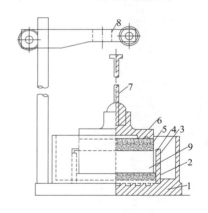

图 12.8 固结容器示意图

1—容器；2—大护环；3—环刀；4—小护环；5—透水石；
6—加压盖；7—量表套杆；8—表架；9—土样

变形测量设备：百分表，量程 10mm，分度值为 0.01mm，或最大允许误差应为 ±0.2%F.S 的位移传感器。

环刀：面积 $50cm^3$，高 2cm。

其他：天平、秒表、烘箱、修土刀、称量盒、滤纸等。

（4）试验步骤

① 根据工程需要，切取原状土试样或制备给定密度与含水率的扰动土试样。

② 冲填土应先将土样调成液限或 1.2～1.3 倍液限的土膏，拌和均匀，在保湿器内静置 24h。然后把环刀倒置于小玻璃板上用调土刀把土膏填入环刀，排除气泡刮平，称量。

③ 试样的含水率及密度的测定应符合标准的规定。对于扰动试样需要饱和时，应按标准规定的方法将试样进行饱和。

④ 在固结容器内放置护环、透水板和薄滤纸，将带有环刀的试样小心装入护环，然后在试样上放薄滤纸、透水板和加压盖板，置于加压框架下，对准加压框架的正中，安装量表。

⑤ 为保证试样与仪器上下各部件之间接触良好，应施加 1kPa 的预压压力，然后调整量

表，使读数为零。

⑥ 确定需要施加的各级压力。加压等级宜为 12.5kPa、25kPa、50kPa、100kPa、200kPa、400kPa、800kPa、1600kPa、3200kPa。最后一级的压力应大于上覆土层的计算压力 100～200kPa。

⑦ 第 1 级压力的大小视土的软硬程度宜采用12.5kPa、25.0kPa 或 50.0kPa（第 1 级实加压力应减去预压压力）。只需测定压缩系数时，最大压力不小于 400kPa。

⑧ 如系饱和试样，则在施加第 1 级压力后，立即向水槽中注水至满。对非饱和试样，须用湿棉围住加压盖板四周，避免水分蒸发。

⑨ 需测定沉降速率时，加压后宜按下列时间顺序测记量表读数：6s、15s、1min、2min、4min、6min、9min、12min、16min、20min、25min、30min、36min、42min、49min、64min。

⑩ 试验结束后，迅速拆除仪器各部件，取出带环刀的试样。需测定试验后含水率时，则用干滤纸吸去试样两端表面上的水，测定其含水率。

（5）成果整理

① 按下式计算试样的原始孔隙比：

$$e_0 = [\rho_w G_s (1 + 0.01w)]/\rho - 1 \tag{12.8}$$

式中　e_0——试样原始孔隙比；

　　　ρ_w——水的密度，g/cm^3，一般取 1；

　　　G_s——土粒比重；

　　　w——试样原始含水率，%；

　　　ρ——试样原始密度，g/cm^3。

② 按下式计算各级荷载下变形稳定后的孔隙比：

$$e_i = e_0 - (1 + e_0)h_i/H \tag{12.9}$$

式中　e_i——某一荷载下变形稳定后的孔隙比；

　　　e_0——试样原始孔隙比；

　　　h_i——某一级荷载下的总变形量，mm；

　　　H——试样原始高度，mm。

③ 按下式计算某一荷载范围内的压缩系数：

$$a_{i-i+1} = 1000 \times (e_i - e_{i+1})/(p_{i+1} - p_i) \tag{12.10}$$

式中　a_{i-i+1}——某一荷载范围内的压缩系数，MPa^{-1}；

　　　e_i——某一荷载下变形稳定后的孔隙比；

　　　p_i——某一荷载值，kPa。

④ 按下式计算某一荷载范围内的压缩模量：

$$E_{s_{i-i+1}} = (1 + e_i)/a_{i-i+1} \tag{12.11}$$

式中　$E_{s_{i-i+1}}$——某一荷载范围内的压缩模量，MPa；

　　　e_i——某一荷载下变形稳定后的孔隙比；

　　　a_{i-i+1}——某一荷载范围内的压缩系数，MPa^{-1}。

⑤ 记录表格，写入试验报告。

（6）注意事项

① 使用仪器前必须预习，严格按程序进行操作，试验过程中不能卸载，百分表也不用

归零；
② 随时调整加压杠杆，使其保持平衡；
③ 加荷时应轻拿轻放，不得使仪器产生振动；
④ 试验完毕，卸下荷载，取出土样，把仪器打扫干净。

12.7 直接剪切试验

（1）试验目的

测定土的抗剪强度指标 φ 和 c，土的抗剪强度是指土体对于外荷载所产生的剪应力的极限抵抗能力。通常采用不少于 3 个试样，分别在不同的垂直压力下，施加水平剪切力，测得试样破坏时的剪应力，然后根据库仑定律确定土的抗剪强度参数内摩擦角 φ 和黏聚力 c。

（2）试验方法

快剪试验：在试样上施加垂直压力后立即快速施加水平剪应力。

固结快剪试验：在试样上施加垂直压力，待试样排水固结稳定后，快速施加水平剪应力。

慢剪试验：在试样上施加垂直压力及水平剪应力的过程中，均使试样排水固结。

本试验采用快剪试验。

（3）仪器设备

等应变直剪仪（图 12.9、图 12.10）：包括剪切盒（水槽、上剪切盒、下剪切盒），垂直加压框架，负荷传感器或测力计及推动机构等，其技术条件应符合现行国家标准《岩土工程仪器基本参数及通用技术条件》（GB/T 15406）的规定；

  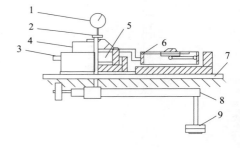

图 12.9 等应变直剪仪

图 12.10 等应变直剪仪结构示意图

1—垂直变形百分表；2—垂直加压框架；
3—推动座；4—剪切盒；5—试样；6—测力计；
7—台板；8—杠杆；9—砝码

位移传感器或位移计（百分表）：量程 5～10mm，分度值 0.01mm；

天平：称量 500g，分度值 0.1g；

环刀：内径 6.18cm，高 2cm；

其他：饱和器、削土刀或钢丝锯、秒表、滤纸、直尺。

（4）试验步骤

① 用环刀切取 4 个试样备用，并测相应的含水率和密度。

② 垂直压力应符合下列规定：每组试验应取 4 个试样，在 4 种不同垂直压力下进行剪

切试验。可根据工程实际和土的软硬程度施加各级垂直压力，垂直压力的各级差值要大致相等。也可取垂直压力分别为 100kPa、200kPa、300kPa、400kPa，各个垂直压力可一次轻轻施加，若土质松软，也可分级施加以防试样挤出。

③ 对准上下盒，插入固定销。在下盒内放不透水板。将装有试样的环刀平口向下，对准剪切盒口，在试样顶面放不透水板，然后将试样徐徐推入剪切盒内，移去环刀。

④ 转动手轮，使上盒前端钢珠刚好与负荷传感器或测力计接触。调整负荷传感器或测力计读数为零。顺次加上加压盖板、钢珠、加压框架，安装垂直位移传感器或位移计，测记起始读数。

⑤ 本实验的加荷顺序为 100kPa、200kPa、300kPa、400kPa。

⑥ 施加垂直压力后，立即拔去固定销。开动秒表，宜采用 0.8～1.2mm/min 的速率剪切，4～6r/min 的均匀速度旋转手轮，使试样在 3～5min 内剪损。当剪应力的读数达到稳定或有显著后退时，表示试样已剪损，宜剪至剪切变形达到 4mm。当剪应力读数继续增加时，剪切变形应达到 6mm 为止，手轮每转一转，同时测记负荷传感器或测力计读数并根据需要测记垂直位移读数，直至剪损为止（注：手轮每转一圈推进下盒 0.2mm）。

⑦ 剪切结束后，吸去剪切盒中积水，倒转手轮，移去垂直压力、框架、钢珠、加压盖板等，取出试样。需要时，测定剪切面附近土的含水率。

⑧ 重复上述步骤，做其他各垂直压力下的剪切试验。

⑨ 全部做完后，取下土样，把仪器打扫干净。

（5）成果整理

① 按下式计算剪应力：

$$\tau = C_1 R \tag{12.12}$$

式中　τ——剪应力，kPa；

　　R——量力环中测微表读数，0.01mm；

　　C_1——量力环校正系数，kPa/0.01mm。

② 按下式计算剪切位移：

$$L = 20n - R \tag{12.13}$$

式中　L——剪切位移，0.01mm；

　　n——手轮转数；

　　R——量力环中测微表读数，0.01mm。

③ 以剪应力 τ 为纵坐标，剪切位移 L 为横坐标，绘制剪应力 τ 与剪切位移 L 关系曲线（τ-L 关系曲线），如图 12.11 所示；以剪应力 τ 为纵坐标，垂直压应力 p 为横坐标（注意纵、横坐标比例尺应一致），绘制剪应力 τ 与垂直压应力 p 的关系曲线（τ-p 关系曲线），如图 12.12 所示，该直线的倾角即为土的内摩擦角 φ（°），该直线在纵坐标上的截距即为土的黏聚力 c，kPa。

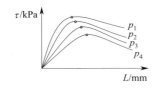

图 12.11　τ-L 关系曲线

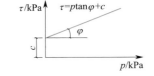

图 12.12　τ-p 关系曲线

④ 记录表格，写入试验报告。

（6）注意事项

① 开始剪切时，一定要拔掉销钉，否则会导致试样报废，而且会损坏仪器，若销钉弹出，还有伤人的危险。

② 加荷时应轻拿轻放，避免冲击、振动。

③ 摇动手轮时应尽量做匀速连续转动，不可中途停顿。

12.8　无侧限抗压强度试验

（1）试验目的

测定黏性土（特别是饱和黏性土）在无侧向压力的条件下，抵抗轴向压力的极限强度；确定土体的灵敏度指标（土的灵敏度是指原状土的无侧限抗压强度与重塑后的无侧限抗压强度之比值）。

（2）试验方法与适用范围

无侧限抗压强度试验是三轴试验的一个特例，即将土样置于不受侧向限制的条件下进行的压力实验，此时土样所受的小主应力 $\sigma_3 = 0$ 而大主应力 σ_1 之极限值即为无侧限抗压强度。

本试验方法适用于饱和黏性土。

（3）试验所用的主要仪器设备

① 应变控制式无侧限压缩仪：应包括负荷传感器或测力计、加压框架及升降螺杆等。应根据土的软硬程度选用不同量程的负荷传感器或测力计，如图 12.13 所示。

② 位移传感器或位移计（百分表）：量程30mm，分度值 0.01mm。

③ 天平：称量 1000g，分度值 0.1g。

④ 原状土试样制备，试样直径宜为 35～40mm，高度与直径之比宜采用 2.0～2.5。

图 12.13　应变控制式无侧限压缩仪

⑤ 其他设备包括秒表、厚约 0.8cm 的铜垫板、卡尺、切土盘、直尺、削土刀、钢丝锯、薄塑料布、凡士林。

（4）无侧抗压强度试验操作

① 将试样两端抹一薄层凡士林，在气候干燥时，试样周围亦需抹一薄层凡士林，防止水分蒸发。

② 将试样放在下加压板上，升高下加压板，使试样与上加压板刚好接触。将轴向位移计、轴向测力读数均调至零位。

③ 下加压板宜以每分钟轴向应变为 1%～3% 的速度上升，使试验在 8～10min 内完成。

④ 轴向应变小于 3% 时，每 0.5% 应变测记轴向力和位移读数 1 次；轴向应变达 3% 以后，每 1% 应变测记轴向位移和轴向力读数 1 次。

⑤ 当轴向力的读数达到峰值或读数达到稳定时，应再进行 3%～5% 的轴向应变值即可停止试验；当读数无稳定值时，试验应进行到轴向应变达 20% 为止。

⑥ 试验结束后，迅速下降下加压板，取下试样，描述破坏后形状，测量破坏面倾角。

⑦ 当需要测定灵敏度时，应立即将破坏后的试样除去涂有凡士林的表面，加入少量切削余

土，包于塑料薄膜内用手搓捏，破坏其结构，重塑成圆柱形，放入重塑筒内，用金属垫板，将试样挤成与原状样密度、体积相等的试样。然后应按本节第②条～第⑥条的规定进行试验。

（5）成果整理

① 按下式计算轴向应变：

$$\varepsilon_1 = \Delta h / h_0 \tag{12.14}$$

式中　ε_1——轴向应变，%；

　　　h_0——试样起始高度，cm；

　　　Δh——轴向变形，cm。

② 按下式计算试样平均数面积：

$$A_a = A_0 / (1 - \varepsilon_1) \tag{12.15}$$

式中　A_a——校正后试样面积，cm^2；

　　　A_0——试样初始面积，cm^2。

③ 按下式计算试样所受的轴向应力：

$$\sigma = CR / A_a \times 10 \tag{12.16}$$

式中　σ——轴向应力，kPa；

　　　C——测力计率定系数，N/0.01mm；

　　　R——测力计读数，0.01mm；

　　　10——单位换算系数。

④ 按下式计算灵敏度：

$$S_t = q_u / q_u'$$

式中　S_t——灵敏度；

　　　q_u——原状试样的无侧限抗压强度，kPa；

　　　q_u'——重塑试样的无侧限抗压强度，kPa。

⑤ 曲线绘制。

以轴向应力为纵坐标，轴向应变为横坐标，绘制轴向应力与轴向应变关系曲线。取曲线上最大轴向应力作为无侧限抗压强度，当曲线上峰值不明显时，取轴向应变 15% 所对应的轴向应力作为无侧限抗压强度。

12.9　击实试验

（1）试验目的

本试验的目的是用标准的击实方法，测定土的密度与含水率的关系，从而确定土的最大干密度与最优含水率。

轻型击实试验适用于粒径小于 5mm 的黏性土，重型击实试验适用于粒径小于 20mm 的土。

（2）试验仪器设备

① 击实仪：由击实筒、击锤和护筒组成。应符合现行国家标准《土工试验仪器 击实仪》（GB/T 22541）的规定。

击实仪的击锤应配导筒，击锤与导筒间应有足够的间隙使锤能自由下落。电动操作的击锤必须有控制落距的跟踪装置和锤击点按一定角度均匀分布的装置。

② 天平：称量 200g，分度值 0.01g。

③ 台秤：称量 10kg，分度值 1g。

④ 标准筛：孔径为 5mm、20mm。

⑤ 试样推出器：宜用螺旋式千斤顶或液压式千斤顶，如无此类装置，也可用刮刀和修土刀从击实筒中取出试样。

⑥ 其他：烘箱、喷水设备、碾土设备、盛土器、修土刀和保湿设备等。

（3）操作步骤

1）试样制备

试样制备分为干法制备和湿法制备。

① 干法制备。

a. 用四分法取一定量的代表性风干试样，其中小筒所需土样约为 20kg，大筒所需土样约为 50kg，放在橡皮板上用木碾碾散，也可用碾土器碾散。

b. 轻型按要求过 5mm 或 20mm 筛，重型过 20mm 筛，将筛下土样拌匀，并测定土样的风干含水率；根据土的塑限预估的最优含水率，制备不少于 5 个不同含水率的一组试样，相邻 2 个试样含水率的差值宜为 2%。

c. 将一定土样平铺于不吸水的盛土盘内，其中小型击实筒所需击实土样约为 2.5kg，大型击实筒所取土样约为 5.0kg，按预定含水率用喷水设备往土样上均匀喷洒所需加水量，拌匀并装入塑料袋内或密封于盛土器内静置备用。静置时间分别为：高液限黏土不得少于 24h，低液限黏土可酌情缩短，但不应少于 12h。

② 湿法制备。

湿法制备应取天然含水率的代表性土样，其中小型击实筒所需土样约为 20kg，大型击实筒所需土样约为 50kg。碾散，按要求过筛，将筛下土样拌匀，并测定试样的含水率。分别风干或加水到所要求的含水率，应使制备好的试样水分均匀分布。

2）试样击实步骤

① 将击实仪平稳置于刚性基础上，击实筒内壁和底板涂一薄层润滑油，连接好击实筒与底板，安装好护筒。检查仪器各部件及配套设备的性能是否正常，并做好记录。

② 从制备好的一份试样中称取一定量土料，分 3 层或 5 层倒入击实筒内并将土面整平，分层击实。手工击实时，应保证使击锤自由铅直下落，锤击点必须均匀分布于土面上；所需的击数为 25 次，击实后的每层试样高度应大致相等，两层交界面的土面应刨毛。击实完成后，超出击实筒顶的试样高度应小于 6mm。

③ 用修土刀沿护筒内壁削挖后，扭动并取下护筒，测出超高，应取多个测值平均，准确至 0.1mm。沿击实筒顶细心修平试样，拆除底板。试样底面超出筒外时，应修平。擦净筒外壁，称量，准确至 1g。

④ 用推土器从击实筒内推出试样，从试样中心处取 2 个一定量的土料，细粒土为 15~30g，粗粒土为 50~100g。平行测定土的含水率，称量准确至 0.01g，两个含水率的最大允许差值应为 ±1%。

⑤ 按上述①~④的操作步骤对其他含水率的土样进行击实，一般不得重复使用土样。

（4）计算与制图

1）计算

① 计算击实后试样的含水率：

$$w = \left[(m / m_d) - 1 \right] \times 100\% \tag{12.17}$$

式中　w——含水率，%；

m——湿土质量，g；

m_d——干土质量，g。

② 计算击实后各试样的干密度（计算至 0.01g/cm^3）：

$$\rho_d = \rho/(1 + 0.11w) \tag{12.18}$$

式中　ρ——湿密度，g/cm^3；

ρ_d——干密度，g/cm^3。

③ 计算土的饱和含水率：

$$w_{\text{sat}} = [(\rho_w/\rho_d - 1/G_s)] \times 100\% \tag{12.19}$$

式中　w_{sat}——饱和含水率，%；

ρ_w——水的密度，g/cm^3；

G_s——土的比重。

2）制图

以干密度为纵坐标，含水率为横坐标，绘制干密度与含水率的关系曲线，即为击实曲线。曲线峰值点的纵、横坐标分别代表土的最大干密度和最优含水率。如果曲线不能得出峰值点，应进行补点试验。

计算数个干密度下的饱和含水率。以干密度为纵坐标，含水率为横坐标，在击实曲线的图中绘制出饱和曲线，用以校正击实曲线。图的形式见图 12.14。

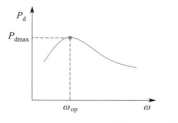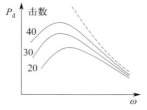

图 12.14　击实曲线

击实功能：土料的最大干密度和最优含水率不是常数。最大干密度随击数的增加而逐渐增大，最优含水率逐渐减小。当含水率较低时击数的影响较显著。当含水率较高时，含水率与干密度关系曲线趋近于饱和线，这时提高击实功能是无效的。

 思考拓展

12.1　土的密度、相对密度、含水量、干密度及饱和土密度的定义是什么？

12.2　为什么要测定土的密度、相对密度和含水量？测试结果如何使用？

12.3　剪切试验 φ 和 c 的来源是什么？土的抗剪强度的大小与哪些因素有关？

12.4　砂类土的主要特征是什么？黏性土的主要特征是什么？

12.5　为什么要做土的粒径分析？土的级配曲线如何使用？

12.6　什么是液限、塑限？测定土的液限和塑限的作用？

12.7　击实试验的目的和工程意义？

12.8　什么是最佳含水量？哪些因素会影响土的最佳含水量数值？

第 12 章

第 13 章
现场非破损检测技术

本章数字资源

教学要求
知识总结
拓展阅读
在线题库
课件获取

学习目标

了解现场无损检测的目的及内容。
掌握混凝土结构检测内容及方法。
掌握钢结构检测内容及方法。
掌握砌体结构检测内容及方法。
掌握火灾后结构检测内容及方法。

13.1　工程结构物现场检测概论

13.1.1　工程结构物现场检测的目的和意义

工程结构现场检测大多数属于结构鉴定性检验。它直接为生产服务，经常用来验证和鉴定结构的设计与施工质量；为处理工程质量事故和受灾结构提供技术依据；为使用已久的旧建筑物普查、剩余寿命鉴定、维护或加固以及改扩建提供合理的方案；为现场预制构件产品做检验合格与否的质量评定。

大量事故隐患调查表明，不同历史时期的建筑物都与当时的社会经济环境、政策法规、建筑造价和科技水平等因素有直接关系。除此以外，建筑物在使用中还会遇到各种偶发事件而遭受损伤，如地基的不均匀沉降、结构的温度变形、随意改变使用功能导致长期超载使用、工业事故，还有地震、台风、火灾、水灾等突发性灾害作用，这些多数是随机的，而且难以预测，设计更难考虑，一旦发生，都会影响工程结构的使用寿命。

目前世界各国对于建筑物的使用寿命和灾害控制极为重视和关注。这主要因为现存的旧建筑物逐渐增多，很多已到了设计寿命期，结构存在不同程度的老化，抵御灾害的能力不断下降，有的则已进入了危险期，使用功能接近失效，由此而引发建筑物的破损、倒塌事故。因此，需对建筑物进行检测与可靠性评估及剩余寿命的预测，保证建筑物的安全使用。

对旧建筑物或受灾结构的检测鉴定也称为结构的可靠性诊断。可靠性诊断是指对结构的损伤程度和剩余抗力进行检测、试验、判断和分析研究并取得结论的全部过程。

13.1.2　现场结构检测的特点和常用检测方法

现场结构检测由于试验对象明确，除了混凝土预制构件或钢构件的质量检验在加工厂或预制场地进行以外，大多数都在实际建筑物现场进行检测。这些结构经过试验检测后，均要求能继续使用，所以这类试验一般都是非破坏性的，这是结构现场检测的主要特点。

现场试验检测的手段和方法很多，各自的特点和适用条件也不相同。到目前为止，还没有一种统一的方法能针对不同的结构类型和不同的检测目的。所以在选择检测方法、仪表和设备时，应根据建筑物的历史情况和试验目的，按国家有关检测技术和鉴定标准，从经济、试验结果的可靠程度和对原有结构可能造成的损坏程度等诸多方面综合比较。但应注意的是，对同一检测项目宜选择两种以上方法做对比试验，以增加检测结果的可信度。

结构的现场荷载试验能直接提供结构的性能指标与承载力数据，而且准确可靠。荷载试验分为两类：第一类是结构原位荷载试验，布置荷载和试验结果计算分析时，应符合计算简图并考虑相邻构件的影响，但一般不做破坏性试验；第二类是原型结构分离构件试验即结构解体试验。取样时应注意安全，对结构造成的损伤应尽快修复。构件的试验支承条件与计算简图应一致。现场荷载试验的缺点是费工、费时、费用高。关于现场结构荷载试验方法，前面所述的静载试验和动载试验方法均可适用。表 13.1 为检测方法选用比较。

表 13.1　混凝土结构试验检测方法的选用比较

用途		检测方法	精度	检测效率	简便性	经济性	发展前途
材料强度		回弹法	B	B	A	A	B
		超声法	C	C	B	B	B
		拔出法	B	C	B	B	B
		取芯法	A	C	C	C	A
		综合法	B	C	B	B	B
内部检测	保护层厚度（钢筋位置）	射线法	B	C	C	C	B
		超声法	C	C	C	B	B
		射线法	B	B	A	A	A
		雷达法	B	C	B	C	B
	裂缝	AE 法	B	B	B	B	A
		红外线法	B	C	C	C	B
		超声法	B	A	C	B	B
	缺陷	超声法	B	B	B	B	B
		红外线法	B	C	C	B	B
		雷达法	B	B	B	C	B
	钢材锈蚀	自然电位法	C	C	C	B	B
		射线法	B	C	B	C	B
		电磁法	B	B	A	A	A
水泥含量及其他有害物质含量		化学分析法	A	B	C	B	A
结构性能与承载力		结构原位荷载试验	A	B	B	B	A
		结构解体构件试验	A	C	C	C	B

非破损检测是在不破坏整体结构或构件的使用性能的情况下，检测结构或构件的材料力学性能、缺陷损伤和耐久性等参数，以对结构及构件的性能和工作状况做出定性和定量评定。

非破损检测的一个重要特点是对比性或相关性，即必须预先对具有被测结构同条件的试样进行检测，然后对试样进行破坏试验，建立非破损或微破损试验结果与破坏试验结果的对比或相关关系，才有可能对检测结果做出较为正确的判断。尽管这样，非破损检测毕竟是间接测定，受不确定因素影响较大，所测结果未必十分可靠。因此，采用多种方法检测和综合比较，以提高检测结果的可靠性，是行之有效的办法。

13.1.3　混凝土结构现场检测部位的选择

采用非破损检测方法检测结构混凝土强度时，检测部位的选择应尽量避开构件顶部的弱区混凝土。梁、柱、墙板的检测部位应接近它的中部，楼板宜在底部进行，如果一定要在板表面进行时，要除掉板表层混凝土 10～20mm 厚。这主要是考虑现场结构混凝土的变异性和强度不均匀性。因为现场混凝土浇筑过程中粗骨料下沉，浆液上升，加上混凝土流体状态的静压效应作用等因素的影响，发现构件低位处的混凝土强度最高，高位处的强度最低。图 13.1 给出了四种不同构件典型的相对强度分布的离散性，这四条曲线是通过大量的非破损检测方法检测结构混凝土强度的结果总结出来的。图 13.2 和图 13.3 分别为墙板和梁的相对强度分布的离散性。因此，非破损检测部位的选择至关重要。

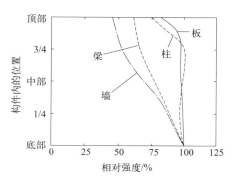

图 13.1　不同构件混凝土强度的变异性

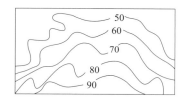

图 13.2　墙板的不同部位相对强度（单位：%）

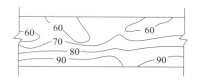

图 13.3　梁的不同部位相对强度（单位：%）

13.1.4　测点数量的确定

非破损检测方法其测点容易选择，允许选择的范围大。测点数量的合理选择和确定，主要以保证检测结构性能指标的可靠性为前提，其次根据试件的尺寸大小和构件数量多少，以及试验费用的支出等因素综合考虑。表 13.2 列出了以一个标准取芯试验作对比，各种试验方法的相对试验测点数量。为此，各国在制定相应规范和标准时，都明确规定了最少测点数量。

表 13.2　各种检测方法的相对测点数量

试验方法	标准芯样	小直径芯样	回弹法	超声法	拔出法	贯入阻力法
测点数量	1	3	10	1	6	3

13.2　回弹法检测结构混凝土强度

13.2.1　回弹法的基本概念

人们通过试验发现，混凝土的强度与其表面硬度存在内在联系，通过测量混凝土表面硬度，可以用来推定混凝土抗压强度。1948 年瑞士科学家史密特发明了回弹仪，如图 13.4。用回弹仪弹击混凝土表面时，由仪器内部的重锤回弹能量的变化，反映混凝土表面的不同硬度，此法称之为回弹法。几十年来回弹法已成为结构混凝土检测中最常用的一种非破损检测方法。

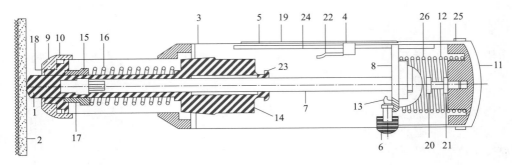

图 13.4 回弹仪构造图

1—冲杆；2—试验构件表面；3—套筒；4—指针；5—刻度尺；6—按钮；7—导杆；8—导向板；9—螺钉盖帽；10—卡环；11—后盖；12—压力弹簧；13—钩子；14—锤；15—弹簧；16—拉力弹簧；17—轴套；18—毡圈；19—透明护尺片；20—调整螺钉；21—固定螺钉；22—弹簧片；23—铜套；24—指针导杆；25—固定块；26—弹簧

回弹法的基本原理是使用回弹仪的弹击拉簧驱动仪器内的弹击重锤，通过中心导杆，弹击混凝土的表面，并测出重锤反弹的距离，以反弹距离与弹簧初始长度之比为回弹值 R，由 R 与混凝土强度的相关关系来推定混凝土抗压强度。

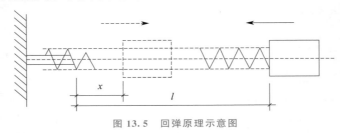

图 13.5 回弹原理示意图

按图 13.5，回弹值 R 可用下式表示：

$$R = \frac{x}{l} \times 100\%$$

式中 l——弹击弹簧的初始拉伸长度；

x——重锤反弹位置或重锤回弹时弹簧拉伸长度。

目前回弹法测定混凝土强度均采用试验归纳法，建立混凝土强度 f_{cu}^c，与回弹值 R 之间的一元回归方程，或建立混凝土强度与回弹值 R 及混凝土表面的碳化深度 d 相关的二元回归方程。目前常用的有

直线方程 $\qquad\qquad\qquad f_{cu}^c = A + BR_m$

抛物线方程 $\qquad\qquad f_{cu}^c = A + BR_m + R_m^2$

二元方程 $\qquad\qquad\quad f_{cu}^c = AR_m^B \times 10^{Cd_m}$

式中 f_{cu}^c——某测区混凝土的强度换算值；

R_m——测区平均回弹值；

d_m——测区平均碳化深度；

A，B，C——常数项，按原材料条件等因素不同而变化。

根据上述原理，世界各国都先后制定了适合本国的回弹法测试标准。我国从 1985 年颁布第一部标准以来在技术上取得了很大进步，先后修订过 3 次，于 2011 年颁布了《回弹法检测混凝土抗压强度技术规程》（JGJ/T 23）（以下简称《规程》）。基于泵送混凝土的广泛应用，2005—2018 年北京、辽宁、陕西、山东、浙江等地，根据泵送商品混凝土的特点，

先后专门编制了《回弹法检测泵送混凝土抗压强度技术规程》（辽宁省地标 DB21/T 1559—2018）。修订的规程专门增加了泵送混凝土的检测条文，更适合我国国情。国家为了统一现场检测方法，2013 年颁布了《混凝土结构现场检测技术标准》（GB/T 50784），因此现场检测除了遵守国家颁布的规程规定以外，还应遵守本地区的规程。

13.2.2　回弹法的检测技术

回弹法检测混凝土强度应以回弹仪水平方向垂直于结构或构件浇筑侧面为标准量测状态。测区的布置应符合《规程》规定，每一结构或构件测区数不少于 10 个，每个测区面积为（200×200）mm，每一测区设 16 个回弹点，相邻两点的间距一般不小于 30mm，一个测点只允许回弹一次，最后从测区的 16 个回弹值中分别剔除 3 个最大值和 3 个最小值，取余下 10 个有效回弹值的平均值作为该测区的回弹值，即

$$R_{\mathrm{m}} = \frac{\sum_{i=1}^{10} R_i}{10} \tag{13.1}$$

式中　R_{m}——测区平均回弹值，精确至 0.1；

　　　R_i——第 i 个测点的回弹值。

当回弹仪测试位置非水平方向时，考虑到不同测试角度，回弹值应按下列公式修正：

$$R_{\mathrm{m}} = R_{\mathrm{m}\alpha} + R_{\mathrm{a}\alpha} \tag{13.2}$$

式中　$R_{\mathrm{m}\alpha}$——非水平状态检测时测区平均回弹值，精确至 0.1；

　　　$R_{\mathrm{a}\alpha}$——非水平方向检测时的回弹修正值，按表 13.3 采用。

表 13.3　非水平方向检测时的回弹修正值 $R_{\mathrm{a}\alpha}$

$R_{\mathrm{m}\alpha}$	α 向上				α 向下			
	+90°	+60°	+45°	+30°	−30°	−45°	−60°	−90°
20	−6.0	−5.0	−4.0	−3.0	+2.5	+3.0	+3.5	+4.0
30	−5.0	−4.0	−3.5	−2.5	+2.0	−2.5	+3.0	+3.5
40	−4.0	−3.5	−3.0	−2.0	+1.5	+2.0	+2.5	+3.0
50	−3.5	−3.0	−2.5	−1.5	+1.0	+1.5	+2.0	+2.5

注：当 $R_{\mathrm{m}\alpha}$<20 或>50 时，分别按表中 20 或 50 查表。

当测试面为浇筑方向的顶面或底面时，测得的回弹值按下列公式修正：

$$R_{\mathrm{m}} = R_{\mathrm{m}}^{\mathrm{t}} + R_{\mathrm{a}}^{\mathrm{t}} \tag{13.3}$$

$$R_{\mathrm{m}} = R_{\mathrm{m}}^{\mathrm{b}} + R_{\mathrm{a}}^{\mathrm{b}} \tag{13.4}$$

式中　$R_{\mathrm{m}}^{\mathrm{t}}$，$R_{\mathrm{m}}^{\mathrm{b}}$——水平方向检测混凝土浇筑表面、底面时，测区的平均回弹值，精确至 0.1；

　　　$R_{\mathrm{a}}^{\mathrm{t}}$，$R_{\mathrm{a}}^{\mathrm{b}}$——混凝土浇筑表面、底面回弹值的修正值，按表 13.4 采用。

表 13.4　不同浇筑面的回弹修正值

$R_{\mathrm{m}}^{\mathrm{t}}$ 或 $R_{\mathrm{m}}^{\mathrm{b}}$	表面修正值 $R_{\mathrm{a}}^{\mathrm{t}}$	底面修正值 $R_{\mathrm{a}}^{\mathrm{b}}$	$R_{\mathrm{m}}^{\mathrm{t}}$ 或 $R_{\mathrm{m}}^{\mathrm{b}}$	表面修正值 $R_{\mathrm{a}}^{\mathrm{t}}$	底面修正值 $R_{\mathrm{a}}^{\mathrm{b}}$
20	+2.5	−3.0	40	+0.5	−1.0
25	+2.0	−2.5	45	0	−0.5
30	+1.5	−2.0	50	0	0
35	+1.0	−1.5			

注：当 $R_{\mathrm{m}}^{\mathrm{t}}$、$R_{\mathrm{m}}^{\mathrm{b}}$<20 或>50 时，分别按 20 或 50 查表。

测试时，如果回弹仪既处于非水平状态，同时又在浇筑表面或底面，则应先进行角度修正，再进行顶面或底面修正。

特别指出，回弹法混凝土表面碳化深度检测和测区强度修正至关重要，对测区强度影响很大。根据统计，当碳化深度为 1mm 时，强度要折减 5%～8%，当碳化深度大于等于 6mm 时，强度要折减 32%～40%。

碳化是指混凝土表面受到大气中 CO_2 的作用，使混凝土中未分解的 $Ca(OH)_2$ 逐步形成碳酸钙 $CaCO_3$ 而变硬，混凝土表面测试的回弹值偏高，因此应予以修正。近几年还发现掺加了粉煤灰、矿粉、外加剂和施工模板采用的涂模剂等不确定因素，也会加速混凝土表面碳化。检测发现新浇混凝土构件 3 个月到一年时间内，碳化深度达到 3～6mm。因此碳化对新老混凝土都存在。所以《规程》规定，每个构件碳化深度测点不少于 3 个，取其平均值。碳化深度检测方法按《规程》要求执行。当碳化深度值极差大于 2mm 时，应在每个测区分别测量。

根据各测区的平均回弹值及平均碳化深度即可按《规程》规定的方法查表确定各测区的混凝土强度。但要注意，当检测为泵送混凝土制作的结构或构件时要符合下列规定：

① 当碳化深度不大于 2mm 时，每一测区混凝土应按表 13.5 修正，如果本地区有专门规程，按本地规程执行；

② 当碳化深度大于 2mm 时，可采用同条件试块或钻取混凝土芯样进行修正。

表 13.5　泵送混凝土测区混凝土强度换算值的修正值

碳化深度值/mm		抗压强度值/MPa			
0.0、0.5、1.0	f_{cu}^c	≤40.0	45.0	50.0	55.0～60.0
	K	+4.5	+3.0	+1.5	0.0
1.5、2.0	f_{cu}^c	≤30.0	35.0	40.0～60.0	
	K	+3.0	+1.5	0.0	

注：表中未列入的 f_{cu}^c 值可用内插法求得其修正值，精确至 0.1MPa。

13.2.3　结构或构件混凝土强度的计算与评定

（1）结构或构件混凝土强度平均值和强度标准差计算

根据《规程》附表查得的测区混凝土强度换算值或换算值的修正值，求其结构或构件混凝土强度平均值和标准差。按下列公式计算：

$$m_{f_{cu}^c} = \frac{\sum_{i=1}^n f_{cu,i}^c}{n} \tag{13.5}$$

式中　$m_{f_{cu}^c}$ ——结构或构件混凝土强度平均值，MPa，精确至 0.1MPa；

　　　　n ——样本容量对于单个测定构件，取一个构件的测区数，对于批量构件，取各抽检构件测区数之和。

结构或构件混凝土强度标准差计算方法如下：

当测区数不少于 10 个时，混凝土强度标准差为

$$S_{f_{cu}^c} = \sqrt{\frac{\sum_{i=1}^n (f_{cu,i}^c)^2 - n(m_{f_{cu}^c})^2}{n-1}} \tag{13.6}$$

式中　$S_{f_{cu}^c}$ ——结构或构件混凝土强度标准差，MPa，精确至 0.01MPa。

（2）结构或构件混凝土强度推定值 $f_{cu,e}^c$ 的计算和确定

① 当结构或构件测区数少于 10 个以及单个构件检测时

$$f_{cu,e} = f^c_{cu,min} \tag{13.7}$$

式中　$f^c_{cu,min}$ ——构件中最小的测区混凝土强度换算值。

② 当结构或构件的测区强度值中出现小于 10.0MPa 时

$$f_{cu,e} < 10.0MPa \tag{13.8}$$

③ 当结构或构件测区数不少于 10 个或按批量检测时

$$f_{cu,e} = m_{f^c_{cu}} - 1.645 S_{f^c_{cu}} \tag{13.9}$$

④ 对按批量检测的构件，当该批构件混凝土强度标准差出现下列情况之一时，则该批构件应全部按单个构件检测与评定：a. 当该批构件混凝土强度平均值不小于 25MPa 和标准差 $S_{f^c_{cu}} > 5.5MPa$ 时；b. 当该批构件混凝土强度平均值小于 25MPa 和标准差 $S_{f^c_{cu}} > 4.5MPa$ 时。

13.3　超声法检测混凝土强度

结构混凝土的抗压强度 f^c_{cu} 与超声波在混凝土中的传播速度之间的关系是超声脉冲检测混凝土强度方法的理论基础。

（1）基本原理

超声波检测是通过专门的超声检测仪的高频电振荡激励仪器中的换能器的压电晶体，由压电效应产生的机械振动发出的声波在混凝土介质中的传播来检测混凝土强度的（图 13.6 所示）。传播速度与混凝土介质的密度有关。混凝土的密度好，强度高，相应声波传播速度快，反之，传播速度慢。经试验验证，这种传播速度与强度大小的相关性，可以采用统计方法反映其相关规律的非

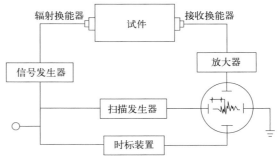

图 13.6　混凝土超声波检测原理

线性数学模型来拟合，即通过试验建立混凝土强度与声速关系曲线，求得混凝土强度，也可通过经验公式得到，例如指数函数方程式

$$f^c_{cu} = A e^{Bv}$$

或幂函数方程

$$f^c_{cu} = A v^B$$

式中　f^c_{cu} ——混凝土强度换算值，MPa；

　　　　v ——超声波在混凝土中传播速度；

　　A、B ——常数项。

（2）混凝土超声波检测的仪器

目前用于混凝土检测的超声波仪器可分为两大类：

① 模拟式：接收的超声信号为连续模拟量，可由时域波形信号测读参数，现在已很少采用。

② 数字式：接收的超声信号转换为离散数字量，具有采集、储存数字信号，测读声波参数和对数字信号处理的智能化功能。这是近几年发展起来的新技术，被广泛采用。

（3）超声法检测混凝土强度的应用缺陷和综合法的开发应用

由于超声法检测混凝土强度不确定影响因素较多，测试结果误差较大，所以目前单独采用超声法检测混凝土强度已很少。而广泛采用超声回弹综合法检测混凝土强度，以提高测试精度。下面介绍超声回弹综合法检测方法。

13.4　超声回弹综合法检测结构混凝土强度

13.4.1　基本原理

超声回弹综合法检测混凝土强度技术，实质上就是超声法与回弹法的综合测试方法。该方法是建立在超声波在混凝土中的传播速度和混凝土表面硬度的回弹值与混凝土抗压强度之间相关关系的基础上，以超声波声速值和回弹平均值综合反映混凝土抗压强度。

其优点是，综合法能对混凝土中的某些物理量在采用超声法和回弹法测试中产生的影响因素进行相互补偿。如综合法中混凝土碳化因素可不予修正，其原因是碳化深度较大的混凝土，由于其龄期长而内部含水量相应降低，使超声波声速稍有下降，可以抵消回弹值因碳化而上升的影响。试验证明，用综合法 $f_{cu}^c - v - R_m$ 相关关系推算混凝土抗压强度时，不需考虑碳化深度所造成的影响，而且其测量精度优于回弹法或超声法单一方法，减少了测量误差。

超声回弹综合法检测时，构件上每一测区的混凝土强度是根据同一测区实测的超声波声速值 v 及回弹平均值 R_m，建立 $f_{cu}^c - v - R_m$ 的关系测强曲线推定的。其曲面形曲线回归方程所拟合的测强曲线比较符合 f_{cu}^c、v、R_m 三者之间的相关性。

$$f_{cu}^c = a v^b R_m^c$$

式中　f_{cu}^c——混凝土抗压强度换算值，MPa；
　　　v——超声波在混凝土中的传播速度，km/s；
　　　R_m——回弹平均值；
　　　a——常数项；
　　　b，c——回归系数。

为了规范检测方法和数字式超声检测技术的发展应用，我国修订出版了《超声回弹综合法检测混凝土抗压强度技术规程》（T/CECS 02—2020）（以下简称《技术规程》）。

13.4.2　超声回弹综合法检测技术

（1）回弹法测试与回弹值计算

《技术规程》中规定：回弹值的量测与计算，基本上参照回弹法检测规程，所不同的是不需测量混凝土的碳化深度，所以计算时不考虑碳化深度影响。对测试面和测试角度计算修正方法相同。

（2）超声法测试与声速值计算

超声测点的布置应在回弹测试的同测区内，每一测区布置3个测点。超声宜优先采用对测法，如图13.7所示；或角测法，如图13.8所示。当被测结构或构件不具备对测和角测条件时，可采用单面平测（参照《技术规程》附录D方法），如图13.9所示。

超声测试时，换能器辐射面应通过耦合剂（黄油或凡士林等）与混凝土测试面良好耦合。

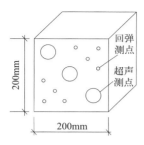

图 13.7　测点布置图（对测）

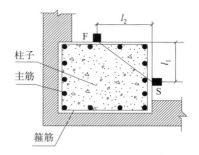

图 13.8　超声波角测法示意图

① 当在混凝土浇筑方向的侧面对测时，测区混凝土中声速代表值应根据该测区中 3 个测点的混凝土中声速值，按下列公式计算：

$$v = \frac{1}{3} \sum_{i=1}^{3} \frac{l_i}{t_i - t_0} \tag{13.10}$$

式中　v——测区混凝土中声速代表值，km/s，精确至 0.01；

　　　t_i——第 i 个测点混凝土中声时读数，μs，精确至 0.1μs；

　　　t_0——声时初读数，μs；

　　　l_i——第 i 个测点的超声测距，mm。角测时测距按图 13.8 和《技术规程》附录 D 第 D.1 节公式计算

$$l_i = \sqrt{l_{1i}^2 + l_{2i}^2} \tag{13.11}$$

式中　l_i——角测第 i 个测点换能器的超声测距，mm，精确至 1mm；

　　　l_{1i}^2，l_{2i}^2——角测第 i 个测点换能器与构件边缘的距离，mm，如图 13.8 所示。

② 当在试件混凝土的浇筑顶面或底面测试时，声速代表值应按下列公式修正：

$$v_a = \beta v \tag{13.12}$$

式中　v_a——修正后的测区混凝土中声速代表值，km/s；

　　　β——超声测试面声速修正系数。在混凝土浇筑的顶面及底面对测或斜测时，$\beta = 1.034$；在混凝土浇筑的顶面和底面平测时，测区混凝土声速代表值应按《技术规程》附录 D 第 D.2 节计算和修正。

③ 超声波平测方法的应用及数据的计算和修正，分为两种情况：

第一种是被测部位只有一个表面可供检测时，采用平测方法，每个测区布置 3 个测点，换能器布置如图 10.9 所示。布置超声平测点时，宜使发射和接收换能器的连线与附近钢筋呈 40°～50°角，超声测距 l 宜采用 350～450mm。计算时宜采用同一构件的对测声速 v_a 与平测声速 v_p 之比求得修正系数 $\lambda = v_a / v_p$，对平测声速进行修正。当不具备对测与平测的对比条件时，

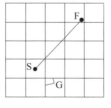

(a) 平面示意图

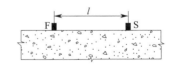

(b) 立面示意图

图 13.9　超声波平测示意图

宜选取有代表性的部位，以测距 l 为 200mm、250mm、300mm、350mm、400mm、450mm、500mm，逐点测读相应声时值，用回归分析方法，求出直线方程 $l = a + bt$，以回归系数 b 代替对测声速值，再对各平测声速值进行修正。

采用平测方法修正后的混凝土声速代表值按以下公式计算：

$$v_a = \frac{\lambda}{3} \sum_{i=1}^{3} \frac{l_i}{t_i - t_0} \tag{13.13}$$

式中　v_a——修正后的平测时混凝土声速代表值，km/s；

　　　l_i——平测第 i 个测点的超声测距，mm；

　　　t_i——平测第 i 个测点的声时读数，μs；

　　　λ——平测声速修正系数。

　　第二种是在构件浇筑顶面或底面平测时，可采用直线方程 $l = a + bt$ 求得平测数据，修正后混凝土中声速代表值按下列公式计算：

$$v = \frac{\lambda\beta}{3} \sum_{i=1}^{3} \frac{l_i}{t_i - t_0} \tag{13.14}$$

式中　β——超声测试面的声速修正系数，顶面平测 $\beta = 1.05$，底面平测 $\beta = 0.95$。

13.4.3　超声回弹综合法推定结构混凝土强度

　　① 适用范围：综合法的强度换算方法适用于下列条件的普通混凝土。

　　a. 混凝土用水泥应符合现行国家标准《通用硅酸盐水泥》（GB 175）的要求；

　　b. 混凝土用砂、石骨料应符合现行行业标准《普通混凝土用砂、石质量及检验方法标准》（JGJ 52）的要求；

　　c. 可掺或不掺矿物掺和料、外加剂、粉煤灰、泵送剂；

　　d. 人工或一般机械搅拌的混凝土或泵送混凝土；

　　e. 自然养护；

　　f. 龄期 7～2000 天，混凝土强度 10～70MPa。

　　② 测区混凝土抗压强度换算应符合下列规定：

　　a. 当不进行芯样修正时，测区的混凝土抗压强度宜采用专用测强曲线或地区测强曲线换算而得。

　　b. 当进行芯样修正时，测区混凝土抗压强度可按下列公式计算：当粗骨料为卵石时

$$f_{cu,i}^c = 0.0056 v_{ai}^{1.439} R_{ai}^{1.769} + \Delta_{cu,z} \tag{13.15}$$

当粗骨料为碎石时

$$f_{cu,i}^c = 0.162 v_{ai}^{1.656} R_{ai}^{1.410} + \Delta_{cu,z} \tag{13.16}$$

式中　$f_{cu,i}^c$——构件第 i 个测区混凝土抗压强度换算值，MPa，精确至 0.1MPa；

　　　v_{ai}——第 i 个测区声速代表值，精确至 0.01km/s；

　　　R_{ai}——第 i 个测区回弹代表值，精确至 0.1；

　　　$\Delta_{cu,z}$——修正量，按标准 GB/T 50784—2013 附录 C 计算，当无修正时，$\Delta_{cu,z} = 0$。

　　③ 当采用对应样本修正量法时，修正量和相应的修正可按下列公式计算：

$$\Delta_{loc} = f_{cor,m} - f_{cu,r,m}^c \tag{13.17}$$

$$f_{cu,ai}^c = f_{cu,i}^c + \Delta_{loc} \tag{13.18}$$

式中　Δ_{loc}——对应样本修正量，MPa；

　　$f_{cu,r,m}^c$——与芯样对应的测区换算强度平均值，MPa；

　　$f_{cor,m}$——芯样抗压强度平均值，MPa；

　　$f_{cu,i}^c$——修正前测区混凝土换算强度，MPa；

　　$f_{cu,ai}^c$——修正后测区混凝土换算强度，MPa。

　　④ 当采用对应样本修正系数方法时，修正系数和相应的修正可按下列公式计算：

$$\eta_{\mathrm{loc}} = \frac{f_{\mathrm{cor,m}}}{f_{\mathrm{cu,r,m}}^{\mathrm{c}}} \tag{13.19}$$

$$f_{\mathrm{cu},ai}^{\mathrm{c}} = \eta_{\mathrm{loc}} f_{\mathrm{cu},i}^{\mathrm{c}} \tag{13.20}$$

式中　η_{loc}——对应样本修正系数。

当采用一一对应修正法时，修正系数和相应的修正可按下列公式计算：

$$\eta = \frac{1}{n_{\mathrm{cor,r}}} \sum_{i=1}^{n_{\mathrm{cor,r}}} \frac{f_{\mathrm{cor},i}}{f_{\mathrm{cu,r},i}^{\mathrm{c}}}$$

$$n_{\mathrm{cor,r}} = 400\delta^2$$

式中　$n_{\mathrm{cor,r}}$——芯样数量；

　　　δ——混凝土抗压强度变异系数，对于直径 100mm 的芯样，芯样数量不应少于 6 个，对于小直径芯样，芯样数量不应少于 9 个；

　　　η——一一对应修正系数；

　　$f_{\mathrm{cor},i}$——第 i 个芯样试件混凝土立方体抗压强度换算值，MPa；

　$f_{\mathrm{cu,r},i}^{\mathrm{c}}$——与芯样对应的第 i 个测区被修正方法的换算抗压强度，MPa。

$$f_{\mathrm{cu},ai}^{\mathrm{c}} = \eta f_{\mathrm{cu},i}^{\mathrm{c}}$$

⑤ 对单个构件混凝土抗压强度推定，应符合标准 GB/T 50784—2013 附录 A.3.6 条的要求。即可按本教材 13.2.3 相同方法计算和抗压强度推定。

13.5　钻芯法检测结构混凝土强度

13.5.1　钻芯法的基本概念

① 钻芯法适用于检测结构中强度不大于 80MPa 的普通混凝土强度（不宜小于 10MPa）。钻芯取样采用如图 13.10 所示混凝土钻孔取芯机钻取。

② 钻取芯样前，应预先探测钢筋的位置，钻取的芯样内不应含有钢筋，尤其不允许含有与芯样轴线平行的纵向钢筋，以免影响芯样抗压强度。若是配筋较密的构件无法避开时，芯样内最多允许含有两根直径小于 10mm 的横向钢筋；直径小于 100mm 的小芯样试件只允许含有一根小于直径 $\phi 10$ 的横向钢筋。

③ 单个构件检测时，其芯样数量不应少于 3 个。

④ 现行《标准》规定：抗压试验的芯样试件宜采用标准芯样试件。钻取标准芯样的试件公称直径一般不应小于骨料最大粒径的 3 倍，并以直径 100mm，高度 h 与直径 d 之比为 1 的芯样作为标准芯样。采用小直径芯样试件时，直径不应小于 70mm，不得小于最大骨料粒径的 2 倍。芯样试件的数量，应根据检测批的容量确定。

⑤ 芯样端面应磨平，防止不平整导致应力集中而影响实测强度。

⑥ 钻孔取芯后结构上留下的孔洞应及时采用高一级

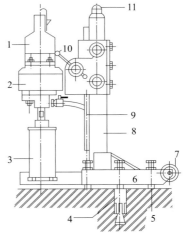

图 13.10　混凝土钻孔取芯机示意图

1—电动机；2—变速箱；3—钻头；
4—膨胀螺栓；5—支承螺钉；6—底座；
7—行走轮；8—主柱；9—升降齿条；
10—进钻手柄；11—堵盖

强度等级的不收缩混凝土进行修补。

13.5.2　芯样抗压试验和混凝土强度推定

芯样试件宜在被检测结构或构件混凝土干、湿度基本一致的条件下进行抗压试验。如结构工作条件比较干燥，芯样在受压前应在室内自然干燥 3d，以自然干燥状态进行试验。如结构工作条件比较潮湿，则芯样应在（20±5）℃的清水中浸泡 40～48h，从水中取出后进行试验。芯样试件的混凝土强度换算值按下式计算：

$$f_{cu,cor} = \frac{\beta F_c}{A} \tag{13.21}$$

式中　$f_{cu,cor}$——芯样试件混凝土强度值，MPa，精度至 0.1MPa；

F_c——芯样试件抗压试验所测得的最大压力，N；

A——芯样试件抗压截面面积，mm^2；

β——芯样试件强度换算系数，取 1.0。

国内外大量试验证明，直径 100mm 或 150mm、高径比 $h/d=1$ 的圆柱体芯样试件的抗压强度试验值，与边长为 150mm 的立方体试块强度基本上是一致的，因此可直接作为混凝土的强度换算值。

对于小直径芯样（$d < 100mm$）检测，在配筋过密的构件中应用较多。由于受芯样直径与粗骨料粒径之比的影响，大量试验证明，离散性较大，实际应用时要慎重。一般通过适当增加小芯样钻取数量，来增加检测结果的可信度。当有可靠试验依据时，芯样试件强度换算系数也可根据混凝土原材料和施工工艺情况通过试验确定。

尽管目前国内有两个行业标准并各有不同的评定方法，但是对混凝土强度验收有争议或工程事故鉴定时，为防止误判，应采用直径 100mm 芯样抗压强度作为判定依据，谨慎采用小直径芯样。对于港口和交通工程宜采用交通运输部行业标准。

芯样抗压强度值的推定：

① 当确定单个构件混凝土抗压强度推定时，芯样试件数量不应少于 3 个，对小尺寸构件不得少于 2 个，然后按芯样试件抗压强度值中的最小值确定。

② 当确定检测批的混凝土抗压强度推定值时，100mm 直径的芯样试件的最小样本量不宜少于 15 个，70mm 直径芯样试件不宜少于 20 个。其检测批强度推定值应计算推定区间，按《混凝土结构现场检测技术标准》（GB/T 50784）方法计算推定区间的上限值和下限值，然后按规程 JGJ/T 384—2016 规定确定强度推定值。

13.6　超声法检测混凝土缺陷

13.6.1　超声法检测混凝土缺陷的基本原理

混凝土缺陷检测是指对混凝土内部孔洞和不密实区的位置、范围，裂缝深度，表面损伤层厚度，不同时间浇筑的混凝土界面接合状态，灌注桩及钢管混凝土中的质量缺陷等进行检测。在工程验收、工程事故处理、突发灾害后的建筑物鉴定与加固、使用已久的危旧建（构）筑物和桥梁的鉴定与加固中，混凝土缺陷检测属于必不可少的重要检测项目。

超声法检测混凝土缺陷目前应用很广泛，主要采用数字式混凝土超声检测仪。其测量基本原理是测量超声脉冲纵波在构件混凝土中的传播速度、首波幅度和接收信号频率等声学参数。当构件混凝土存在缺陷或损伤时，超声脉冲通过缺陷时产生绕射，传播的声速比相同材料无缺陷混凝土的传播声速要小，声时偏长。根据声速、波幅和频率等声学参数的相对变化，判定混凝土的缺陷和损伤程度大小。为了规范检测和评定方法，国家出台了《超声法检测混凝土缺陷技术规程》（CECS 21—2000），应按规程规定执行。

13.6.2　混凝土裂缝深度检测

（1）单面平测法

当结构或构件的裂缝部位只有一个可测表面，估计裂缝深度又不大于 500mm 时，可采用单面平测法。平测时可在裂缝的被测部位，以不同的测距，按跨缝和不跨缝布置测点（布置时应避开钢筋的影响）进行检测。

① 不跨缝的声时测量：将 T 和 R 换能器置于裂缝附近同一侧面，以两个换能器内边缘间距（l'）等于 100mm，150mm，200mm，250mm 分别读取声时值（t_i），绘制"时-距"坐标图（图 13.11），或用回归分析的方法求出声时与测距之间的回归直线方程

$$l_i = a + bt_i \tag{13.22}$$

每测点超声波实际传播距离 l_i 为

$$l_i = l' + |a| \tag{13.23}$$

式中　l_i——第 i 测点超声波实际传播距离，mm；

　　　l'——第 i 点的 T、R 换能器内边缘间距，mm；

　　　a——"时-距"图中 l' 轴的截距或回归方程的常数项，mm。

不跨缝平测的混凝土声速值为

$$v = \frac{l'_n - l'_1}{t_n - t_1} \tag{13.24}$$

或

$$v = b$$

式中　l'_n，l'_1——第 n 点和第 1 点的测距，mm；

　　　t_n，t_1——第 n 点和第 1 点读取的声时值，s；

　　　b——回归系数。

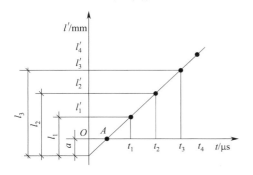

图 13.11　不跨缝的平测时-距图

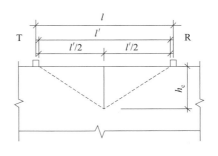

图 13.12　跨缝的测量示意图

② 跨缝的声时测量（见图 13.12 所示）：将 T、R 换能器分别置于以裂缝部位对称的两侧，l' 取 100mm、150mm、200mm 分别读取声时值，同时观察首波相位的变化。

平测法检测，裂缝深度按下式计算：

$$h_{ci} = l_i \sqrt{(t_i^0 v / l_i)^2 - 1} / 2 \tag{13.25}$$

$$m_{hc} = l \sum_{i=1}^{n} h_{ci} / n \qquad (13.26)$$

式中　l_i——不跨缝平测时第 i 点的超声波实际传播距离，mm；

　　　h_{ci}——第 i 点计算的裂缝深度值，mm；

　　　t_i^0——第 i 点跨缝平测的声时值，s；

　　　m_{hc}——各测点计算裂缝深度的平均值，mm；

　　　n——测点数。

③ 平测法裂缝深度的确定方法。

a. 跨缝测量中，当某测距发现首波反相时，可用该测距及两个相邻测距的测量值按式（13.25）计算，取此三点的平均值作为该裂缝的深度值；

b. 跨缝测量中，如难以发现首波反相，则以不同测距按式（13.25）和式（13.26）计算平均值（m_{hc}）。将各测距 l_i' 与 m_{hc} 相比较，当测距 l_i' 小于 m_{hc} 和大于 $3m_{hc}$，应剔除数据，然后取余下的平均值，作为该裂缝的深度值（h_c）。

（2）双面斜测法

① 当结构的裂缝部位具有两个相互平行的测试面时，可采用双面斜测法检测。测点布置如图 13.13 所示，将 T、R 换能器分别置于两测试表面对应测点 1、2、3…位置，读取相应声时值 t_i、波幅值 A_i 及主频率 f_i。

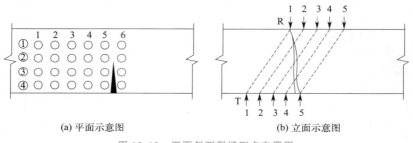

(a) 平面示意图　　　(b) 立面示意图

图 13.13　双面斜测裂缝测点布置图

② 裂缝深度判定：当 T、R 换能器的连线通过裂缝，根据波幅声时和主频的突变，可以判定裂缝深度及是否在断面内贯通。

（3）钻孔对测法

对大体积混凝土中预计深度在 500mm 以上的深裂缝检测时，采用平测和斜测有困难，可采用钻孔法检测（如图 13.14 所示）。

在裂缝对应两侧钻两个测试孔（A、B），测试孔间距宜为 2000mm。孔径应比所用换能器直径大 5～10mm，孔深度（不小于裂缝预计深度）700mm。孔内粉末碎屑应清理干净，并在裂缝一侧［如图 13.14(a) 所示］多钻一个孔距相同的比较孔 C，通过 B、C 两孔间测试无裂缝混凝土的声学参数。

裂缝深度检测宜选用频率为 20～60kHz 的径向振动式换能器。测试前向测试孔内灌注清水，作为耦合介质。然后将 T、R 换能器分别置于裂缝两侧的测试孔中，以相同高程等间距（100～400mm）从上向下同步移动，逐点读取声时，波幅和换能器所处的深度如图 13.14(b) 所示。

以换能器所处深度以（h）与对应的波幅值（A）绘制 h-A 坐标图，见图 13.14(c) 所示。随着换能器位置下移，波幅逐渐增大，当换能器下移至某一位置时，波幅值达到最大并基本稳定，该位置所对应的深度即为裂缝深度值（h_c）。

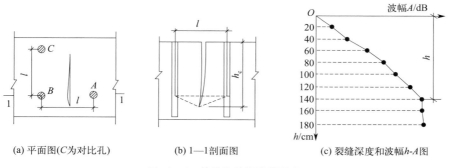

(a) 平面图（C为对比孔）　　　(b) 1—1剖面图　　　(c) 裂缝深度和波幅h-A图

图 13.14　钻孔法检测裂缝深度

13.6.3　超声法检测混凝土中不密实区和空洞位置

（1）基本原理

超声法检测混凝土内部的不密实区域和空洞部位是根据结构或构件各测点的声时（或声速）、波幅或频率值的相对变化，确定异常测点的坐标位置，进而判定缺陷的位置和范围。

（2）测试方法

① 当构件具有两对相互平行的测试面时，可采用对测法。如图 13.15 所示，在测试部位相对平行的测面上分别画出等距离网格，并编号确定对应的测点位置。

② 当构件只有一个相互平行的测试面时，可采用对测和斜测相结合的方法。如图 13.16 所示，在测试位置两个相互平行的测试面上分别画出斜向的网格线，可在对测的基础上进行交叉斜测。

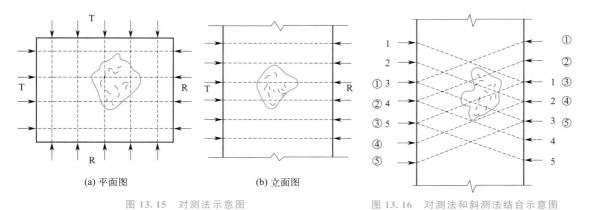

(a) 平面图　　　(b) 立面图

图 13.15　对测法示意图

图 13.16　对测法和斜测法结合示意图

③ 当测距较大时，可采用钻孔或预埋管法（如图 13.17 所示）。在测位预埋声测管或钻出竖向测试孔，预埋管内径或钻孔直径宜比换能器直径大 5～10mm，孔间距宜为 2～3m，其深度根据测试情况确定。检测时可用两个径向振动式换能器分别置于两测孔中进行测试。

（3）数据处理及判定

① 测量混凝土声学参数平均值（m_x）和标准差（s_x）应按下式计算：

$$m_x = \sum \frac{x_i}{n} \tag{13.27}$$

$$s_x = \sqrt{\left(\sum x_i^2 - nm_x^2\right)/(n-1)}$$ (13.28)

式中 x_i——第 i 点的声学参数测量值；

　　　　n——参与统计的测点数。

② 异常数据的判别，按 CECS 21 规定方法进行。

③ 当被测部位某些测点的声学参数被判为异常值时，可结合异常测点的分布及波形状况确定混凝土内部存在不密实区和空洞的位置及范围。当判定缺陷是空洞时，可按 CECS 21 附录 C 估算空洞的当量尺寸。

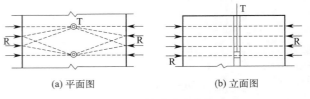

(a) 平面图　　　　(b) 立面图

图 13.17　钻孔法示意图

13.6.4　超声法检测混凝土灌注桩缺陷

（1）适用范围

按照《超声法检测混凝土缺陷技术规程》（CECS 21）规定，适用于桩径（或边长）不小于 0.6m 的灌注桩桩身混凝土缺陷的检测。

（2）埋设超声检测管

① 根据桩径大小预埋超声检测管（简称声测管），桩径为 0.6～1.0m 时，宜埋两根管；桩径为 1.0～2.5m 时宜埋三根管，按等边三角形布置；桩径为 2.5m 以上时宜埋四根管，按正方形布置（如图 13.18 所示）。声测管之间应保持平行。

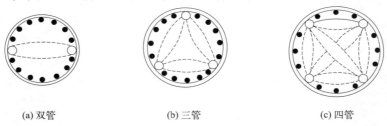

(a) 双管　　　　　　(b) 三管　　　　　　(c) 四管

图 13.18　声测管埋设示意图

② 声测管宜采用钢管，对于桩身长度小于 15m 的短桩，可采用硬质 PVC 塑料管。管内径宜为 35～50mm，各段声测管宜在外加套管连接并保持通直，管的下端应封闭，上端应加塞子。

③ 声测管的埋设深度应与灌注桩的底部齐平，管的上端应高于桩顶表面 300～500mm，同一桩的声测管外露高度应相同。

④ 声测管应牢牢固定在钢筋笼内侧，如图 13.18 所示。对于钢管竖直方向每 2m 高度设一个固定点，直接焊在竖向钢筋上；对于 PVC 管每 1m 间距设一固定点，应牢固地绑扎在钢筋笼上。

（3）检测方法

① 根据桩径大小选择合适频率的换能器和仪器参数，一经选定后在同批桩的检测过程中不得随意改变。

② 将 T、R 换能器分别置于两个声测孔内的顶部和底部，以同一高度或相差一定高度等距离同步移动，逐点测读声学参数，并记录换能器所处深度，检测过程中应不断校核换能

器所处高度。

③ 测点间距宜为 $200\sim500mm$。在普测的基础上，对数据可疑的部位应进行复测或加密检测。采用如图 13.19 所示的对测、斜测、交叉斜测、扇形扫描测等方法，确定缺陷的位置和范围。

④ 当同一桩中埋有三根或三根以上声测管时，应以每两管为一测试剖面，分别对所有剖面进行检测。

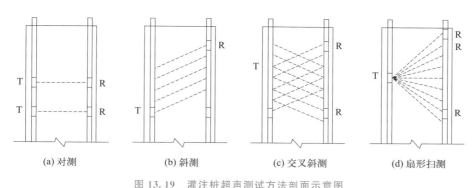

(a) 对测　　　　　(b) 斜测　　　　　(c) 交叉斜测　　　　　(d) 扇形扫测

图 13.19　灌注桩超声测试方法剖面示意图

（4）数据处理及判定

① 数据处理

a. 桩身混凝土的声时（t_{ci}）、声速（v_i）分别按下列公式计算：

$$t_{ci} = t_i - t_{00} \tag{13.29}$$
$$v_i = l_i / t_{ci} \tag{13.30}$$

式中　t_{00}——声时初读数，μs，按 CECS 21 附录 B 测量；

　　　t_i——测点 i 的测读声时值，μs；

　　　l_i——测点 i 处两根声速管内边缘之间的距离，mm。

b. 主频（f_i）：数字式超声仪直接读取；模拟式超声仪应根据首波周期按下式计算：

$$f_i = 1000 / T_{bi} \tag{13.31}$$

式中　T_{bi}——测点 i 的首波周期，μs。

② 桩身混凝土缺陷可疑点判定方法

a. 概率法：将同一桩同一剖面的声速、波幅、主频按 CECS 21 第 6.3.1 和 6.3.2 条进行计算和异常值判别。当某一测点的一个或多个声学参数被判为异常值时，即为存在缺陷的可疑点。

b. 斜率法：用声时（t_i）-深度（h）曲线相邻测点的斜率 K 和相邻两点声时差值 Δt 的乘积 Z，绘制 Z-h 曲线，根据 Z-h 曲线的突变位置，并结合波幅值的变化情况可判定存在缺陷的可疑点和可疑区域的边界

$$K = (t_i - t_{i-1}) / (h_i - h_{i-1}) \tag{13.32}$$
$$Z = K \cdot \Delta t = (t_i - t_{i-1})^2 / (h_i - h_{i-1}) \tag{13.33}$$

式中　$t_i - t_{i-1}$，$h_i - h_{i-1}$——分别代表相邻两测点的声时差值和深度差。

c. 结合判定方法，绘制相应声学参数-深度曲线。

d. 根据可疑点的分布及数值大小综合分析，判定缺陷的位置和范围。

e. 缺陷的性质应根据各声学参数的变化情况及缺陷位置和范围进行综合判定。可按表 13.6 评价被测桩完整性的类别。

第 13 章

表 13.6　桩身完整性评价

类别	缺陷特征	完整性评定结果
Ⅰ	无缺陷	完整,合格
Ⅱ	局部小缺陷	基本完整,合格
Ⅲ	局部严重缺陷	局部不完整,不合格,经工程处理后可使用
Ⅳ	断桩等严重缺陷	严重不完整,不合格,报废或通过验证确定是否加固使用

13.7　混凝土结构内部钢筋检测

13.7.1　概述

根据国家颁布的《混凝土结构现场检测技术标准》（GB/T 50784）的一般规定，混凝土中的钢筋检测分为钢筋数量和间距、钢筋保护层、钢筋直径和钢筋锈蚀状况等的检测。采用非破损检测方法时，宜通过凿开混凝土后的实际测量或取样检测的方法进行验证，并根据验证结果进行适当修正。

13.7.2　钢筋数量、位置和间距的检测

混凝土中钢筋数量、位置和间距的检测可采用钢筋探测仪或雷达仪进行检测，仪器性能和操作要求应符合现行行业标准《混凝土中钢筋检测技术标准》（JGJ/T 152—2019）相关规定。

钢筋探测仪利用电磁感应原理进行检测。混凝土是带弱磁性的材料，而结构内配置的钢筋是带有强磁性的。混凝土中原来是均匀磁场，当配置钢筋后，就会使磁力线集中于沿钢筋的方向。检测时，当钢筋探测仪（图 13.20）的探头接触结构混凝土表面，探头中的线圈通过交流电时，线圈电压和感应电流强度发生变化，同时由于钢筋的影响，产生的感应电流的相位与原来交流电的相位产生偏移（图 13.21）。该变化值是钢筋与探头的距离和钢筋直径的函数。钢筋愈近探头，钢筋直径愈大时，感应强度愈大，相位差也愈大。

电磁感应法检测，比较适用于配筋稀疏与混凝土保护层不太大（30mm 左右）同时钢筋又布置在同一平面或不同平面内距离较大的钢筋间距检测。

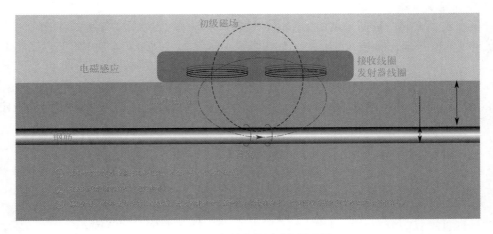

图 13.20　钢筋位置测试仪原理图

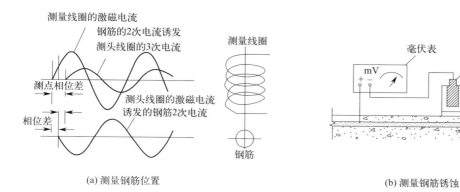

图 13.21 钢筋检测

(a) 测量钢筋位置　　　　　　　　　　(b) 测量钢筋锈蚀

13.7.3 混凝土保护层厚度检测

① 采用钢筋探测仪确定钢筋位置，在其位置上垂直钻孔至钢筋表面，以钢筋表面至构件混凝土表面的垂直距离作为该测点的保护层厚度测试值。

② 在测点位置上采用剔凿原位检测法进行验证，测点不得少于三处。

③ 保护层分为主筋保护层（承载力要求）和箍筋保护层（耐久性要求），应分开测定。

13.7.4 混凝土中钢筋直径检测

① 采用原位实测法实测钢筋直径。在剔凿混凝土保护层厚度验证基础上，用游标卡尺测量钢筋直径。在同一部位重复测量三次，以三次测量平均值作为钢筋直径实测检测值。

② 采用取样称量法，确定实测钢筋直径。

在剔凿混凝土保护层验证时，直接取出钢筋试样，试样长度应大于等于 300mm。试样按 JGJ/T 152 规程规定清洗处理后，用天平称重。钢筋直径按下式计算：

$$d = 12.7\sqrt{W/L} \tag{13.34}$$

式中　d——钢筋试样实际直径，精确至 0.01mm；

　　　W——钢筋试样重量，精确至 0.01g；

　　　L——钢筋试样长度，精确至 0.01mm。

13.7.5 混凝土中钢筋锈蚀状况的检测

（1）混凝土中钢筋锈蚀机理与过程

由于混凝土长期暴露于大气中，混凝土表面的氢氧化钙受到空气中二氧化碳的作用会逐渐形成碳酸钙，使混凝土的 pH 值降低。这个过程称为混凝土的碳化。混凝土碳化深度达到钢筋表面时，混凝土就失去了对钢筋的保护作用。特别是在有害气体和液体介质以及潮湿的环境中，混凝土内部钢筋很快锈蚀。锈蚀发展到一定程度，由于锈皮体积膨胀，混凝土表面出现沿钢筋（主筋）方向的纵向裂缝。纵向裂缝出现后，钢筋即与外界接触而锈蚀迅速发展，致使混凝土保护层脱落、掉角及露筋，甚至混凝土表面呈现酥松剥落，从外观即可判别。如图 13.22 所示，钢筋混凝土楼板和柱钢筋严重锈蚀。

（2）检测方法与原理

混凝土中钢筋的锈蚀是一个电化学反应过程。钢筋因锈蚀而在表面有腐蚀电流存在，使电位发生变化。检测时采用铜-硫酸铜作为参考电极的半电池探头的钢筋锈蚀测量仪 [图 13.21(b)]，

图 13.22　钢筋混凝土楼板和柱的钢筋锈蚀

用半电池电位法测量钢筋表面与探头之间的电位并建立一定的关系，由电位高低变化的规律，可以判断钢筋是否锈蚀以及锈蚀程度。表 13.7 为钢筋锈蚀状况的判别标准。

表 13.7　钢筋锈蚀状况的判别标准

仪器测定电位水平/mV	钢筋锈蚀状态判别
0～－100	未锈蚀
－100～－200	发生锈蚀的概率小于 10%，可能有锈蚀
－200～－300	锈蚀不确定，可能有锈蚀
－300～－400	发生锈蚀的概率大于 90%，可能大面积锈蚀
－400 以上（绝对值）	肯定锈蚀，严重锈蚀

注：如果某处相邻两测点差值大于 150mV，则电位负值更大处判为锈蚀。

　　钢筋锈蚀可导致断面削弱，在进行结构承载能力验算时应予以考虑。一般的折算方法是：用锈蚀后的钢筋面积乘以原材料强度作为钢筋所能承担的极限拉（压）力，然后按现行设计规范验算结构的承载能力。测量锈蚀钢筋的断面面积常用称重法或用卡尺量取锈蚀最严重处的钢筋直径。

13.8　砌体结构的现场检测

　　由于砌体结构具有造价低、可居住性好、施工简便等优点，我国绝大部分工业厂房墙体和中低层民用建筑均采用砌体结构。但砌体结构的强度低，变异性较大，整体抗震性能差，许多砖石砌体房屋在长期使用过程中产生了程度不同的损伤和破坏。对砌体结构房屋进行定期或应急的可靠性鉴定，及时采取维护措施，可消除隐患，延长房屋使用寿命，对确保结构安全，发挥房屋的经济效益具有重要意义。

　　砖砌结构的砌体强度是由组成砌体的砖块强度、砂浆强度以及砌筑质量来决定的。对使用多年的砌体结构进行安全鉴定，首先要知道它当前的砌体强度。

13.8.1　直接截取标准试样法（切制抗压试样法）

　　直接从砌体结构上截取标准试样进行抗压强度试验，应该说最有说服力。因为它代表了砌体结构当前的实际砌体强度。根据我国《砌体结构设计规范》（GB 50003）规定的标准试件尺寸，标准砖 240mm×370mm×720mm，空心砖 190mm×290mm×600mm，按此尺寸直接从墙体上取样，一般不少于 3～6 个。经过适当加工制作，然后进行试压。其抗压强度按下式计算：

$$f_m = \psi \frac{N}{A}$$

(13.35)

式中　N——试件破坏时的最大荷载，kN；

　　　A——试件的受压面积，mm^2，标准砖（240 mm×370mm），空心砖（190mm×290mm）；

　　　ψ——换算系数。

若截取的试样尺寸不符合标准试样尺寸时，砌体的抗压强度应乘以换算系数 ψ：

$$\psi = \frac{1}{0.72 + \frac{20S}{A}} \tag{13.36}$$

式中　S——试样的实测截面周长，mm；

　　　A——试样的实测截面面积，mm^2。

根据有关实测结果，砌体强度还与楼层有关，一般底层、二层、三层的砌体强度与四层以上的强度比值为 1.10～1.15，当然还要视楼层的多少来确定，这主要是由于处于底层的墙体灰缝砂浆较上层密实，强度高于上面楼层，所以取样时要注意这一因素的影响。

13.8.2　砌体结构强度的原位非破损检测方法

由于砖砌体结构的特点，直接取样总是存在一定的难度和危险性。取样时的扰动会对试样产生不同程度的损伤而影响试验结果，同时对墙体也造成较大损伤，影响结构的安全。为此，砌体结构的原位非破损和半破损试验等现场检测技术已日益受到人们的重视，研究工作已广泛开展，许多方法在工程上得到应用验证和专家认可。2011 年修订的国家标准《砌体工程现场检测技术标准》（GB/T 50315）中规定了 12 种可供选择的检测方法，见表 13.8。

表 13.8　各种检测方法适用范围和比较一览表

序号	检测方法	特点	适用范围	限制条件
1	原位轴压法	原位检测,直观,设备重,破坏面大	砌体抗压强度;火灾、侵蚀后的砌体抗压强度	槽间每侧的墙体宽度不小于1.5m;限于240mm厚砖墙
2	扁顶法	原位检测,直观,设备较轻,破坏面大	砌体抗压强度;火灾、侵蚀后的砌体抗压强度;工作应力;弹性模量	槽间每侧的墙体宽度不小于1.5m;不适于破坏荷载大于400kN的墙
3	切制抗压试件法	取样检测,设备重,破坏面大	砌体抗压强度;火灾、侵蚀后的砌体抗压强度	取样部位每侧墙体宽度不小于1.5m
4	原位单剪法	原位检测,直观,破坏面大	砂浆抗剪强度	测点选在窗下墙部位
5	原位双剪	原位检测,直观,设备较轻,局部破损	砂浆抗剪强度	—
6	推出法	原位检测,直观,设备较轻,局部破损	砂浆抗压强度	当水平灰缝饱满度低于65%时,不宜选用
7	筒压法	取样检测,局部破损	砂浆抗压强度(细砂砂浆)	—
8	砂浆片剪切法	取样检测,设备较轻,局部破损	砂浆抗压强度	—
9	砂浆回弹法	原位检测,回弹轻便,无损	砂浆抗压强度;主要用于砂浆强度均质性检查	强度≥22MPa
10	点荷法	取样检测,设备较轻,局部破损	砂浆抗压强度	强度≥22MPa
11	砂浆片局压法	取样检测,设备较轻,局部破损	砂浆抗压强度	混合砂浆:1～10MPa;水泥砂浆:1～20MPa
12	烧结砖回弹法	原位检测,回弹轻便,无损	砖强度	强度:6～30MPa

这 12 种检测方法可归纳为"直接法"和"间接法"两类，前者为检测砌体抗压强度和砌体抗剪强度的方法；后者为测试砂浆抗剪强度和砖强度的方法。直接法的优点是直接测试砌体的强度参数，能反映被测工程的材料质量和施工质量，其缺点是试验工作量大，对砌体工程有一定损伤。间接法测量与砂浆强度有关的物理参数，再由此推定砌体强度。实际检测时，按砌体工程实际情况选用。下面主要介绍常用的 4 种检测方法。

13.8.3　砖砌体强度的直接测定法

（1）原位轴压法

原位轴压法原理是在墙体上开凿两条水平槽孔，安放原位压力机，测试槽间砌体的抗压强度，进而换算为标准砌体的抗压强度。它适用于测试 240mm 厚普通砖和空心砖墙体的抗压强度。原位压力机测试工作状况如图 13.23 所示。

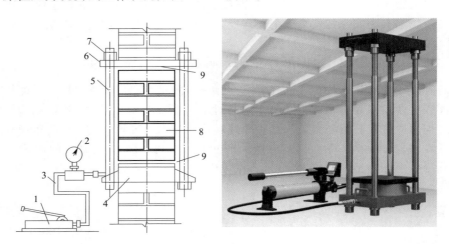

图 13.23　原位压力机测试工作状况
1—手泵；2—压力表；3—油管；4—千斤顶；5—拉杆；6—反力板；
7—螺母；8—槽间砌体；9—砂垫层

单个测点的槽间砌体抗压强度，按下式计算：

$$f_{uij} = \frac{N_{uij}}{A_{ij}} \tag{13.37}$$

式中　f_{uij}——第 i 个测区第 j 测量槽间砌体抗压强度，MPa；

N_{uij}——第 i 个测区第 j 测量槽间砌体受压破坏荷载值，N；

A_{ij}——第 i 个测区第 j 测量槽间砌体受压面积，mm^2。

槽间砌体抗压强度换算为标准砌体抗压强度，应按下列公式计算：

$$f_{mij} = \frac{f_{uij}}{\xi_{1ij}} \tag{13.38}$$

$$\xi_{1ij} = 1.25 + 0.60\sigma_{0ij}$$

式中　f_{mij}——第 i 个测区第 j 测点的标准砌体抗压强度换算值，MPa；

ξ_{1ij}——原位轴压法的无量纲强度换算系数；

σ_{0ij}——该测点的墙体工作压应力，MPa，其值可按墙体实际所承受的荷载标准值计算，也可采用实测值。

测区砌体抗压强度平均值，应按下式计算：

$$f_{mi} = \frac{1}{n_1} \sum_{i=1}^{n_1} f_{mij} \tag{13.39}$$

式中 f_{mi}——第 i 个测区砌体抗压强度平均值，MPa；

n_1——第 i 个测区的测量数。

（2）扁顶法

它是利用砖墙砌合特点，在水平砂浆灰缝处开凿槽口，装入扁式液压千斤顶，依据应力释放和恢复原理，测得墙体的受压工作应力、弹性模量，并通过测定槽间砌体的抗压强度确定其标准砌体的抗压强度。其工作状态如图 13.24 所示。

槽间砌体的抗压强度按式(13.37) 计算。

槽间砌体抗压强度换算应按式(13.38) 计算。槽间砌体抗压强度平均值，按式(13.39)计算。

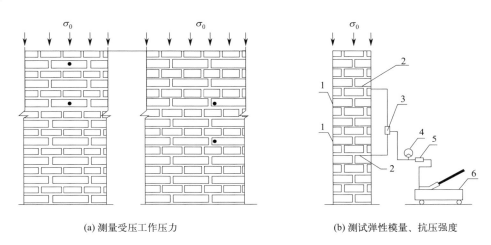

(a) 测量受压工作压力　　　　　　　　(b) 测试弹性模量、抗压强度

图 13.24　扁顶法测试装置与变形测点布置

1—变形测量脚标(两对)；2—扁式液压千斤顶；3—三通接头；4—压力表；5—溢流阀；6—手动油泵

13.8.4　砖砌体强度的间接测量法

（1）原位单剪法

原位单剪法主要是依据我国以往砖砌体单剪试验方法编制的。测试部位宜选在窗洞口或其他洞口下 3 皮砖范围，试件具体尺寸和测试装置如图 13.25 所示。

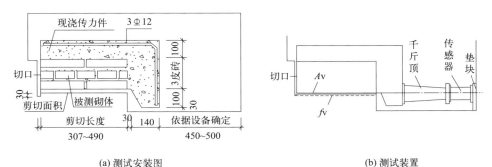

(a) 测试安装图　　　　　　　　(b) 测试装置

图 13.25　原位单剪法示意图

砌体沿通缝截面的抗剪强度 f_{vij} 等于抗剪荷载除以受剪面积，即

$$f_{vij} = \frac{N_{vij}}{A_{vij}} \tag{13.40}$$

式中　N_{vij}——测区抗剪破坏荷载，N；

　　　A_{vij}——测区受剪面积，mm^2。

（2）原位双剪法

原位双剪法（见图 13.26）应包括原位单砖双剪法和原位双砖双剪法。原位单砖双剪法适用于推定各类墙厚的烧结普通砖或烧结多孔砖砌体的抗剪强度，原位双砖双剪法仅适用于推定 240mm 厚墙的烧结普通砖或烧结多孔砖砌体的抗剪强度。检测时，应将原位剪切仪的主机安放在墙体的槽孔内，并应以一块或两块并列完整的顺砖及其上下两条水平灰缝作为一个测点（试件）。

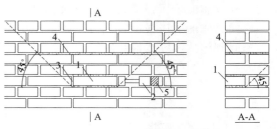

图 13.26　原位双剪法和释放 σ_0 示意图
1—试样；2—剪切仪主机；3—掏空竖缝；
4—掏空水平缝；5—垫块

原位双剪法宜选用释放或可忽略受剪面上部压应力 σ_0 作用的测试方案（见图 13.26）；当上部压应力 σ_0 较大且可较准确计算时，也可选用在上部压应力 σ_0 作用下的测试方案。

当采用释放试件上部压应力 σ_0 的测试方案时，尚应按图 13.26 所示，掏空试件顶部两皮砖之上的一条水平灰缝，掏空范围，应由剪切试件的两端向上按 45°角扩散至灰缝 4，掏空长度应大于 620mm，深度应大于 240mm。

测试时，应将剪切仪主机放入开凿好的孔洞中，并应使仪器的承压板与试件的砖块顶面重合，仪器轴线与砖块轴线应吻合。开凿孔洞过长时，在仪器尾部应另加垫块。

操作剪切仪，应匀速施加水平荷载，并应直至试件和砌体之间产生相对位移，试件达到破坏状态。加荷的全过程宜为 1～3min。

记录试件破坏时剪切仪测力计的最大读数，应精确至 0.1 个分度值。采用无量纲指示仪表的剪切仪时，尚应按剪切仪的校验结果换算成以 N 为单位的破坏荷载。

普通砖砌体单砖双剪法和双砖双剪法试件沿通缝截面的单个试件的抗剪强度，按下式计算：

$$f_{vij} = \frac{0.32N_{vij}}{A_{vij}} - 0.70\sigma_{0ij} \tag{13.41}$$

多孔砖砌体单砖双剪法和双砖双剪法试件沿通缝截面的抗剪强度，按下式计算：

$$f_{vij} = \frac{0.29N_{vij}}{A_{vij}} - 0.70\sigma_{0ij} \tag{13.42}$$

式中　N_{vij}——单个试件的抗剪破坏荷载，N；

　　　A_{vij}——单个试件的一个受剪面面积，mm^2；

　　　σ_{0ij}——测量上部墙体上的压应力，当释放上部压应力时，取为 0。

式(13.41) 和式(13.42) 综合反映了以下因素：上部垂直压应力、试件尺寸效应、沿砌体厚度方向相邻竖向灰缝作为第三个受剪参加工作的作用。试验时，亦可采用释放上部垂直压应力的方法，即将试件顶部第三条水平灰缝掏空，掏空长度不小于 620mm。这样，两个公式等号右边的第二项为零，减少了一项影响因素。

13.8.5　砖砌体强度的间接测定法

（1）推出法

推出法主要测定墙上单块丁砖推出力和砂浆饱满度两项参数，据此推定砌筑砂浆的抗压强度。其测力装置如图 13.27 所示。

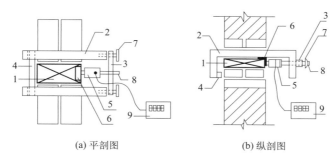

　　(a) 平剖图　　　　　　　　　　(b) 纵剖图

图 13.27　推出法测试装置示意

1—被推出的砖；2—支架；3—前梁；4—后梁；5—传感器；
6—垫片；7—螺钉；8—螺杆；9—力峰值测定仪

（2）强度推定方法

① 单个测区的推出力平均值按下式计算：

$$N_i = \xi_{2i} \frac{1}{n} \sum_{j=1}^{n} N_{ij} \tag{13.43}$$

式中　N_i——第 i 个测区的推出力平均值，kN；

　　　　N_{ij}——第 i 个测区第 j 块测试砖推出力峰值，kN；

　　　　ξ_{2i}——砖品种修正系数，对烧结普通砖和多孔砖取 1.00，对蒸压灰砂砖和粉煤灰砖取 1.14。

② 测区砂浆饱满度平均值按下式计算：

$$B_i = \frac{1}{n} \sum_{j=1}^{n} B_{ij} \tag{13.44}$$

式中　B_{ij}——第 i 个测区第 j 块测试砖下的砂浆饱满度实测值。

③ 当砂浆饱满度平均值不小于 0.65 时，每个测区的砂浆强度平均值，按下列公式计算：

$$f_{2i} = 0.30 \left(\frac{N_i}{\xi_{3i}} \right)^{1.19} \tag{13.45}$$

$$\xi_{3i} = 0.45 B_i^2 + 0.90 B_i \tag{13.46}$$

式中　f_{2i}——第 i 个测区的砂浆强度平均值，MPa；

　　　　N_i——第 i 个测区的推出力平均值，kN；

　　　　B_i——第 i 个测区的砂浆饱满度平均值，以小数计；

　　　　ξ_{3i}——推出法的砂浆强度饱满度修正系数，以小数计。

当测区砂浆的饱满度平均值小于 0.65 时，宜选用其他方法推定砂浆强度。

（3）砖砌体强度的推定

砂浆强度等级的推定方法与现行国家标准《砌体工程现场检测技术标准》（GB/T

50315）一致。当测区数少于 6 个时，规定最小的测区检测值不应低于设计要求的砂浆强度等级。若检测结果的变异系数大于 0.35 时，应检查检测结果离散性偏大的原因。若系检测单元划分不当，宜重新划分，并可增加测区数进行补测，然后重新推定。

每一检测单元的砌体抗压强度标准值或砌体沿通缝截面的抗剪强度标准值，应分别按下列规定进行评定：

当测区数 $n_2 \geqslant 6$ 时

$$f_k = f_m - ks \tag{13.47}$$
$$f_{v,k} = f_{v,m} - ks \tag{13.48}$$

式中　f_k——砌体抗压强度标准值，MPa；

f_m——同一检测单元的砌体抗压强度平均值，MPa；

$f_{v,k}$——砌体抗剪强度标准值，MPa；

$f_{v,m}$——同一检测单元的砌体沿通缝截面的抗剪强度平均值，MPa；

s——按 2 个测区计算的抗压或抗剪强度的标准差，MPa；

k——与 α、C、n_2 有关的强度标准值计算系数，见表 13.9；

α——确定强度标准值所取的概率分布分位数，取 $\alpha = 0.05$；

C——置信水平，取 $C = 0.60$。

表 13.9　计算系数

n_2	6	7	8	9	10	12	15	18
k	1.947	1.908	1.880	1.858	1.841	1.816	1.790	1.773
n_2	20	25	30	35	40	45	50	
k	1.764	1.748	1.736	1.728	1.721	1.716	1.712	

当测区数 $n_2 < 6$ 时：

$$f_k = f_{mi,\min} \tag{13.49}$$
$$f_{v,k} = f_{vi,\min} \tag{13.50}$$

式中　$f_{mi,\min}$——同一检测单元中，测区砌体抗压强度的最小值，MPa；

$f_{vi,\min}$——同一检测单元中，测区砌体抗剪强度的最小值，MPa。

每一检测单元的砌体抗压强度或抗剪强度，当检测结果的变异系数 δ 分别大于 0.2 或 0.25 时，不宜直接按式（13.47）或式（13.48）计算。此时，应检查检测结果离散性较大的原因，若查明系混入不同总体的样本所致，宜分别进行统计，并分别按式（13.49）和式（13.50）确定标准值。

13.9　钢结构现场检测

13.9.1　钢结构现场检测要点与检测依据

（1）现场检测要点

钢结构中有杆系结构、实体结构和单个型钢钢结构等几类。由于钢材在工程结构材料中强度最高，故制成的构件具有薄、细、长、柔等特点。因其连接构造节点传递应力大，结构对附加的局部应力、残余应力、几何偏差、裂缝、腐蚀、振动撞击效应等也较敏感。因此钢结构的检测应将重点放在结构布置、连接构造类型、焊缝及变形和腐蚀等方面。

　　① 钢结构连接构造节点是钢结构检测的重点部位之一，连接节点一旦出问题将影响钢结构的使用安全。钢结构连接节点通常采用焊接、铆钉连接和螺栓连接等三种方法，使用年久以后，焊缝会出现裂缝，铆钉和螺栓连接会出现松动或剪切损坏，必须经常检查和维护。

　　② 钢结构常用于屋盖系统，大多为桁架和网架结构体系，近 20 年来也大量应用于压型金属板屋面结构体系，其结构的布置和杆件变形是钢结构现场检测的重点部位。例如屋盖系统应注意支撑设置是否完整，支撑杆长细比是否符合设计规范规定，特别是单肢杆件是否有弯曲等。

　　③ 钢结构的腐蚀是现场检测的重点部位之三，腐蚀检查应注意防腐涂层、构件及连接点处容易积灰和积水的部位，经常受漏水和干湿交替作用的部位，有腐蚀介质作用的构件及不易油漆的组合截面和节点等。当油漆脱落严重，残留的漆层已没有光泽时，生锈钢材应查明钢材的实际厚度、锈坑深度和锈烂的状况。

　　（2）现场检测依据

　　钢结构现场检测依据除了应遵守国家已颁布的相关规范标准以外，为了规范钢结构现场检测方法，2010 年国家颁布了《钢结构现场检测技术标准》（GB/T 50621），应严格按标准规定执行。

13.9.2　钢材强度测定方法

　　对已建钢结构鉴定时，为了解结构钢材的力学性能，特别是钢材的强度，最理想的方法是在结构上截取试样，由拉伸试验确定相应的强度指标。但这样会损伤结构，影响其正常工作，并需要进行补强。一般采用表面硬度法间接推断钢材强度。

　　表面硬度法主要利用布氏硬度计测定（图 13.28）。由硬度计端部的钢珠受压时在钢材表面和已知硬度标准试样上的凹痕直径，测得钢材的硬度，并由钢材硬度与强度的相关关系，经换算得到钢材的强度。

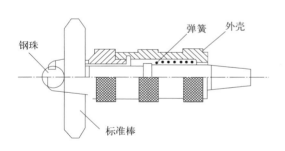

图 13.28　测量钢材硬度的布氏硬度计

$$H_B = H_s \frac{D - \sqrt{D^2 - d_s}}{D - \sqrt{D^2 - d_B}} \tag{13.51}$$

$$f = 3.6 H_B \tag{13.52}$$

式中　　H_B，H_s——钢材与标准试件的布氏硬度；

　　　　d_s，d_B——硬度计钢珠在钢材和标准试件上的凹痕直径；

　　　　　　D——硬度计钢珠直径；

　　　　　　f——钢材的极限强度。

　　测定钢材的极限强度 f 后，可依据同种材料的屈强比计算得到钢材的屈服强度。

13.9.3　超声法检测钢结构焊缝缺陷

（1）超声法检测焊缝缺陷

超声法检测钢结构焊缝缺陷的工作原理与检测混凝土内部缺陷相同，试验时较多采用脉冲反射法。超声波脉冲经换能器发射进入被测材料传播时，当通过材料不同界面（构件材料表面、内部缺陷和构件底面）时，会产生部分反射。在超声波探伤仪的示波屏幕上分别显示出各界面的反射波及其相对的位置，如图 13.29 所示。由缺陷反射波与起始脉冲和底脉冲的相对距离可确定缺陷在构件内的相对位置。如材料完好内部无缺陷时，则显示屏上只有起始脉冲和底脉冲，不出现缺陷反射波。

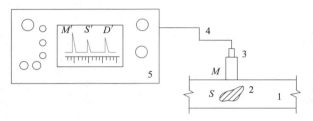

图 13.29　脉冲反射法探伤示意图
1—试件；2—缺陷；3—探头；4—电缆；5—探伤仪

进行焊缝内部缺陷检测时，换能器常采用斜向探头，如图 13.30 所示，用三角形标准试块经比较法确定内部缺陷的位置。当在构件焊缝内探测到缺陷时，记录换能器在构件上的位置 l 和缺陷反射波在显示屏上的相对位置。然后将换能器移到三角形标准试块的斜边上作相对移动，使反射脉冲与构件焊缝内的缺陷脉冲重合，当三角形标准试块的 α 角度与斜向换能器超声波和折射角度相同时，量取换能器在三角形标准试块上的位置 L，则可按下列公式确定缺陷的深度 h。

$$l = L\sin^2\alpha \tag{13.53}$$

$$h = L\sin\alpha\cos\alpha \tag{13.54}$$

由于钢材密度比混凝土大得多，为了能够检测钢材或焊缝内较小的缺陷，要求选用较高的超声频率，常用工作频率为 $0.5\sim2\text{MHz}$ 的超声检测仪。

检测时严格按《钢结构超声波探伤及质量分级法》（JG/T 203）规定执行。

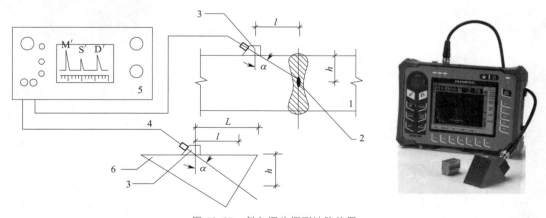

图 13.30　斜向探头探测缺陷位置
1—试件；2—缺陷；3—探头；4—电缆；5—探伤仪；6—标准试块

（2）钢结构焊缝的磁粉与射线探伤方法

① 磁粉探伤的原理：铁磁材料（铁、钴、镍及其合金）置于磁场中，即被磁化。如果材料内部均匀一致而截面不变时，则其磁力线方向也是一致的和不变的，当材料内部出现缺陷；如裂纹、空洞和非磁性夹杂物等，则由于这些部位的磁导率很低，磁力线便产生偏转，即绕道通过这些缺陷部位。当缺陷距离表面很近时，此处偏转的磁力线就会有部分越出试件表面，形成一个局部磁场。这时将磁粉撒向试件表面，落到此处的磁粉即被局部磁场吸住，于是显现出缺陷的所在。

② 射线探伤有 X 射线探伤和 γ 射线探伤两种。X 射线和 γ 射线都是波长很短的电磁波，具有很强的穿透非透明物质的能力，并能被物质所吸收。物质吸收射线的程度，随物质本身的密实程度而异。材料愈密实，吸收能力愈强，射线愈易衰减，通过材料后的射线愈弱。当材料内部有松孔、夹渣、裂缝时，则射线通过这些部位的衰减程度较小，因而透过试件的射线较强。根据透过试件的射线强弱，即可判断材料内部的缺陷。

（3）钢结构焊缝的其他探伤方法

其他探伤方法还有渗透法和涡流探伤法等。当结构经受过 150℃ 以上的温度作用或受过骤冷骤热作用时，应检查烧伤状况，必要时应截取试样试验以确定钢材的物理力学性能。

13.9.4　钢结构螺栓连接节点与高强螺栓终拧扭矩的检测

① 钢结构节点连接螺栓的种类：通常采用的有普通螺栓和高强螺栓两种。检测前要调查了解采用的螺栓种类、型号、规格和扭矩施加方法。

② 对采用的高强螺栓的规格、型号，应选择适用于高强螺栓的扭矩扳手的最大量程，工作值宜控制在选用扭力扳手的测量限值的 20%～80% 之间。扭矩扳手的测量精度不应大于 3%，并具有峰值保持功能。

③ 对高强度螺栓终拧扭矩施工质量的检测，应在终拧 1～48h 之内完成。

④ 检测方法

a. 检测前应经外观检查或敲击合格后进行。高强螺栓连接副终扭后，螺栓丝扣外露应为 2～3 扣，然后采用小锤（0.3kg）敲击法对高强螺栓进行普查，要求螺母或螺栓头不偏移，不松动。

b. 终拧扭矩检测时采用松扣和回扣法，先在检查扳手套筒和拼接板面上作一直线标记，然后反向将螺栓拧松约 60°再用检测扳手将螺母拧回原位，使两条线重合，读取此时的扭矩值。

c. 对于终拧 1h 后，48～108h 之内完成的高强螺栓终拧扭矩检测结果，在 $0.9T_C$～$1.1T_C$ 范围内，则判为合格。

d. 钢结构高强螺栓检测，严格按国家相关标准《钢结构用高强度大六角头螺栓、大六角螺母、垫圈技术条件》（GB/T 1231）和《钢结构用扭剪型高强螺栓连接副》（GB/T 3632）以及《钢网架螺栓球节点用高强度螺栓》（GB/T 16939—2016）的规定执行。《钢结构工程施工质量验收标准》（GB 50205—2020）。

13.10　火灾试验研究与火灾后结构物的现场检测

13.10.1　概述

火灾一旦发生对国家和个人造成的直接和间接经济损失以及人员伤亡都是相当严重的。

为了减少和减轻火灾造成的经济损失，多年来，国内外专家非常重视火灾的防灾研究。一是对耐高温材料和各种结构物的耐火性能以及防火设计等的研究；二是对火灾后的建筑物损伤鉴定和修复加固的研究，主要研究现场火灾温度的确定方法，结构的温度场、温度变形、温度应力和高温对结构的损伤程度等。通过大量现场实测和分析研究，我国颁布了《火灾后工程结构鉴定标准》（T/CECS 252—2019）。

13.10.2　火灾试验研究

火灾试验研究在我国起步比较晚。近几十年来我国有中国科技大学、同济大学、华南理工大学、中南大学、东南大学、山东建筑大学等建立了火灾实验室，重点研究耐火材料和各种结构构件的耐火性能以及火灾温度对结构物不断升温的损伤过程。

同济大学工程结构抗火试验室成立于 2008 年，是土木工程防灾国家重点实验室的一个分支机构。试验室建筑面积约 $2700m^2$，拥有大型水平构件抗火试验炉、中小型构件抗火试验炉、高温力学材性试验机、FTT 锥形量热仪、FTT 单体燃烧测试仪、建筑材料燃烧性能系列测试设备、隧道及地下工程火灾多功能试验平台等试验设备，并配置了电液伺服加载系统、非接触式应变位移测量系统、应变位移温度测试系统等，可进行结构材料的高温力学性能测试、大中小型构件的抗火性能试验、建筑材料的燃烧性能测试等各种试验。

中南大学火灾模拟实验室拥有建筑面积 1400 多平方米的实验场地；拥有中南地区唯一按国际标准建设的"立式火灾模拟试验炉""卧式火灾模拟试验炉"，可以进行梁、板、柱等构件力学性能试验以及防火墙、防火板、防火卷帘耐火性能的试验研究和检测；自行开发了试验炉的温度采集控制系统；自行设计和开发了钢筋和混凝土高温下和高温后材料灾变性能试验炉，可以开展钢筋和混凝土材料高温下和高温后力学性能的试验研究。

图 13.31 所示为山东建筑大学火灾模拟实验室，该功能区拥有 $9m \times 4.5m \times 1.5m$（长×宽×高）的水平火灾试验炉和 $3.3m \times 1.5m \times 3.3m$（长×宽×

图 13.31　火灾模拟实验室（山东建筑大学）

高）的垂直火灾试验炉，可以模拟真实的火灾场景。试验炉既可按 ISO 标准温度-时间曲线升温，也可以按实际科研需求设定的温度-时间曲线升温，模拟火灾试验的温度参数和力学参数均可实现计算机自动采集和数据处理，该功能区不仅可以满足对结构模型受火环境下的承载能力和劣化规律等的科研需要，同时也可为重大工程结构的抗火消防安全性评估提供科学有效的依据。

13.10.3　火灾后对结构物的外观检查和现场检测

火灾对建筑结构的损伤范围，除整个建筑物全部烧毁外，通常都是局部的。如一幢建筑物的某一层或某几个房间，或只是一个车间的某一部分受损伤，而其他部分没有损伤。在受火灾损伤的结构中，其损伤程度也有轻有重，检查前应制订较详细的检查计划，包括检查内容和方法，并应在有经验的工程师指导下进行，同时应特别注意安全。

（1）结构的外观检查

1）混凝土结构

① 混凝土表面龟裂、裂缝和爆裂。受火灾后的钢筋混凝土结构，在混凝土表面都会产

生龟裂，都有可能产生贯通和不贯通的垂直裂缝、纵向裂缝和斜裂缝，甚至发生爆裂，对各种裂缝位置、宽度和长度、穿透深度和龟裂、爆裂面积的大小，都应做详细记录并标注在结构图纸上。

② 露筋现象。检查时重点对柱的四角、梁的下翼缘和楼板底面露筋现象进行详细检查。

③ 混凝土声音。用铁锤敲击混凝土表面，凡是有清脆的声音，说明混凝土内部结实，火灾影响小；凡是哑声，说明混凝土内部已有裂缝或疏松，火灾使混凝土强度有所降低；凡有空声，说明混凝土已起鼓，钢筋与混凝土已脱离，黏结力已遭破坏。

④ 混凝土颜色。火灾后的混凝土表面颜色都会发生变化。当混凝土表面有黑烟时，混凝土表面会出现少数裂缝和龟裂；当混凝土表面呈粉红色时，可能出现沿钢筋的纵向裂缝或爆裂；当混凝土表面呈灰色时，可以发现混凝土保护层脱落，露筋、掉角等现象；当混凝土呈浅黄白时，会出现大块混凝土保护层脱落，露筋严重，用手捏混凝土的砂浆时，可将砂浆捏成粉末，估计火灾温度已超过 900℃。

⑤ 钢筋和混凝土之间的黏结力。除混凝土露筋、爆裂、脱落部分可以明显看出钢筋与混凝土之间的黏结力破坏外，在混凝土保护层未脱落处，采用手锤或钢凿子将混凝土保护层敲掉或凿去，以检查黏结力破坏情况。凡钢筋四周混凝土酥松时，则黏结力破坏；用钢凿子凿开时，若碎石或卵石破裂而钢筋上的砂浆未脱落，则黏结力完好。同时还要检查钢筋整个长度黏结力破坏情况和钢筋锚固处的黏结力破坏情况。

⑥ 结构的变形和挠度。结构构件的挠度按一般方法检查，但火灾降温后结构构件的挠度，除火灾温度极高（>400℃），钢筋强度降低很多，在火灾燃烧期间构件变形太大，降温后不能恢复者外，一般都能基本恢复。因此，在检查中凡目测发现有较大挠度的构件，应立即采取临时加固措施，以防倒塌发生意外事故。

2）钢结构

① 油漆烧损情况。一般钢结构均要涂油漆以防锈蚀，在火灾温度下，结构各部位的油漆会有不同程度的烧损，根据烧损程度的不同状态可以估计结构各部位的火灾温度。

② 连接螺栓。许多钢结构特别是几十年前的旧建筑物采取铆接或螺栓连接，在火灾温度下，螺栓连接会有不同程度的松动，将会影响结构的承载能力。

③ 整体结构或组成杆件的变形。当火灾温度大于 500℃以上，钢结构将发生变形，特别是有些断面不大的组成杆件会翘曲变形。

3）砖砌体结构

① 砖块烧损情况。在火灾温度下砌体的砖块表面会起壳，当燃烧温度大于 800℃时，砖块强度将大幅度下降，质地疏松，约为原强度的一半。

② 灰缝砂浆烧损情况。在火灾温度下，砂浆的表层会碳化，质地疏松，手能捏成粉末状，当温度大于 800℃时，砂浆的强度下降到只有原来强度的 10％左右。

（2）火灾后结构物的现场实测

通过对火灾现场的宏观调查和分析，对建筑物各区域的火灾温度和灾情轻重有了基本了解。由于火灾发生后，为了快速灭火又浇了大量的水，结构由高温到迅速冷却，这将对结构混凝土强度、砌体强度和钢结构的材料强度产生不同程度的影响。因此必须按灾情轻重对结构各部位的烧伤区进行烧伤深度、残余强度以及残余变形等进行现场实测，以取得定量的测试结果，以便对结构进行灾后承载力的复核和计算。

1）混凝土的烧伤深度实测

① 实测混凝土表层的中性化深度确定烧伤深度：混凝土硬化后的 pH 值一般为 12～13，呈强碱性，当燃烧温度达到 500～600℃时，混凝土中的氢氧化钙进行热分解，混凝土呈现

中性，故可采用酚酞酒精溶液检查混凝土的中性化深度即烧伤深度。检查时，必须凿去构件上装修层或粉刷面层，然后在结构表面上钻孔，同时清除孔内的粉尘，用1%浓度的酚酞酒精溶液滴进孔内。若混凝土立即呈紫红色，说明混凝土未中性化，温度低于500℃，若混凝土不变颜色，说明混凝土已中性化，温度已超过500℃，即可用钢尺直接在孔内量取烧伤深度值，精确到1mm。

② 超声法检测混凝土表层烧伤深度：可采用第13.6.2节混凝土裂缝深度检测的方法。

2）结构烧伤区残余强度的实测

① 混凝土结构残余强度。高温后的混凝土中有部分石灰石形成氧化钙，救火时大量浇水而产生大量氢氧化钙，并随体积膨胀而爆裂或破碎，使混凝土强度大幅度下降，直接影响结构的承载能力。那么高温后的混凝土残余强度必须通过现场实测取得定量数据，实测前由专家根据外观检查和烧伤程度的轻重拟定测点部位，并将其标注在图纸上。目前比较可靠的检测方法是取芯法，在烧伤部位钻取混凝土芯样进行强度试验。

② 砌体结构的残余强度。被火灾高温直接烧烤的砌体结构，救火时又浇了大量的水，使砌体的砖块强度受到一定影响。现场检测时，直接从灾情严重的烧伤区挖取一定数量的砖块进行抗压强度试验。

3）烧伤区结构的残余变形实测

混凝土结构钢筋处的温度达到400℃以上时，其屈服强度将下降到原来的65%以下，在自重作用下，钢筋沿长度方向局部变形增加，当温度超过450℃时，钢筋与混凝土的黏结力将受到破坏，从而使结构产生较大的残余变形。测量方法比较简单，沿结构杆件断面的几何轴线拉一直线，直接用钢尺量取残余变形值或用激光测距测量。

13.10.4 火灾温度对建筑结构材料力学性能影响

建筑结构遭受火灾的初期，由于构件中内部温度较低，对材料性能影响较小，对结构的承载力影响不大。但当火灾燃烧时间较长时，构件内部温度也随之升高，此时对材料性能影响较大，除产生较大变形外，还会产生内力重新分布，将严重影响结构的承载力。因此，了解火灾温度对建筑结构的材料力学性能影响，对建筑结构的鉴定、修复和加固是非常必要的。

（1）高温对混凝土性能的影响

混凝土由粗细骨料和水泥胶凝体所组成。试验中发现，当温度为400~500℃时，抗压强度降低30%~45%；在500~600℃时，混凝土表面出现龟裂，抗压强度降低50%~65%；到达700℃时，抗压强度降低80%左右；超过800℃时，加上灭火时的大量浇水，使混凝土中的游离氧化钙形成大量氢氧化钙而发生体积膨胀，则混凝土组织破坏。

另外，混凝土所选用的骨料品种在不同的高温下的性能也不一样。试验中发现，采用花岗岩或石灰石骨料配置的混凝土，在500℃以下时，两者的强度差不多，但超过500℃时，花岗岩比石灰石骨料混凝土强度低。但石灰石骨料混凝土到达700℃经过灭火浇水冷却后，即出现裂纹而自然破坏，因为石灰石在900℃高温下就变成石灰了。

从受力角度来看，混凝土在受热后收缩变形而产生的内应力，在火灾升温、降温阶段的温度分布不均匀所产生的温度应力等，都导致了混凝土内部出现细微裂纹，从而降低了混凝土强度。

高温下混凝土抗压强度降低系数可按表13.10采用，强度降低值取试验值的下限值（如图13.32所示）。

表 13.10　高温下混凝土抗压强度降低系数

温度/℃	100	200	300	400	500	600	700
降低系数 γ_n	1.0	1.0	0.85	0.70	0.53	0.36	0.20
	(1.00)	(0.97)	(0.82)	(0.64)	(0.53)	(0.25)	(0.18)

注：括号中数据为同济大学防灾救灾研究所试验数据。

混凝土弹性模量随温度增高而降低，骨料品种和混凝土强度对高温下混凝土弹性模量影响较小，但骨料粒径影响较大。当碎石的粒径从 10mm 增大到 20～40mm 时，混凝土弹性模量要降低 30%～40%，考虑到计算温度变形，因此，弹性模量降低系数取其试验值的偏上限值，见图 13.33，高温下混凝土弹性模量降低系数按表 13.11 采用。

表 13.11　高温下混凝土弹性模量降低系数

温度/℃	100	200	300	400	500	600	700
降低系数 γ_i	1.00	0.80	0.70	0.60	0.50	0.40	0.30

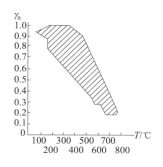

图 13.32　高温下混凝土抗压强度降低范围

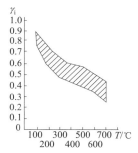

图 13.33　高温下混凝土弹性模量降低范围

（2）高温对钢筋力学性能的影响

混凝土结构在火灾温度下，其强度计算主要与钢筋在高温下的力学性能有关。它直接影响着对火灾后的建筑结构的评定和加固处理。因此，国内外对普通低碳钢筋、低合金钢筋、预应力高强钢丝、钢绞线等都进行了较为系统的试验研究。

① 普通低碳钢筋

混凝土结构中所采用的普通低碳钢筋，随着温度升高 200℃ 以后，屈服台阶逐渐减小，到达 300℃ 以后屈服台阶开始消失；400℃ 左右时钢筋强度比常温时略有增高，但塑性降低，超过 500℃ 时钢筋强度降低幅度增大，大约降低 50% 左右，到达 600℃ 时要降低 70% 以上（如图 13.33 所示）。高温下普通低碳钢筋的设计强度降低系数可按表 13.12 采用。

表 13.12　高温下钢筋设计强度降低系数

高温/℃		100	200	300	400	500	600	700
降低系数	普通低碳钢筋	1.00	1.00	1.00	0.78	0.52	0.30	0.05
	低合金钢筋	1.00	1.00	0.85	0.68	0.52(0.72)	0.35(0.39)	0.20(0.19)
	冷加工钢筋	1.00	0.84	0.67	0.52	0.36	0.20	0.05

注：括号中数据为上海同济大学防灾救灾研究所试验数据。

② 普通低合金钢筋

当温度在 200～300℃ 时，低合金钢筋的强度分别为常温下的 1.2 倍和 1.5 倍，大多数试验结果证明，超过 300℃ 时，低合金钢的强度随温度增高而降低，由于低合金钢的再结晶温度比碳素钢高，所以强度降低的幅度比普通低碳钢小。达到 700℃ 以上时，强度要降低 80% 左右，见图 13.34，低合金钢筋设计强度降低系数可按表 13.12 采用。

③ 冷加工钢筋

冷加工钢筋（冷拔、冷拉、冷扭、冷轧）在冷加工过程中所提高的强度随着温度的提高而逐渐减小和消失，但冷加工中所减少的塑性可以得到恢复，当温度到 400℃ 时，强度降低 50%；600℃ 时，强度降低 80%；700℃ 以上时，强度基本消失。冷加工钢筋设计强度降低系数可按表 13.12 采用。

④ 高温对钢筋弹性模量的影响

钢筋弹性模量随着温度的增高而降低，从各种不同种类钢筋和不同强度级别钢筋所做的高温弹性模量试验来看，高温下钢筋弹性模量的降低只同温度有关，而同钢材品种及强度级别没有多大关系，试验数据的分散性也比较小（如图 13.35 所示），高温下钢筋弹性模量降低系数可按表 13.13 采用。

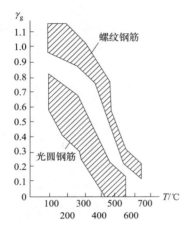

图 13.34　高温下钢筋强度降低范围

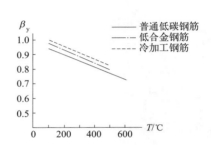

图 13.35　高温下钢筋弹性模量降低范围

表 13.13　高温下钢筋弹性模量降低系数

温度/℃	100	200	300	400	500	600	700
降低系数 β_y	1.00	0.95	0.90	0.85	0.80	0.75	0.70

（3）高温对钢筋与混凝土黏结性能的影响

钢筋与混凝土之间的黏结力主要由混凝土硬化后收缩时将钢筋握裹而产生的摩擦力、钢筋表面与水泥胶体的胶结力、混凝土与钢筋接触表面凸凹不平的机械咬合力所组成。

在高温加热条件下，由于混凝土和钢筋的膨胀系数不同，前者小而后者大，所以混凝土抗拉强度随着温度升高而显著降低，从而也降低了混凝土与钢筋的胶结力。因此，高温对光面钢筋与混凝土之间的黏结力影响极为严重，而对螺纹钢筋与混凝土之间的黏结力影响较小。在 100℃ 时，光面钢筋与混凝土之间的黏结力要降低 25%；在 200℃ 时要降低 45%；到达 450℃ 时则黏结力完全破坏。但螺纹钢筋与混凝土之间的黏结力，在 350℃ 时不降低；

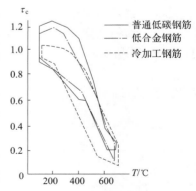

图 13.36　高温下钢筋与混凝土
之间黏结力降低系数

在 450℃ 时才降低 25%（如图 13.36 所示），其黏结力降低系数可按表 13.14 采用。

表 13.14　高温下钢筋与混凝土之间的黏结力降低系数

温度/℃		100	200	300	400	500	600	700
降低系数 τ_c	光圆钢筋	0.70	0.55	0.40	0.23	0.05	—	—
	螺纹钢筋	1.00	1.00	0.85	0.65	0.45	0.28	0.10

（4）高温对砖砌体材料力学性能的影响

关于高温对砖砌体材料的力学性能影响，国内外试验研究资料不多，我国同济大学朱伯龙教授等近几年的研究结果认为：

① 砂浆受高温作用而冷却后的残余抗压强度随温度增高而降低，根据试验结果，400℃时冷却后的残余强度为常温的 70%；800℃冷却后的残余强度为常温的 10%。

② 砖块受高温作用而冷却后的残余抗压强度随温度增高而下降，800℃冷却后的强度约为常温的 54%，弹性模量为常温的 50%。

③ 由砖块和混合砂浆组成的砌体在高温下的抗压强度依砂浆的强度级别不同而呈现不同的变化规律。强度等级低的砂浆（M2.5）砌体在温度低于 400℃时抗压强度有所增长（约为常温的 134%；超过 400℃时，强度基本不变。而高温冷却后的残余抗压强度在未达600℃时变化不大；超过 600℃时急剧下降；800℃时的残余强度为常温的 56%，残余弹性模量为常温的 36%。对于强度等级高的砂浆（M10）砌体抗压强度，不论在高温中还是在高温冷却后都随温度的增高而不断下降，而且冷却后的残余抗压强度下降更大，在 800℃时仅为常温的 35%，残余弹性模量为常温的 17%。

13.10.5　火灾后对建筑结构烧损程度的分类

火灾后通过对结构的现场外观检查、结构混凝土强度和结构变形实测、砌体材料取样试验等，根据火灾现场确定的火灾温度和高温冷却后对结构材料的力学性能影响等诸多因素，对火灾烧伤的各部分结构进行承载力复核，然后对结构的烧伤程度进行评定。结构的烧伤程度通常分为四类：

一类：严重破坏。混凝土表面温度在 800℃以上，受力钢筋温度超过 400℃，露筋面积大于 40%，残余挠度超过规范允许值，钢筋和混凝土之间黏结力严重破坏，结构承载力受到严重损伤。对此严重破坏的结构，一般应予以拆除。

二类：严重损伤。混凝土表面温度在 700℃以上，受力钢筋温度低于 350℃，露筋面积小于 40%，局部龟裂、爆裂严重，钢筋和混凝土之间的黏结力局部破坏严重，结构承载力受到严重损伤。此类严重损伤的结构，应根据高温下结构强度计算，按等强加固原则予以加固处理。

三类：中度损伤。混凝土表面温度在 700℃左右，受力钢筋温度低于 300℃，露筋面积小于 25%，裂缝较宽，并有部分裂缝贯通，局部龟裂严重，混凝土与钢筋之间的黏结力损伤较轻，结构承载力损伤较小，此类损伤的结构除对表面裂缝处理外，对损伤严重部位采取局部补强加固措施处理。

四类：轻度损伤。混凝土表面温度低于 700℃，混凝土表面有少量裂纹和龟裂，钢筋保护层基本完好，不露筋、不起鼓脱落，对结构承载力影响小。此类轻度损伤的结构只需对其结构表面粉刷层或表面污物清除干净，采取重新粉刷或涂油漆等措施处理。

思考拓展

13.1   工程结构现场检测的主要特点是什么？常用检测方法有哪些？各种检测方法的优缺点是什么？

13.2   混凝土结构现场检测部位选择有哪些要求？为什么？

13.3   混凝土非破损检测方法有哪几种？回弹法和超声法的基本原理是什么？

13.4   回弹法和超声回弹综合法如何检测混凝土抗压强度？强度值如何推定？

13.5   超声法检测混凝土结构的裂缝通常采用哪几种方法检测？如何判定？

13.6   超声法如何检测混凝土的缺陷、空洞和表面损伤层？如何判定？

13.7   砖砌体强度的直接测定法主要采用哪两种方法？其基本原理是什么？

13.8   钢结构的现场检测重点项目有哪些？如何检测？

第 14 章
虚拟仿真实验

本章数字资源

教学要求
知识总结
拓展阅读
在线题库
课件获取

学习目标

掌握受压柱静载试验的一般程序和测试方法。

观察受压柱的破坏特征、研究强度变化规律及其影响因素。

掌握实验过程中对数据、裂缝和实验现象的描述和记录方法。

掌握对实验数据的处理和分析方法。

熟悉低周反复加载实验技术。

掌握半刚性钢框架在低周反复荷载作用下的受力性能、破坏机理。

14.1　概述

　　虚拟仿真实验平台系统（以下简称虚拟仿真实验平台）是将现代信息技术、虚拟现实技术、人工智能等多种现代信息技术集成起来，利用计算机建立的一个具有三维仿真、交互功能的，可实现反复操作和验证的新型实验教学系统。虚拟仿真实验具有以下优势：

　　（1）提高实验教学效果

　　虚拟仿真实验平台系统可以模拟实际实验，使实验操作过程更加直观和真实，让学生更加深入地了解实验原理和技术，提高其实验技能和实验能力。同时，学生在虚拟仿真实验平台系统中可以查看实验数据并进行数据处理，提高实验分析和实验判断能力。

　　（2）节约实验教学资源

　　传统实验教学需要消耗大量的实验室设备和材料，而虚拟仿真实验平台系统通过计算机和相应的软件即可完成实验。

　　（3）提高实验教学安全性

　　虚拟仿真实验平台系统可以让学生在虚拟环境下进行实验操作，避免了实际实验中可能出现的意外和危险。

　　（4）提高实验教学灵活性

　　虚拟仿真实验平台系统可以根据实验教学的需要和要求进行灵活的设置和调整，可以随时修改和调整实验环境和实验参数，以适应不同的实验教学需求。虚拟仿真实验平台系统还可以提供实验数据的记录和管理功能，方便教师进行实验教学的管理和评估。

　　在传统教学过程中，混凝土结构基本原理、钢筋混凝土结构设计、钢结构设计原理课程针对钢筋混凝土构件和钢结构构件的实验内容，由于真实实验滞后，实验周期长，多数情况下采用录像进行实验教学，学生虽然在一定程度上理解了混凝土基本原理和钢结构基本原理，但对混凝土和钢结构基本构件的受力性质和破坏现象不能深入掌握。此外，该实验属破坏性实验，实验费用较高，还具有一定的危险性，且周期较长，实验准备工作繁琐。而交互式的虚拟仿真实验则可以顺利解决这些问题。

14.2　土木工程中柱受压虚拟仿真实验

　　土木工程中柱受压实验项目包括实验介绍、实验目的、试件设计、应变片粘贴、加载方式、实验报告等多个功能模块，可以较好解决实体实验周期长、准备工作繁琐、成本高、实验效果不佳等多方面的难题，加深学生对理论知识的理解，极大地提高学生的学习效率。

14.2.1　实验原理及软硬件要求

本项目"土木工程中柱受压虚拟仿真实验"通过对钢筋混凝土柱和钢结构柱的静力加载实验，测量在加载过程中不同截面、不同配筋、不同偏心距、不同形状、不同强度的柱加载变形挠度及截面应变，以及观察裂缝开展等来加深学生对以下知识点的理解。

① 实验设计：根据截面配筋率的大小，钢筋混凝土柱构件分成大偏心破坏和小偏心破坏的模式进行设计。混凝土柱的设计参数主要包括截面尺寸、混凝土强度等级、纵向钢筋类别、箍筋类别等；钢结构柱的设计参数主要包括 H 形、T 形截面尺寸，钢材强度等。

② 试件制作：钢筋混凝土柱构件制作，主要包括砂纸打磨钢筋的表面、酒精擦拭、涂抹胶水、粘贴应变片、浇筑混凝土、布置位移计等；钢结构柱测点布置、应变片布置及粘贴、布置位移计等。

③ 实验准备：首先需要安装试件、安装仪器仪表并调试；预载，在正式施加试验荷载前，应进行预载，将已就位好的试件，施加少量的荷载，以检查各仪表的工作情况及试验记录人员的操作和读数能力，并消除试件、加载设备和支座之间的间隙。

④ 正式实验：正式加载前读取百分表和应变仪的读数，检查有无初始裂缝并记录；根据受力特性及计算的开裂荷载和破坏荷载，钢筋混凝土柱受压实验分三个阶段：加载开始到出现横裂纹（弹性阶段）、混凝土柱从开裂到纵向钢筋屈服（带裂缝工作阶段）、破坏阶段，钢结构柱受压实验分：加载开始到出现弹性阶段、弹塑性阶段、破坏阶段。

⑤ 实验处理：实验数据处理，根据实测数据进行数据处理，分别绘制荷载-挠度曲线、应变沿截面高度变化曲线、荷载-应变曲线。构件承载力计算分析。

本实验项目采用精简结合的理念进行设计，既包括科普性的知识和直观的动画流程展示，也包括实验结果分析等深入的专业内容。学生通过完成实验操作可以掌握土木工程中柱实验、半刚性钢框架抗震性能实验的操作流程和基本方法。本实验项目也可以面向其他专业学生，通过虚拟仿真动画演示和应用实例展示，让学生了解土木工程中柱实验、半刚性钢框架抗震性能实验基本操作流程和实际应用情况。

（1）网络条件要求

① 客户端到服务器的带宽要求（需提供测试带宽服务）基于公有云服务器部署的系统为 5～10M 带宽。

② 能够提供的并发响应数量（需提供在线排队提示服务）、支持 50 个学生同时在线并发访问和请求，如果单个实验被占用，则提示后面进行在线等待，等待前面一个预约实验结束后，进入下一个预约队列。

（2）用户操作系统要求（如 Windows、Unix、IOS、Android 等）

建议操作系统：Windows 7/10。

（3）用户非操作系统软件配置要求（如浏览器、特定软件等）

① 需要特定插件。插件名称：UnityWebPlayer；插件容量：1.0M，需要到指定网站下载。

② 其他计算终端非操作系统软件配置要求（需说明是否可提供相关软件下载服务）。

（4）用户硬件配置要求（如主频、内存、显存、存储容量等）

CPU 主频：2GHz 及以上；显卡显存容量：1GB；内存容量：2GB 及以上；硬盘容量：

1T；显示器：14 英寸以上，分辨率 1024×768 及以上；硬盘容量：40G 及以上；网络适配器：10Mbps 以太网卡；网速：1M 以上。

14.2.2　实验方法与步骤要求

（1）实验方法

整个实验采用交互操作的形式完成。

本实验项目主要包括实验介绍、实验目的、试件设计、应变片粘贴、加载方式、实验报告等实验环节和 12 个操作步骤。可远程访问并直接在浏览器中打开本实验项目，进行所有实验操作。做好充分的实验准备，以保证实验效果。

（2）学生交互性操作步骤

① 钢筋混凝土柱受压虚拟仿真实验

开始实验：进入"土木工程中柱受压虚拟仿真实验"，选择"钢筋混凝土柱受压虚拟仿真实验"模块（见图 14.1 所示）。

图 14.1　开始实验

第 1 步：实验介绍。了解钢筋混凝土柱受压特性、破坏机理、实验参数、虚拟实验的优点等（见图 14.2 所示）。

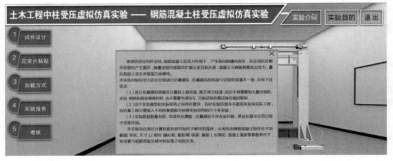

图 14.2　实验介绍

第 2 步：实验目的。了解钢筋混凝土柱受压实验的目的、实验程序和测试方法等（见图 14.3 所示）。

第 3 步：试件设计。设计截面尺寸、混凝土参数、纵筋直径、纵筋间距、纵筋等级、箍筋、设计加载模式、偏心距等（见图 14.4 所示）。

第 4 步：应变片粘贴。砂纸打磨钢筋表面、酒精擦拭钢筋表面、涂抹 502 胶水、粘贴应变片、混凝土浇筑、布置位移计（见图 14.5 所示）。

第 5 步：预载。在正式施加试验荷载前，应进行预载，即施加少量的荷载，以检查各仪表的工作状况（见图 14.6 所示）。

图 14.3　实验目的

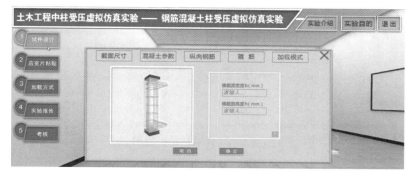

图 14.4　试件设计

图 14.5　应变片粘贴

图 14.6　预载

第 6 步：校对仪器。记录位移计和应变计初始读数（见图 14.7 所示）。

图 14.7　校对仪器

第 7 步：正式加载——弹性阶段。分 3 步加载。计算开裂荷载，每步加载值大概是开裂荷载计算值的 1/3（见图 14.8 所示）。

图 14.8　正式加载——弹性阶段

第 8 步：正式加载——带裂缝工作阶段。分 5 步加载。计算极限荷载，每步加载值大概是极限荷载计算值的 1/5（见图 14.9 所示）。

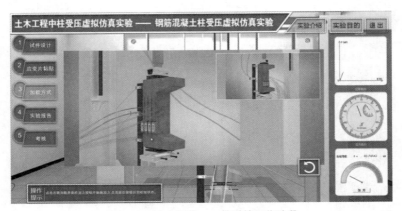

图 14.9　正式加载——带裂缝工作阶段

第 9 步：正式加载——破坏阶段。分 2 步进行加载（见图 14.10 所示）。

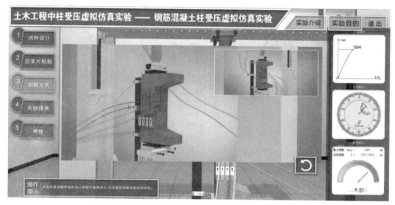

图 14.10 正式加载——破坏阶段

第 10 步：结果查看。加载过程中仔细观察混凝土柱变形及裂缝发展情况。读取并记录位移及应变表读数，点击图 14.11 右侧数据显示窗格可查看数据。

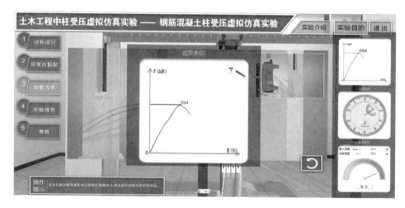

图 14.11 结果查看

第 11 步：实验报告。加载实验完成后根据记录数据进行数据处理并提交实验报告（见图 14.12 所示）。

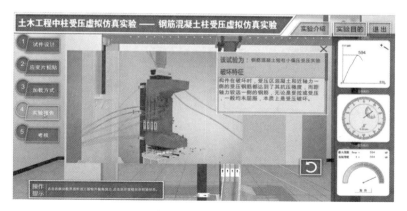

图 14.12 实验报告

第 12 步：实验考核。通过试题的形式考核，可以进行试题切换、提交答案、显示正确答案及成绩单（见图 14.13 所示）。

图 14.13　实验考核

② 钢结构柱受压虚拟仿真实验

开始实验：选择"钢结构柱受压虚拟仿真实验"模块（见图 14.14 所示）。

图 14.14　开始实验

第 1 步：实验介绍。了解钢结构柱受压破坏机理（见图 14.15 所示）。

图 14.15　实验介绍

第 2 步：实验目的：了解受压实验目的、实验内容。

第 3 步：试件设计。选择横截面形式、设计横截面尺寸、试件长度、高度 H、宽度 B、腹板厚度 T。

第 4 步：应变片粘贴。砂纸打磨型钢表面、酒精擦拭型钢表面、涂抹 502 胶水、粘贴应变片、布置位移计。

第 5 步：预载。在正式施加荷载试验前，应进行预载，即施加少量的荷载，以检查各仪表的工作状况。

第 6 步：校对仪器。记录位移计和应变计初始读数。

第 7 步：正式加载——弹性阶段。分 3 步加载。每一步加载值大概是屈服荷载计算值的 1/3。

第 8 步：正式加载——弹塑性阶段。分 5 步加载。计算极限荷载，每步加载值大概是极限荷载计算值的 1/5。

第 9 步：正式加载——破坏阶段。分两步进行加载。

第 10 步：结果查看。加载过程中仔细观察钢结构柱变形情况。读取并记录位移及应变表的读数。

第 11 步：实验报告。加载实验完成后根据记录数据进行数据处理并提交实验报告。

第 12 步：实验考核。通过试题的形式对学生进行考核，可以进行试题切换、提交答案、显示正确答案及成绩单。

14.3　半刚性钢框架拟静力虚拟仿真实验

半刚性钢框架拟静力实验属破坏性实验，实验费用较高，还具有一定的危险性，且周期较长，实验准备工作繁琐。

14.3.1　实验原理

本项目"半刚性钢框架拟静力实验"中，通过对半刚性钢框架的拟静力加载实验，测量在加载过程中钢框架的强度、变形及应变分布等来加深对以下 5 个知识点的理解。

（1）帮助学生了解钢板或型钢材料特点

型钢是一种有一定截面形状和尺寸的条形钢材，是钢材四大品种（板、管、型、丝）之一。根据断面形状，型钢分简单断面型钢和复杂断面型钢（异型钢）。前者指方钢、圆钢、扁钢、角钢、六角钢等；后者指工字钢、槽钢、钢轨、窗框钢、弯曲型钢等（见图 14.16）。

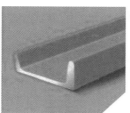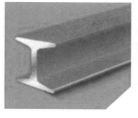

图 14.16　各类型钢材料

（2）掌握半刚性连接基本知识

传统的分析理论总是将梁柱连接假定为理想铰接或完全刚接。理想的刚性连接假定中，相邻的梁柱之间不会产生相对转动，当框架变形时，梁柱之间的夹角是保持不变的。习惯上，只要是连接对于转动的约束达到理想刚接的 90% 以上，即可以视为刚接；而把外力作用下梁柱轴线夹角的改变量达到理想铰接的 80% 以上的连接视为铰接。处于两者之间的连接，就是半刚性连接（见图 14.17）。

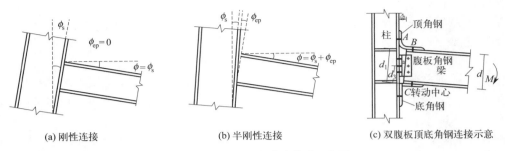

(a) 刚性连接　　　　　　　(b) 半刚性连接　　　　　(c) 双腹板顶底角钢连接示意

图 14.17　钢框架梁柱节点转动示意图

（3）熟悉低周反复加载实验技术

低周反复加载技术用于模拟地震时结构在反复振动中的受力特点和变形特点，这种方法是用静力方法求得结构振动时的效果，因此称为拟静力试验。该方法的加载速率很低，因此由于加载速率而引起的应力、应变的变化速率对于试验结果的影响很小，可以忽略不计。同时该方法为循环加载，也称为周期性加载。

拟静力实验方法一般以试件的荷载值或位移值作为控制量，在正、反两个方向对试件进行反复加载和卸载（见图 14.18）。在拟静力试验中，加载过程的周期远大于结构的基本周期，因此，其实质还是用静力加载方法来近似模拟地震荷载的作用，故称其为拟静力试验（又称为低周反复加载静力试验）。由于其所需设备和试验条件相对简单（见图 14.19），甚至可用普通静力试验用的加载设备来进行，因此目前为国内外大量的结构抗震试验所采用。

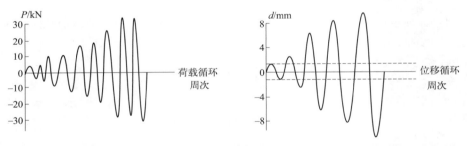

图 14.18　荷载控制和位移控制示意图

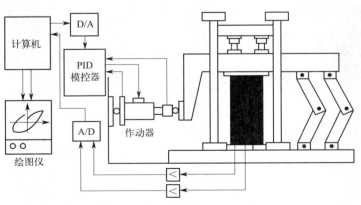

图 14.19　拟静力加载装置示意图

（4）掌握半刚性钢框架的恢复力模型

半刚性钢框架拟静力试验中得到的滞回曲线近似于反 S 形，最后发展成为近似的梭形。荷载控制阶段结构处于弹性阶段，滞回曲线基本上呈现直线；位移控制阶段结构开始进入弹塑性阶段，滞回曲线相对饱满，并且随着位移或者荷载幅值的增大，滞回环的面积也在不断增大，证明了半刚性连接的框架具有良好的延性，在每个幅值下循环的三次中除了第一个外，其余两曲线基本重合，滞回曲线的面积基本保持常数。由于初期呈现弓形，曲线存在一定的捏缩现象，说明框架存在一定的滑移影响，这主要是因为加载过程中梁柱半刚性连接处由于螺栓的松动导致构件之间出现相对滑移。

一次加载的过程中，曲线斜率随着荷载的增大而减小，而且减小的速度加快。比较各次同向加载曲线，后一次的曲线斜率比前一次的曲线斜率略有减小，说明框架的刚度在不断退化。比较同级位移下的反复循环的三次，每一次循环，承载能力均有所下降，说明框架发生了强度退化现象。曲线的曲率也逐渐变小，即框架的侧向刚度也在相应退化，而且随着位移的增大，下降及退化的程度亦增大。刚开始卸载时，曲线较陡，恢复变形很小，卸载刚度几乎与初始刚度相同。曲线的斜率随着反复加卸载次数的增多而减小，这说明框架的卸载刚度在退化。全部卸载后，框架有不可恢复的残余变形，并随着位移幅值的增大和循环次数的增多而不断积累加大（见图 14.20 所示）。

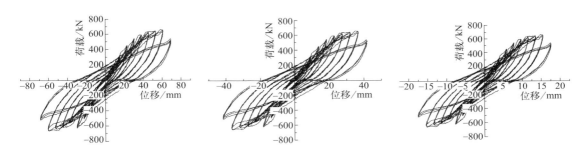

图 14.20　半刚性钢框架的滞回曲线

（5）了解半刚性钢框架各阶段的受力特征

钢框架在弹性工作状态下，荷载-位移曲线基本为直线段，基本没有残余变形，在框架进入屈服阶段之前，出现的应力最大处是弯矩最大点，即边柱柱脚处。随着荷载的增加框架整体的荷载-位移曲线开始出现转折。

塑性阶段，随着荷载的增大，首先出现屈服部位的塑性区域迅速加大，其受力的有效面积逐渐减小，刚度开始出现下降，加载点位移增加较快。在加载后期，塑性应变的加大使屈服区域出现危险部位导致材料的塑性破坏。

破坏阶段，随着局部塑性区域的进一步发展，柱脚部位出现了压屈现象，进而荷载不断下降达到了最大荷载的 85% 以下。

骨架曲线和一次性加载曲线相接近，除加载初期有很小的一段近似直线之外，其余均呈现出明显的非线性特征，这和单向加载所得的曲线基本一致；另外从曲线中还可以得出在加载后期随着变形（曲率或位移）的不断增大曲线切线的坡度不断降低，即切线刚度不断减少，表现出明显的刚度退化现象（见图 14.21 所示）。

使用顶底角钢、腹板双角钢半刚性节点的钢框架具有施工方便，现场焊接工作量少、受力合理、变形性能优越等特点。带有该种节点连接的框架由于节点的转动能力大大优于刚性节点，降低了框架的侧向刚度，增加了侧向变形，与此同时却改变了框架梁柱的受力形式和内力分布，提高了框架的耗能能力，使得整个框架在破坏时梁柱端部没有出现明显的破坏，因此达到了优化梁柱断面、改善结构抗震性能的目的。

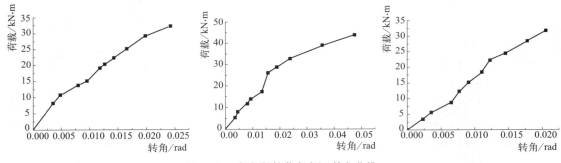

图 14.21   钢框架柱节点弯矩-转角曲线

14.3.2   实验方法与步骤要求

（1）实验方法

本实验项目主要包括"实验三维展示""钢框架安装""实验测试布置""实验加载""实验结果导出"等 5 个实验环节和 12 个操作步骤。在浏览器输入本虚拟仿真实验项目的网址，可远程访问并直接在浏览器中打开本实验项目，进行所有实验操作。实验准备：进入"实验相关介绍"，了解实验目的、实验原理、实验内容、实验要求及操作步骤等。做好充分的实验准备，以保证实验效果。

（2）学生交互性操作步骤

① 实验开始前：三维立体场景（见图 14.22）可以全方位多角度地展示试验中半刚性钢框架及安装形式，通过螺栓的布设位置进一步直观地了解钢结构构件连接安装方式。

图 14.22   三维立体场景

实验简介提示可以显示半刚性钢框架拟静力实验相关介绍、步骤和流程，便于学生熟悉实验操作（见图 14.23）。

② 实验正式开始：

第 1 步：点击上方"拟静力试验"按钮，开始实验准备，从工具栏中点击"作动器"，进行作动器的安装（见图 14.24）。

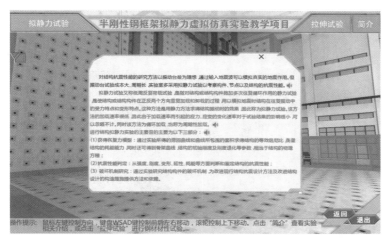

图 14.23 实验简介

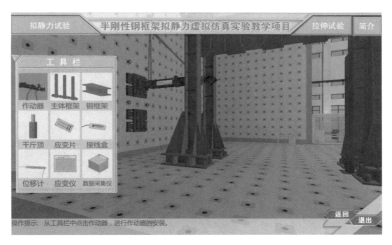

图 14.24 作动器安装

第 2 步：从工具栏中选择"主体框架"，并将其拖动到指定位置进行安放（见图 14.25）。

图 14.25 主体框架安装

第3步：从工具栏中选择"钢框架"，推动到指定位置，使其与作动器和主体框架固定，并进行其他钢框架的安装固定（见图14.26）。

图 14.26　钢框架安装

第4步：从工具栏中选择千斤顶，并将其拖动到指定位置进行安放（见图14.27）。

图 14.27　千斤顶安装

第5步：从工具栏中点击"应变片"，完成应变片安装（见图14.28）。

图 14.28　应变片安装

第 6 步：从工具栏中点击"接线盒"，完成接线盒的安装（见图 14.29）。

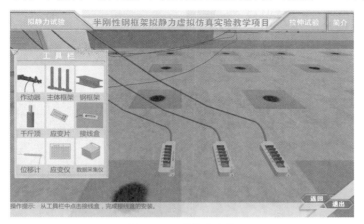

图 14.29　接线盒安装

第 7 步：从工具栏里选择"位移计"，将其拖动到指定位置进行安放，实验准备完成（见图 14.30）。

图 14.30　位移计安装

第 8 步：点击电脑，观看电脑软件的相关操作（见图 14.31）。

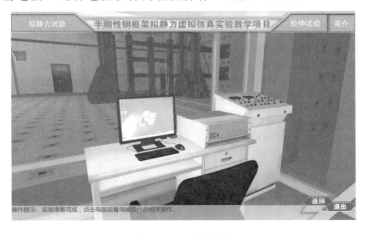

图 14.31　电脑操作

第 9 步：进行低周反复加载实验（见图 14.32）。

图 14.32   实验加载

第 10 步：点击"结果分析"，查看对实验数据的相关分析（见图 14.33）。

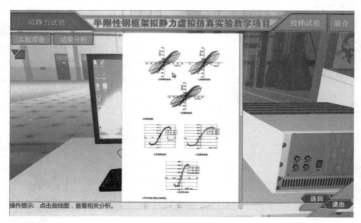

图 14.33   结果分析

第 11 步：点击曲线图，查看相关分析，在分析讨论中输入信息（见图 14.34）。

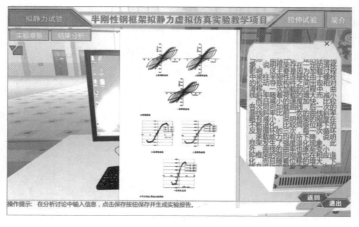

图 14.34   查看曲线

第 12 步：点击"保存数据"按钮，保存并生成实验报告（见图 14.35）。

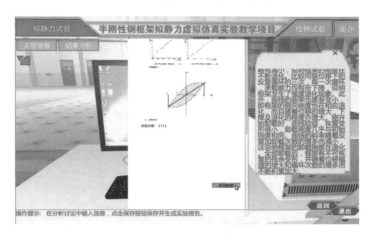

图 14.35　生成实验报告

拓展阅读：虚拟融入现实，点亮冬奥科技之光！

 思考拓展

14.1　简述钢筋混凝土受压柱的破坏特征。

14.2　简述钢筋混凝土柱受压实验过程中数据、裂缝和实验现象。

14.3　简述钢框架中的半刚性连接的特点。

14.4　简述半刚性钢框架在低周反复荷载作用下的受力性能、破坏机理。

参考文献

[1]　王进，彭妤琪．土木工程伦理学［M］．武汉：武汉大学出版社，2020.

[2]　易伟建，张望喜．建筑结构试验［M］.4版．北京：中国建筑工业出版社，2016.

[3]　黄文通．土木工程材料设计性实验［M］．广州：华南理工大学出版社，2016.

[4]　杨医博，王绍怀，詹镇峰，等．土木工程材料实验［M］.2版．广州：华南理工大学出版社，2023.

[5]　王天稳，李杉．土木工程结构实验［M］.2版．武汉：武汉大学出版社，2018.

[6]　熊仲明，王社良．土木工程结构试验［M］.2版．北京：中国建筑工业出版社，2015.

[7]　叶成杰．土木工程结构试验［M］．北京：北京大学出版社，2013.

[8]　刘明．土木工程结构试验与检测［M］．北京：高等教育出版社，2007.

[9]　周明华．土木工程结构试验与检测［M］.4版．南京：东南大学出版社，2017.

[10]　刘自由，曹国辉．土木工程实验［M］．重庆：重庆大学出版社，2018.

[11]　栗燕，甄映红，范述怀．土木工程实验教程［M］．成都：西南交通大学出版社，2015.

[12]　赵兰敏．土木工程专业实验指导［M］．武汉：武汉大学出版社，2016.

[13]　胡向东．传感器与检测技术［M］.4版．北京：机械工业出版社，2021.

[14]　杨杨，钱晓倩，孔德玉．土木工程材料［M］.2版．武汉：武汉大学出版社，2023.

[15]　王晓，周洲．土木工程材料实验［M］．南京：东南大学出版社，2021.

[16]　白宪臣．土木工程材料实验［M］.2版．北京：中国建筑工业出版社，2021.

[17]　邓初首，陈晓森，何智海．土木工程材料实验［M］．北京：清华大学出版社，2021.

[18]　王立峰，卢成江．土木工程结构试验与检测技术［M］.2版．北京：科学出版社，2023.

[19]　张曙光．土木工程结构试验［M］.2版．武汉：武汉理工大学出版社，2022.

[20]　曹国辉．土木工程结构试验［M］.2版．北京：中国电力出版社，2023.

[21]　张彤．土木工程结构试验与检测实验指导书［M］.2版．北京：冶金工业出版社，2020.

[22]　陈庆军，季静．结构模型概念与试验［M］．北京：中国建筑工业出版社，2023.

[23]　徐奋强，张伟．建筑工程结构试验与检测［M］.2版．北京：中国建筑工业出版社，2023.

[24]　许国山，丁勇，田玉滨，等．现代结构实验技术［M］．哈尔滨：哈尔滨工业大学出版社，2023.

[25]　徐杰，刘杰．建筑结构试验与检测［M］．天津：天津大学出版社，2022.

[26]　傅军，王贵美，潘云锋，等．建筑结构试验基础［M］.2版．北京：机械工业出版社，2022.

[27]　鞠竹，柳明亮，孙国军，等．空间结构振动特性与参数识别［M］．北京：中国建筑工业出版社，2022.

[28]　由爽．土木工程测试与监测技术［M］．北京：中国建材工业出版社，2020.

[29]　宋雷．土木工程测试［M］.2版．徐州：中国矿业大学出版社，2019.

[30]　余世策，钱匡亮，刘承斌，等．土木工程自主创新试验材料与结构分册［M］．北京：中国建筑工业出版社，2018.

[31]　郭继武．建筑抗震设计［M］.4版．北京：中国建筑工业出版社，2020.

[32]　沈蒲生．混凝土结构设计原理［M］.5版．北京：高等教育出版社，2020.

[33]　GB 50068—2018.建筑结构可靠性设计统一标准．

[34]　GB 50009—2012.建筑结构荷载规范．

[35]　GB 50010—2010.混凝土结构设计规范（2015年版）.

[36]　GB 50011—2010.建筑抗震设计规范（2016年版）.

[37]　JGJ/T 101—2015.建筑抗震试验规程．

[38]　GB 50023—2009.建筑抗震鉴定标准．

[39]　GB/T 1346—2011.水泥标准稠度用水量、凝结时间、安定性检验方法．

[40]　GB/T 1345—2005.水泥细度检验方法 筛析法．

[41]　GB/T 15478—2015.压力传感器性能试验方法．

[42]　GB/T 13992—2010.金属粘贴式电阻应变计．

［43］ GB/T 14685—2022. 建设用卵石、碎石.

［44］ GB/T 14684—2022. 建设用砂.

［45］ JGJ/T 70—2009. 建筑砂浆基本性能试验方法标准.

［46］ GB/T 4507—2014. 沥青软化点测定法 环球法.

［47］ GB/T 4508—2010. 沥青延度测定法.

［48］ GB/T 4509—2010. 沥青针入度测定法.

［49］ GB/T 50080—2016. 普通混凝土拌合物性能试验方法标准.

［50］ JGJ 55—2011. 普通混凝土配合比设计规程.

［51］ JGJ 52—2006. 普通混凝土用砂、石质量及检验方法标准.

［52］ GB/T 50129—2011. 砌体基本力学性能试验方法标准.

［53］ GB 175—2023. 通用硅酸盐水泥.

［54］ JGJ/T 152—2019. 混凝土中钢筋检测技术标准.

［55］ JG/T 248—2009. 混凝土坍落度仪.

［56］ GB/T 50784—2013. 混凝土结构现场检测技术标准.

［57］ GB/T 50152—2012. 混凝土结构试验方法标准.

［58］ SL 126—2011. 砂石料试验筛检验方法.

［59］ GB/T 50146—2014. 粉煤灰混凝土应用技术规范.

［60］ GB/T 50082—2009. 普通混凝土长期性能和耐久性能试验方法标准.

［61］ GB/T 3183—2017. 砌筑水泥.

［62］ JGJ/T 23—2011. 回弹法检测混凝土抗压强度技术规程.

［63］ JGJ/T 136—2017. 贯入法检测砌筑砂浆抗压强度技术规程.

［64］ JTG E20—2011. 公路工程沥青及沥青混合料试验规程.

［65］ GB/T 28900—2022. 钢筋混凝土用钢材试验方法.

［66］ GB/T 1499.3—2022. 钢筋混凝土用钢 第3部分：钢筋焊接网.

［67］ T/CECS 02—2020. 超声回弹综合法检测混凝土抗压强度技术规程.

［68］ CECS 21—2000. 超声法检测混凝土缺陷技术规程.